科学鬼才

电子电路设计64讲（图例版）

[加]Dave Cutcher 著　　孙象然 译

人民邮电出版社
北京

图书在版编目（CIP）数据

电子电路设计64讲 : 图例版 / (加) 戴夫·卡琴
(Dave Cutcher) 著 ; 孙象然　译. -- 北京 : 人民邮电
出版社, 2017.2
（科学鬼才）
ISBN 978-7-115-44417-2

Ⅰ. ①电… Ⅱ. ①戴… ②孙… Ⅲ. ①电子电路－电
路设计－普及读物 Ⅳ. ①TN702-49

中国版本图书馆CIP数据核字(2016)第319441号

版权声明

◆ 著　　　[加] Dave Cutcher
译　　　孙象然
责任编辑　紫　镜
执行编辑　魏勇俊
责任印制　周昇亮

◆ 人民邮电出版社出版发行　　北京市丰台区成寿寺路 11 号
邮编　100164　　电子邮件　315@ptpress.com.cn
网址　http://www.ptpress.com.cn
北京艺辉印刷有限公司印刷

◆ 开本：880×1230　1/16
印张：13.25　　　2017 年 2 月第 1 版
字数：463 千字　　　2017 年 2 月北京第 1 次印刷

著作权合同登记号　图字：01-2012-1730 号

定价：69.00 元

读者服务热线：(010)81055339　印装质量热线：(010)81055316
反盗版热线：(010)81055315
广告经营许可证：京东工商广字第 8052 号

内容提要

本书是关于电子电路技术的入门级图书，每一讲介绍了一个简单的电路应用，通过一系列的实验指导，你可以一步步搭建和完善自己的电路，并且能够在实际应用中对其进行改进。

本书内容丰富，条理清晰，理论与实操相结合，并附以大量插图，使你能更清晰明了地跟随本书的脚步进行学习。主要读者对象为广大的电子爱好者以及各层次的学生、工程师等。

同时本书都是采用易于获得的元器件和设备来搭建电路，在本书的指导下你完全可以尝试自己搭建和设计电路。在电路的搭建、设计、测试、修改和实验过程中，你一定能获得不少乐趣，同时能够得到许多宝贵的经验，有助于你日后完成其他更为复杂的电路应用项目。

致谢

ACKNOWLEDGMENTS

因为各种各样的原因，我需要感谢很多人。

首先是我现在的搭档，他们已经连续三年选择在教室里和我一起工作。Andrew Fuller是把“When Resistors Go Bad”游戏组合在一起的人。他和André Walther都是非常具有独创性的鬼才。我只是希望他们能明白化学分子的概念，以后在我提到他们的时候，就不会再发生争吵了。Eric Raue和Eric Pospisal都是我很好的朋友。Brennen Williams有时对我甚至比我对他更有耐心。总之在这一年里，我过得愉快而充实。

在电子技术方面，我只上过一门正式的课程，是由Gus Fraser讲授的，但是他却让我自学。Bryan Onstad给了我学习的目标和平台。Don Nordheimer是第一个提供给我课外内容的老师，同时他以成年人的角度来证明和解释这些知识。我也由衷地感谢Pete Kosonan对我的鼓励，他作为管理者和我一样非常重视培养学生的创造性思维。同时要感谢Steve Bailey，他是我发现的第二个管理者，并且他希望孩子能够不受书本的局限，学习到更多的知识。感谢Paul Wytenbrok、Ian Mattie、Judy Doll和Don Cann等，在我完成本书的5年时间里，他们一如既往地鼓励我。感谢Brad Thode，他早在1989年，就告诉了我转行的必要性。感谢Schluter女士和Gerard女士，她们教会我自信，让我意识到还有创新的空间。

还要感谢Dave Mickie，他知道多动症只能被控制而不能被治愈。在我的工作中，我将永远感激他对我的鼓励和支持。

最后要感谢我的父母，他们知道不能够改变我，所以他们就一直鼓励我。

译者序

本书采用了易于获得的元件和设备搭建电路，使你在学习过程中充满趣味和挑战。电路的搭建、设计、测试、修改和实验，能够使您获得宝贵的实践经验，并有助于您在日后完成其他更为复杂的电路应用项目。

本书内容丰富、深入浅出、实用性强。既有理论基础知识，又有大量电路实例，同时配以插图帮助讲解，具有较高的参考价值，非常适合作为电子电路技术的初学者和爱好者的指导用书。本书涉及了大量的基本的模拟电路和数字电路元件，并且提供了功能丰富多样的电路实例，包括计数装置和通信装置等。基本涵盖了有关电子电路方面的主要知识点。在本书中不仅介绍了基本的半导体元件及其工作原理，还介绍了由半导体元件和集成电路芯片组成的各种基本电路，包括放大电路、振荡电路等。同时也对基础的电路知识——电压、电流、功率等，进行了形象而生动的讲解。

本书的作者Dave Cutcher也让我非常感动，他在退休生活之余编写了这本打破常规、充满趣味的书，为每一个学习电子电路的初学者指明了方向。同时他还是社区志愿者，在夜校教书，让身为高校教师的我深受启发。我要向他致敬。

在翻译本书的过程中，为求准确，我参考查阅了大量的相关资料。所以，本书的翻译工作既是为每一位读者精心准备合格教材的过程，也是我再次学习和不断思考的历程，更是提出、分析、解决问题的进程。翻译的过程，就是一个向作者学习、和作者探讨、与读者分享的过程，我乐在其中，并希望能真正地把实用有趣的知识带给每一位喜爱本书的读者朋友。

同时，通过这次翻译工作，很多参与的学生也发现了他们对于电子电路的兴趣。感谢参与翻译本书的中国传媒大学电气信息类的以下学生：刘宇麟、李学魁、夏璐辰、朱丹、朱佳欣、张兴理等，感谢你们的辛勤工作。我也要衷心感谢人民邮电出版社给予我们这样一个难得的机会。

由于译者水平有限，书中可能存在疏漏和错误之处，恳请读者批评指正。

孙象然

2012年5月于北京

前言
PREFACE

在日常生活中，我们在不经意间就能感受到电子学和电子产品的魅力。那些我们不知道是如何工作的电子产品在有序地运行着，那些精通电子技术的人饱受赞誉，那么，你想要学习电子技术吗?

本书提供了电子学领域比较全面的知识，包括模拟和数字两方面，书中的大量电路实例你都是可以尝试自己设计和搭建。在搭建电路的时候，我们对所用的元件介绍的十分详尽，同时逐一解释这些元件在电路中的功能。通过实际操作，使用工具和仪器进行测量和观察，最后分析出实验结果。

在第一部分，你将要完成两个主要的电路制作:

- 自动夜灯
- 专用报警器

在第二、三、四部分将集中在三个主要的电路系统:

- 用逻辑门电路搭建一个数码玩具
- 用数字计数电路设计和实现一个应用电路
- 用晶体管和放大器制作一个双向对讲系统

本书中的教程和原型电路都致力于以每一个主要电路系统为中心，为你打下一个坚实的电子技术的基础。你的工作是从构思到动手制作，再到生产出最后的产品。

本书中包括的课程测验和答案等其他内容均可以在以下网址查看:

www.mhprofessionalresources.com/sites/cutcher/downloads.html

以上内容在该网址中的“Electronic Circuits for the Evil Genius, 2nd edition”的标题栏下即可查找到。

我希望你们能和我一样享受制作电路和阅读书籍的快乐。

Dave Cutcher

元件，符号，外观

名称	类别	用途	符号	图片
电解电容	电容 微法（μF）	1. RC电路 2. 阻隔直流 3. 缓冲器/滤波器	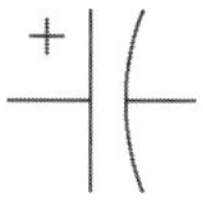	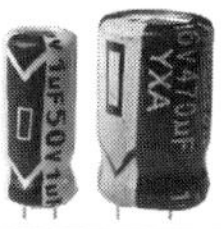
薄膜电容	电容 纳法（nF）	1. RC电路 2. 阻隔直流 3. 缓冲器/滤波器	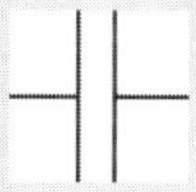	
瓷片电容	电容 皮法（pF）	1. RC电路 2. 缓冲器/滤波器	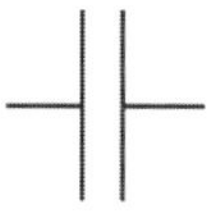	
功率二极管	二极管	高电压单向导通	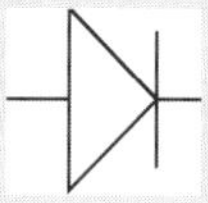	
信号二极管	二极管	低电压单向导通	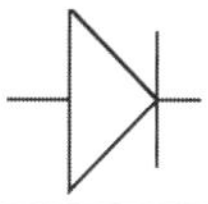	
稳压二极管	二极管	在击穿电压以下单向导通	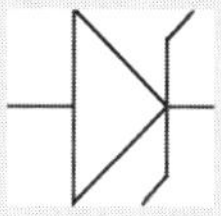	
发光二极管（LED）	二极管	1. 指示器 2. 光源 3. 信号传输	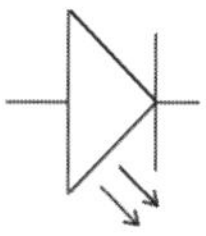	
定值电阻	电阻	限制电流		
电位器	电阻	可调电阻	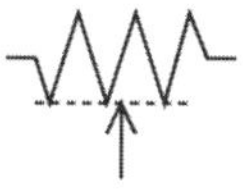	
光敏电阻（LDR）	电阻	光敏元件	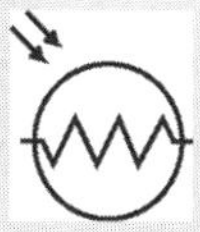	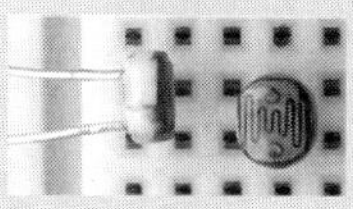
常闭式按钮开关（PBNC）	硬件	开关		
常开式按钮开关（PBNO）	硬件	开关	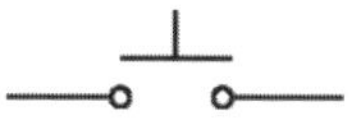	
单刀单掷开关（SPST）	硬件	简单开/关功能		

名称	类别	用途	符号	图片
单刀双掷开关（SPDT）	硬件	控制信号双路选通		
双刀双掷开关（DPDT）	硬件	控制两路信号双路选通		
继电器	开关	由初级电路控制次级电路的开关		
运算放大器	放大器	多种用途	- +	具有DIP和SIP的多种封装形式
NPN型晶体管	晶体管	简单的模拟电路开关。由电压和电流控制。功能类似PBNO	B C E	见附录A，元件封装
PNP型晶体管	晶体管	简单的模拟电路开关。由电压和电流控制。功能类似PBNC	B E C	见附录A，元件封装
光电晶体管	晶体管	光敏的模拟和数字信号采集	C E	多种封装形式
晶闸管整流器（SCR）	晶体管 锁存电路	控制功能	A g K	见附录A，元件封装
稳压器	晶体管	直流功率转换	输入 稳压器 75xx 输出 接地	见附录A，元件封装
场效应管	晶体管	具有PNP和NPN两种类型，仅由电压控制	栅标 源极 漏极	见附录A，元件封装
驻极体话筒	话筒	声音采集	+ +	
扬声器	扬声器	声音输出		14 13 12 11 10 9 8 V+ 4081 1 2 3 4 5 6 7

续表

名称	类别	用途	符号	图片
变压器	变压器	一般单独使用，或者用来改变初级到次级电路的交流电压		见附录A，元件封装
与门	逻辑门	输入A　输入B　输出 H　H　H H　L　L L　H　L L　L　L		4081
或门	逻辑门	输入A　输入B　输出 H　H　H H　L　H L　H　H L　L　L		4071
与非门	逻辑门	输入A　输入B　输出 H　H　L H　L　H L　H　H L　L　H		4011
或非门	逻辑门	输入A　输入B　输出 H　H　L H　L　L L　H　L L　L　H		4001

目录
CONTENTS

第一部分 元件 1

4 第1章 元件
12 第2章 电阻
18 第3章 更多元件和半导体
30 第4章 两个应用电路和相关知识

第二部分 数字电子 41

44 第5章 数字逻辑
55 第6章 与非门应用电路
65 第7章 数字电路的模拟开关
70 第8章 与非门振荡器
75 第9章 如何理解未知事物?
89 第10章 制作数字逻辑电路

第三部分 电路中的计数系统 103

106 第11章 模数转换器
113 第12章 4017环形计数器
119 第13章 使用七段数码管
129 第14章 定义，设计，做你自己的应用电路

第四部分　放大器：基本原理以及如何使用　139

141　第15章　放大器是什么？

152　第16章　理解运算放大器

165　第17章　应用运算放大器制作通信工具

174　第18章　原型与设计：耐心终有回报

第五部分　附录　183

184　附录A　常用元件封装

185　附录B　电容的识别

187　附录C　动画列表

188　附录D　词汇表

195　附录E　自己动手制作印制电路板

打好基础

先设想一下建筑房屋之前需要做的基础工作吧，是不是如下图所示的那样？

下一页的元件列表列出了在第一部分需要的所有元件。元件外观请参考本书前文“元件，符号，外观”一节中给出的元件外观图。

电子技术是一门庞大的学科，你需要打好坚实的基础。

第一部分

元件

第一部分元件列表		
描述	**类型**	**数量**
二极管 1N4005	半导体（D）	3
发光二极管	半导体（L）	3
2N-3906 PNP 型晶体管	TO-92 型号	1
2N-3904 NPN 型晶体管	TO-92 型号	1
光电晶体管	LTE 4206 E（深色玻璃） 直径3mm，波长940nm	1
红外线发光二极管	LTE 4206 E（透明玻璃） 直径3mm，波长940nm	1
晶闸管整流器 C106B	任何型号	1
7805 稳压器芯片	TO-220 型号	1
120V 转 9V 电源适配器	变压器	1
100Ω	电阻	1
470Ω	电阻	2
1000Ω	电阻	1
2 200Ω	电阻	1
10 000Ω	电阻	1
22 000Ω	电阻	1
47 000Ω	电阻	1
100 000Ω	电阻	1
220 000Ω	电阻	1
100 000Ω 1/4W	电位器	1
光敏电阻	LDR	1
0.1μF 薄膜式	电容	1
10μF 电解式	电容	1
100μF 电解式	电容	1
1000μF 电解式	电容	1
470μF 电解式	电容	1

续表

描述	类型	数量
24号电线	连接线	各种颜色
电池线夹	硬件	1
尖嘴夹（红色与黑色）	硬件	各1个
蜂鸣器 9V	硬件	1
发光二极管（彩色）	硬件	3
夜灯PCB	硬件	1
SCR警报器PCB	硬件	1
无焊面包板	硬件	1
PBNC	硬件	2
PBNO	硬件	2
*并不是所有元件都会在本部分的练习中使用。		

第1章　元件

在本章第1讲中，我们将为你介绍多种在电路中常用的元件，这些元件在本书的电路中都会用到。开始的时候，你可能会感觉到有些混乱，不过在实践之后，就会对它们比较熟悉了。

在第2讲中，你将会接触到两种重要的工具，它们的使用将会贯穿本书。

在第3讲中，你将有机会尝试在面包板上搭建属于你的第一个电路，面包板是一个能让你临时搭建电路的平台。

同时，在制作电路时，你将学习如何使用万用表来测量电压。

第1讲　元件介绍

在你不了解这些元件的功能之前，所有的元件看起来几乎都一样。这就像是你第一次出国，面前放了一堆零钱，如图1-1所示。这时，需要有人告诉你这些货币的种类、如何使用，不过你很快会运用自如。现在你需要做的就是开始分门别类，一个个地熟悉这些电子元件。

图1-1

注意

不要去掉集成电路（IC）芯片外边的防静电封装，如图1-2所示。芯片是封装在一种特殊防静电的材料中的。

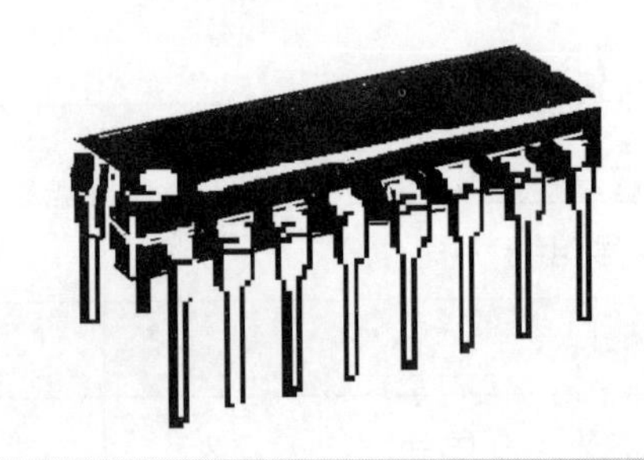

图1-2

半导体

下面就是在第一部分中将要用到的电子元件。在你认识它们之后，就能够对它们进行区分了。

二极管

在今后的学习中，你将会用到三个如图1-3和图1-4所示的功率二极管。

图1-3

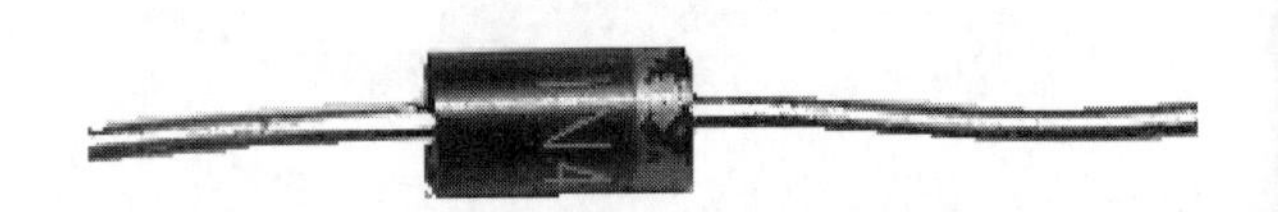

图1-4

二极管的一面写着1N4005。如果最后一位不是5，也不要紧。这一系列的任何一个二极管都能用到本讲的制作中。

发光二极管

发光二极管，简称LED。在本书第一部分中，我们需要用到三个发光二极管。如图1-5所示，就是它的外观照片。

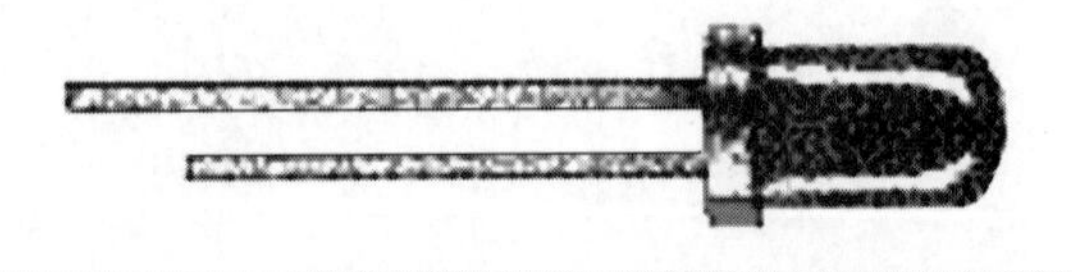

图1-5

LED可以是任意颜色的，但最常见的是红、黄、绿。

电阻

电阻外形、大小相近，不同阻值的电阻使用不同的颜色标识。如图1-6所示，每个电阻通过四个色环来进行区分。每个色环颜色对应一个数值，而这个数值是按照彩虹的色谱顺序来定义的，记住这个顺序，我们就可以很方便地读出电阻的阻值了。

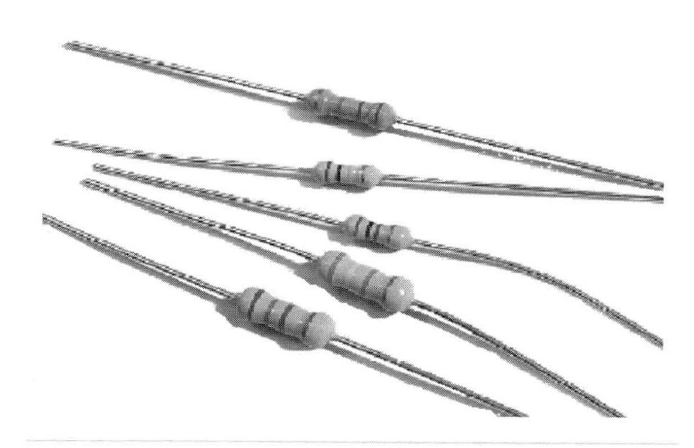

图1-6

练习找出下面的电阻：

- 一个棕-黑-棕-金100Ω
- 两个黄-紫-棕-金470Ω
- 一个棕-黑-红-金1 000Ω
- 一个棕-黑-橙-金10 000Ω
- 一个红-红-橙-金22 000Ω
- 一个黄-紫-橙-金47 000Ω
- 一个棕-黑-黄-金100 000Ω

电容

图1-7中所示的电容是黑白色的。实际上，不同生产厂商制造的电容颜色是不同的。尽管外形相似，但是不同品牌的电容都有不同的标记。请忽略其他信息，只通过电容上标出的具体数值，在不同尺寸的电容中寻找出四个容值分别为1μF、10μF、100μF和1000μF的电容。

图1-7

在实际操作中，你会发现还有其他形状的电容。如图1-8所示，这种电容也是在第一部分练习中会用到的。当然，由于生产厂商的不同，这种电容的颜色也是不同的。图1-8所示是一个0.1μF的电容，当然，也可能以其他的形式进行标记，如：0.1、μ1，或者100nF。

晶闸管整流器

如图1-9所示，这种表面上有编号的元件就是晶闸管整流器（SCR）。SCR的封装形式比较特别，需要注意的是，还有很多其他的芯片也采用这种封装形式。

晶体管

在完成第一部分的练习过程中，你还需要用到两个晶体管，如图1-10所示。晶体管上一般会进行编号，除了编号以外，晶体管上还会有一些厂商提供的必要信息。

图1-8　　图1-9　　图1-10

配件

面包板的图片如图1-11所示。

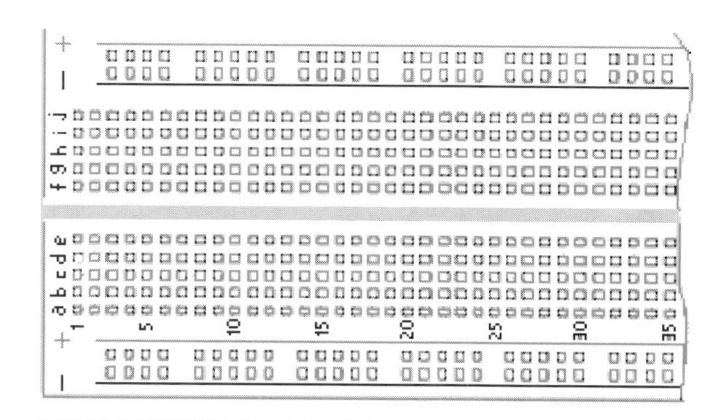

图1-11

要完成练习，我们还需要两个按钮。这两个按钮尽管外形一样，但是它们的功能完全不同，如图1-12和图1-13所示。图1-12是一个常开按钮（按下即接通），而图1-13是一个常闭按钮（按下即断开）。

图1-12

图1-13

除此以外，你还需要准备一些长度不等的带绝缘皮的24号导线。

以及，如图1-14所示的电池扣。

还需要如图1-15所示的9V蜂鸣器。

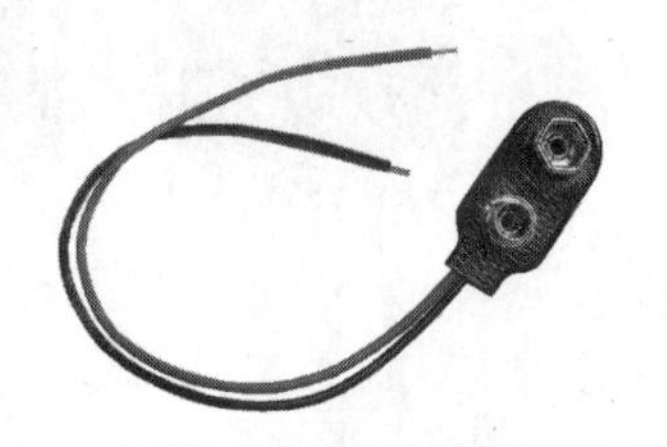

图1-14

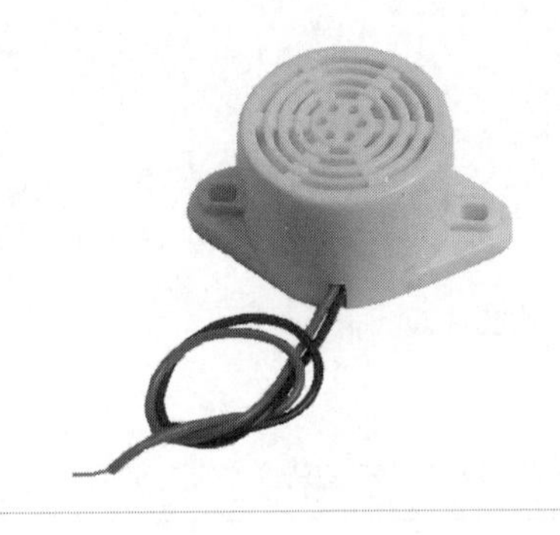

图1-15

需要两块预先制作好的印制电路板。图1-16所示这块将用于夜灯制作，图1-17所示将用于制作SCR警报器。

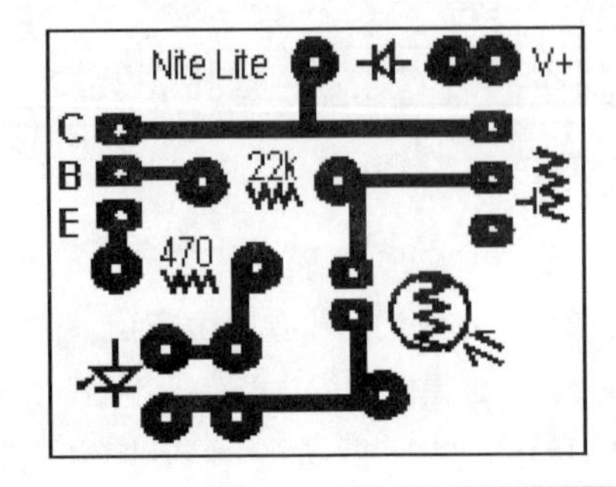

图1-16

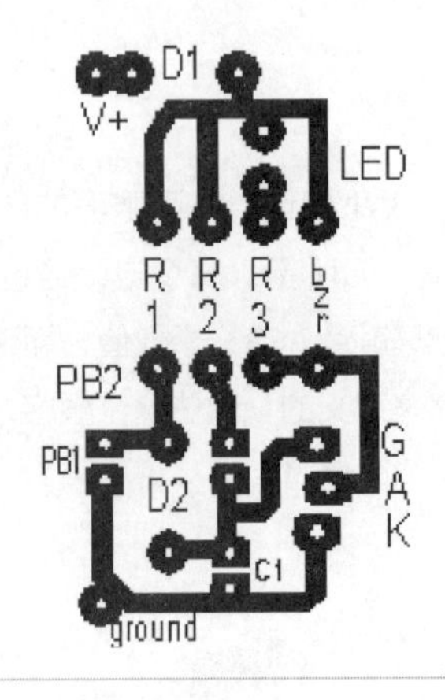

图1-17

同时，还需用到两个可变的电阻：一个是图1-18中的光敏电阻，另一个是图1-19中的电位器。

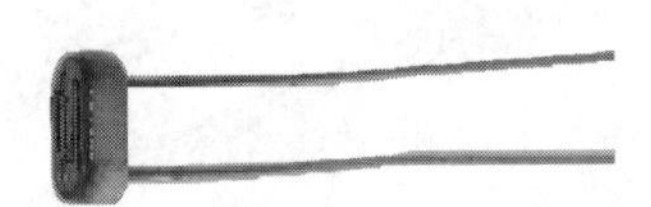

图1-18

图1-19

第2讲　主要设备

这一讲中，我们主要给大家介绍两种电子制作中使用最普遍的设备——面包板和数字万用表。

无焊面包板

人们在灵感来临时，需要立刻建立一个原型电路来试验他们的想法。而制作原型电路最简单的方法就是使用电子元件在面包板上搭建电路，面包板最大的优势就是可以简单快速地更换板上的元件。

图2-1所示为面包板的顶视图，面包板分为上下两个部分。每个部分分别由五孔一组的短插孔和双行长插孔

组成，长插孔使用不同的颜色标记出。

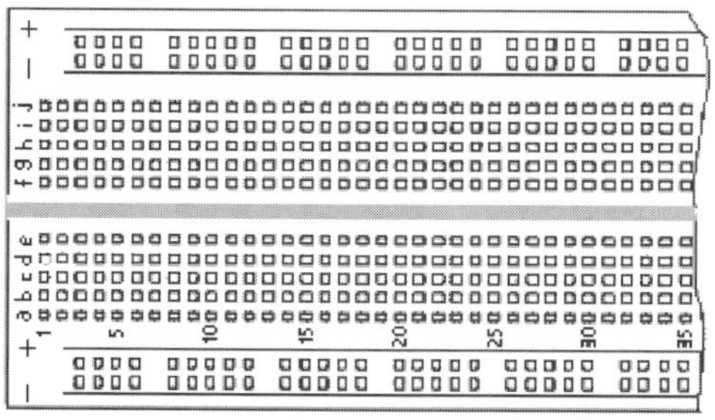

图2-1

数字万用表

本书推荐使用如图2-2所示的这款Circuit Test DMR2900万用表（DMM）。这款自动换挡的数字万用表对于初学者来说非常简单易学。还有一种是不能自动换挡的DMM，在你对电子制作很熟悉之后，也可以使用这一类型的万用表。不过，对于初学者来说，不能自动换挡的万用表掌握起来比较困难，特别是它的复杂的表盘，如图2-3所示。

图2-2

图2-3

另外，我不赞成在本练习中使用如图2-4中所示的指针式万用表。

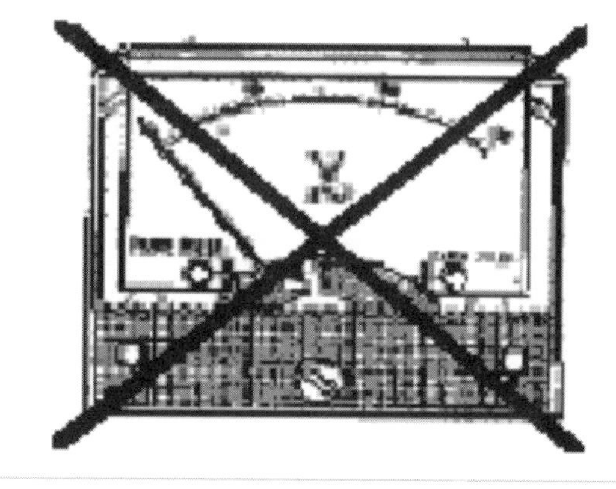

图2-4

导线

在完成练习所需要的配套元件中还有一盒导线，如图2-5所示。

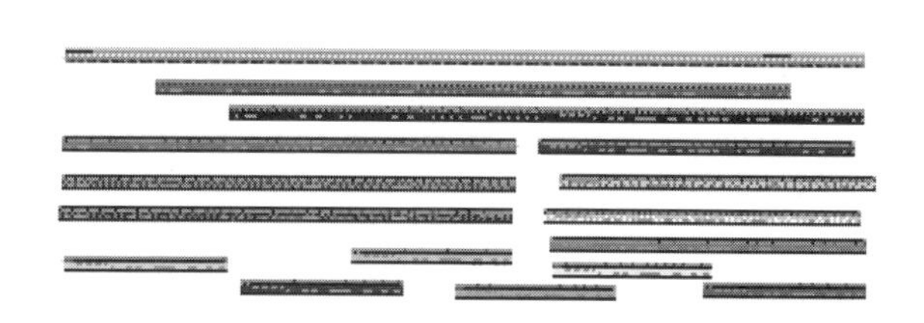

图2-5

为了便于配合面包板的使用，我们需要不同长度的导线。如有必要，你可以用钳子或剪刀将导线裁剪到适合的长度。

下面，将DMM的表盘旋转到CONTINUITY挡位，如图2-6所示。

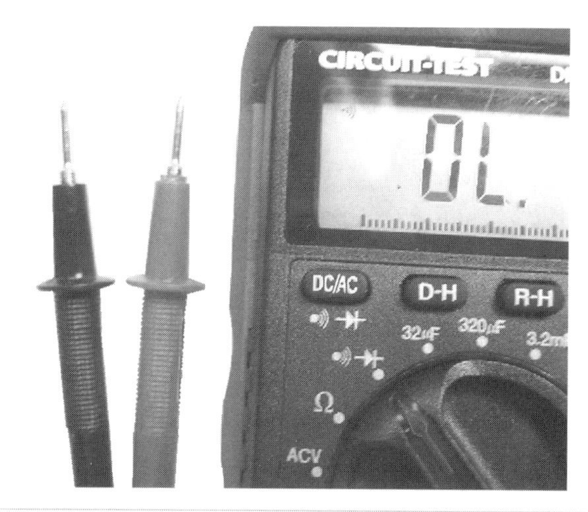

图2-6

将红蓝两个探头的顶端放置在导线的外皮上，此时，万用表上的数值应该保持原状。从表上读出的值为0L，如图2-7所示。因为导线的外皮是绝缘的，电流无法通过，所以万用电表无法测得数值。

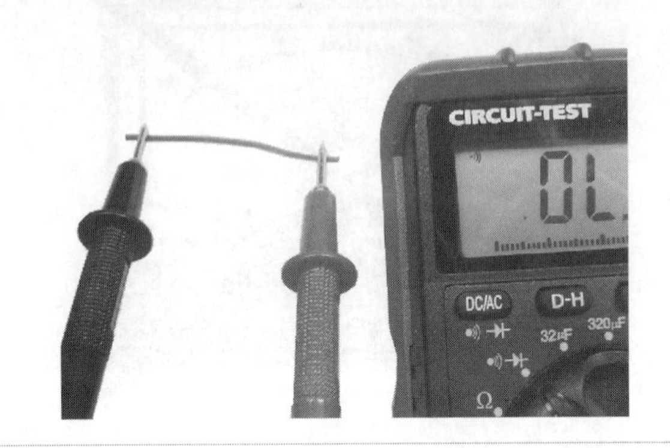

图2-7

因此，当我们使用万用电表测量电压时，务必将导线末端的绝缘塑料外皮去掉，如图2-8所示。如果没有合适的剥线钳，用小刀或指甲刀也可以完成。注意剥去导线塑料外皮时，不要切断绝缘体里边的金属线。

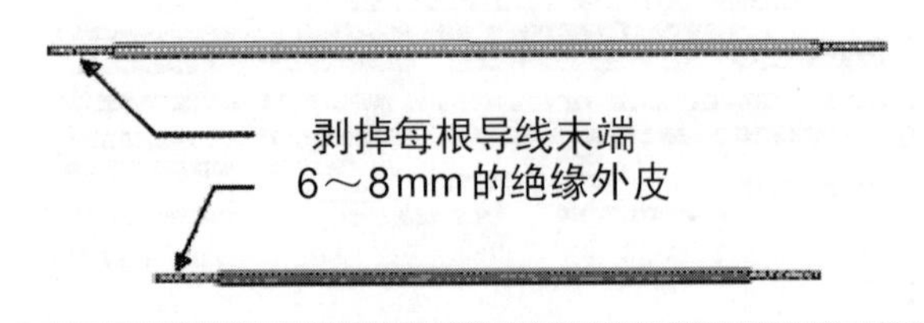

图2-8

现在用探头分别接触导线外露的金属线两端，DMM中的数值应显示“00”，并同时发出“哔哔”声，如图2-9所示。导线是良好的导体，DMM显示“连通”表示此时导线为一条通路。

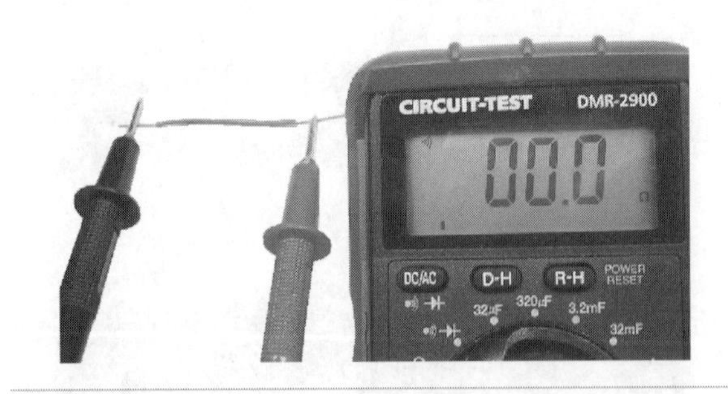

图2-9

练习

标记面包板

将一根导线的两端绝缘外皮剥开，露出足够长度的金属线，一端缠在DMM探头上，另一端插在面包板上，如图2-10所示。

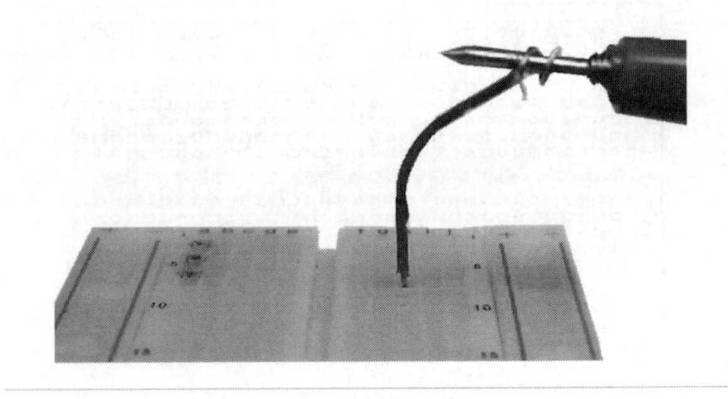

图2-10

1. 将DMM的表盘设在CONTINUITY挡位上。请参考图2-11中的面包板，需注意板上的字母顺序是从下至上的。

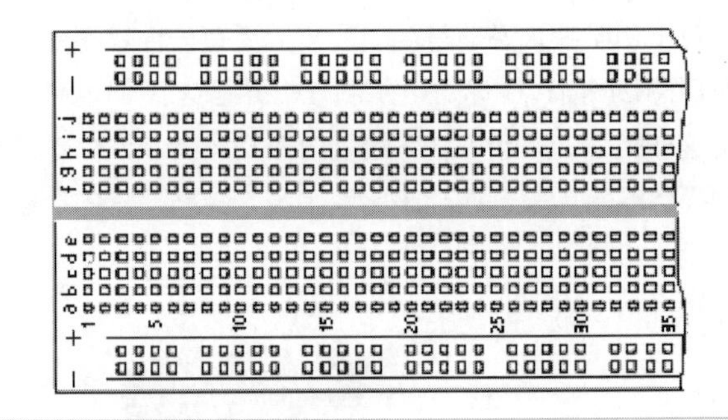

图2-11

2. 探测指定点

   a. 将一个探头插入到面包板的“h3”点的孔中，在图上进行标记。

   b. 用另一个探头找到和第一个点连通的三个孔。万用表能够指示它们是否连通。

   c. 用实线绘制出刚才的连接。

3. 基准点：

   a. 将e25、b16、f30和c8定为基准点。

   b. 用另一个探头找出每个基准点对应的三个连通的孔。

   c. 再用实线绘制出刚才的连接。

4. 增加基准点

   a. 在面包板外部双行长插孔上找几个基准点。这些行并没有用字母和数字进行标记，而是用颜色进行区分。

   b. 找出每个基准点对应的三个连通的孔。

   c. 再用实线绘制出刚才的连接。

5. 解释专业术语原型、绝缘体、导体的定义。

6. 将万用表设在CONTINUITY挡上，测量至少五种绝缘体的元件和至少五种导体的元件。

第3讲　完成第一个电路

本讲中我们将学习如何在面包板上搭建一个实际的电路，然后练习用万用表来进行测量，并观察电路中的电压。

面包板一般有固定的布局，如图3-1所示，板上的五个板孔由一条金属弹片连接，这样你就可以很方便的将五个配件连在一起。而面包板上双行长插孔的作用是连接电源，为整块面包板供电。

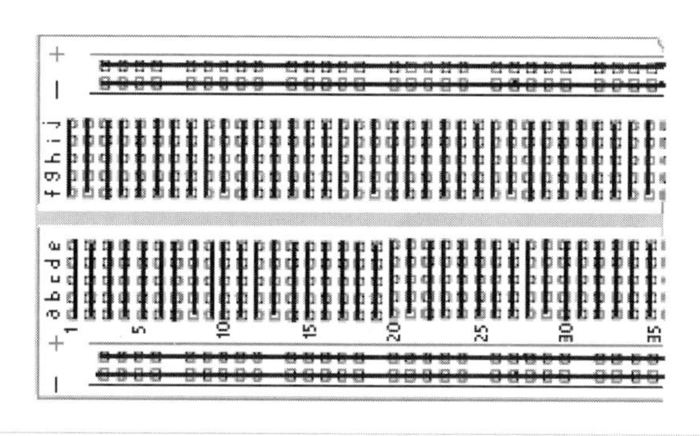

图3-1

搭建面包板

你可以搭建一个标准的设置电路，以便在以后的练习中都能够使用。方法很简单，先将电池扣接在面包板的第一行，再将二极管接到最外边的红色行（如图3-2所示）。

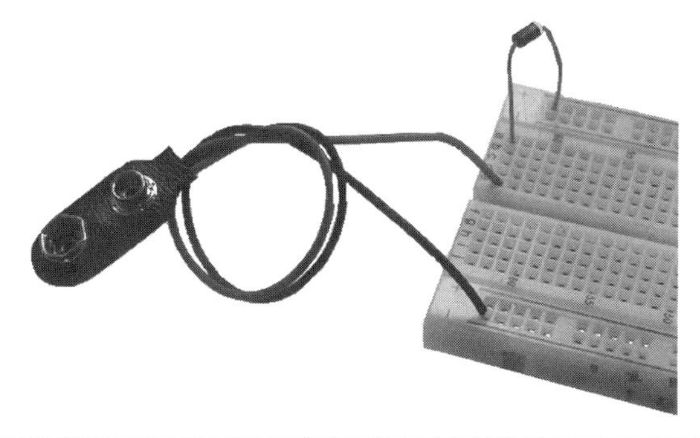

图3-2

需要注意的是，图3-3中所示二极管上发亮的灰条部分，应该对着电压的输入端。

图3-3

这样，电压由红色导线输入，经过二极管之后，到达面包板上的电源位置。

功率二极管的功能

使用功率二极管可以起到保护电路的作用，原理如下。

- 二极管是单向导通的，你可以通过网址www.mhprofessional.com/computing download下载如图3-4所示的动画演示。

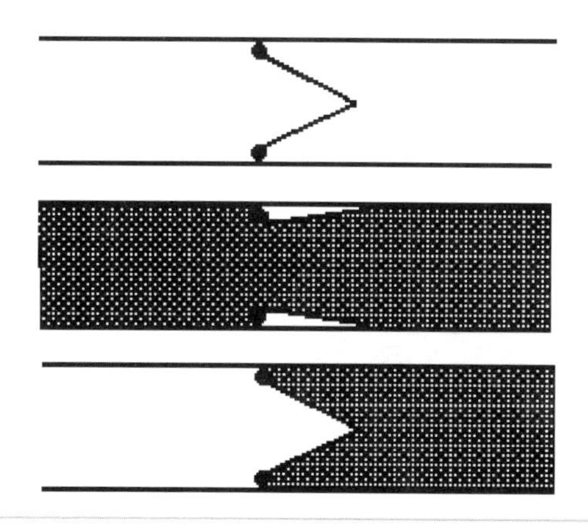

图3-4

- 如果施加的是反向电流，即使只有瞬间的电流，很多电子元件也有可能被烧坏。
- 这个标准的面包板设置电路会保证电池始终正确地接在电路中。
- 即使偶尔把电池装反了，也会由于二极管对于电流的阻止作用而保护电路。

搭建你的第一个电路

元件清单
D1——功率二极管1N400x
LED1——任何颜色的LED灯
R1——470Ω 电阻

LED是一个发光二极管。它和普通的二极管用同样的符号表示，不过多了一个“射线”发射出来，如图3-5所示。

图3-6所示则是一个LED的实物图。千万不要直接将LED接在电源上，这样并不会比一个正常工作的LED看上去亮，反而会烧坏LED。在图3-6上给出了如何确定LED负极的方法。

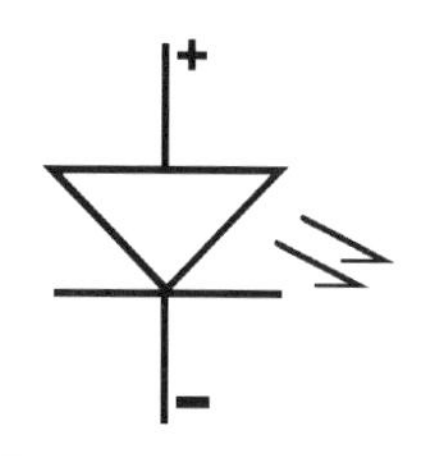

图3-5

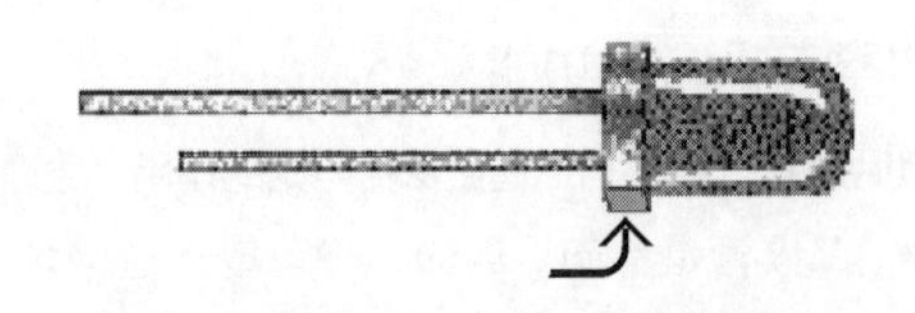

图3-6

较短的一只管脚：这个办法对于新的LED比较实用。但是对于用过的LED来说，因为管脚都已经变形了，所以就不好判断了。

扁平的一边：这个方法是非常可靠的，不过需要你去仔细地寻找。

一定要记住，LED是单向导通的二极管。如果接反了，它就不会工作了。

图3-7所示为几个电阻，电阻的符号如图3-8所示。本讲练习中所需要的是一个470Ω、颜色标识为黄-紫-棕-金的电阻。

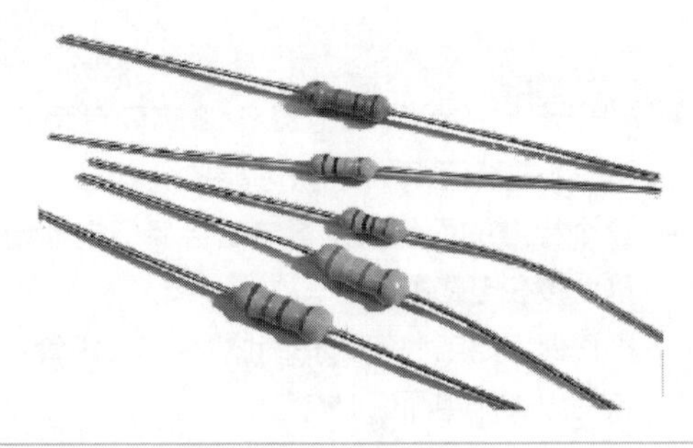

图3-7

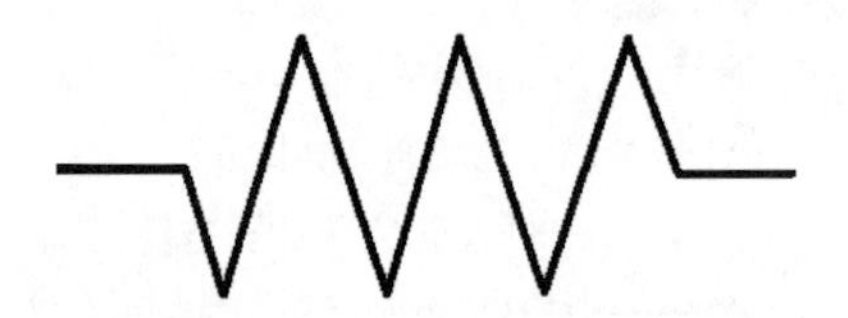

图3-8

电阻的计量单位是欧姆，它的单位符号是一个希腊的大写字母：Ω。

图3-9是我们搭建的电路的原理图，面包板电路的实物图见图3-10。注意图中正确的连接方式，电池扣的红线接在了功率二极管上，对面包板的顶部进行供电。黑线则接在了面包板底部的蓝色一行上。

注意

1 在完全搭好电路之后，才能进行供电。

2 在准备测试电路的时候，再把电池装上。

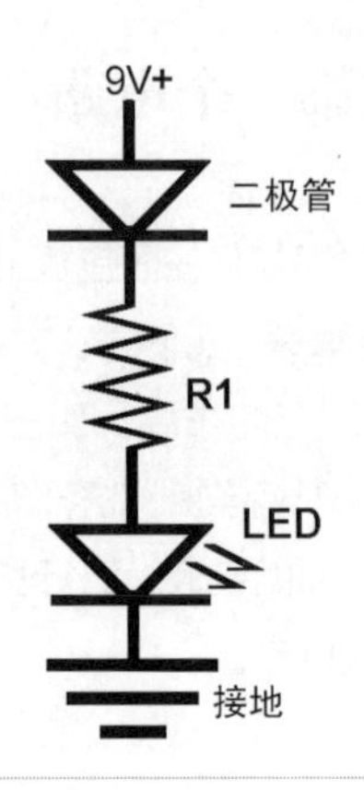

图3-9

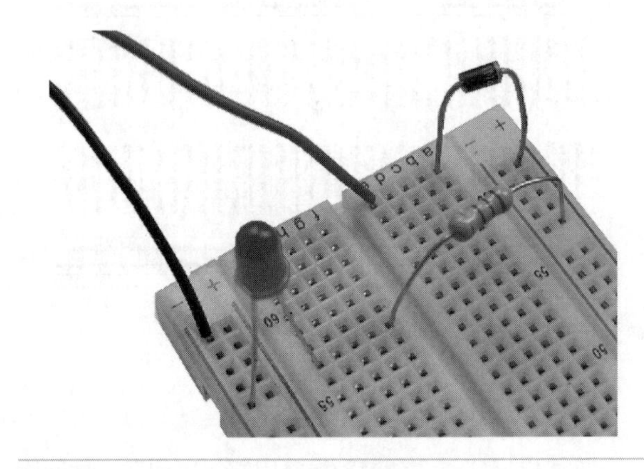

图3-10

3 完成电路测试后，应取下电池。

练习

测量你的第一个电路工作时的电压

如图3-11所示，就像瀑布一样，电压逐级下降。所有的电压从上到下直线下降，电阻和LED都消耗一部分电压。

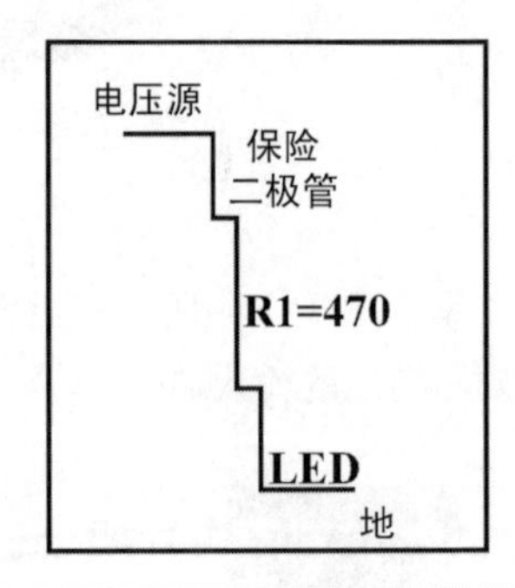

图3-11

本讲中采用的470Ω电阻能够确保LED正常工作，如果阻值变小的话，则有可能会烧坏LED。

电路中的电压是如何分配的?

1. 将DMM设在直流电压挡（DCV），如果使用的万用表不是自动换挡的，就设在10V的位置。
2. 测量接在电路中的9V电池的电压。
3. 将红（+）探头放在测试点A上，黑（-）探头放在测试点D(地）上。如图3-12所示，箭头所指的点就是探头放置的位置，在图3-13中也用箭头标出了实际的测试点。
4. 记录下你工作中测得的电池电压。

___V

5. 测量一下测试点的电压：
- 测试点A到测试点B经过二极管的电压

___V

- 测试点B到测试点C经过470Ω电阻的电压

___V

- 测试点C到测试点D经过LED的电压

___V

6. 现在，将第5项中的电压都加在一起。

___V

7. 记录工作中的电池电压（在第2项中已测）。

___V

8. 将所有使用的电压同电池提供的电压进行比较。

所有电压加在一起，应该近似等于电池提供的电压，可能只有很小的电压值的差别。

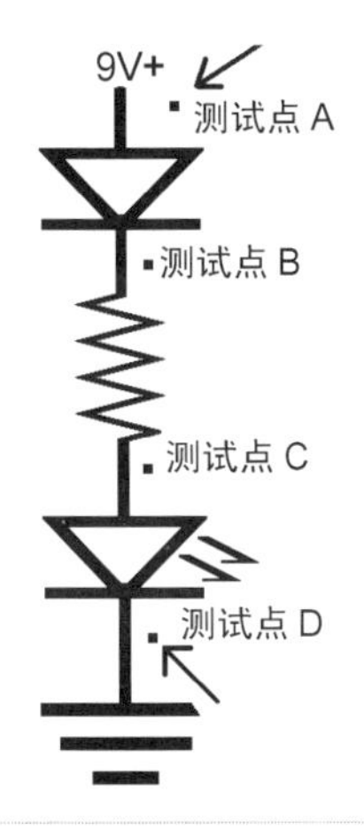

图3-12

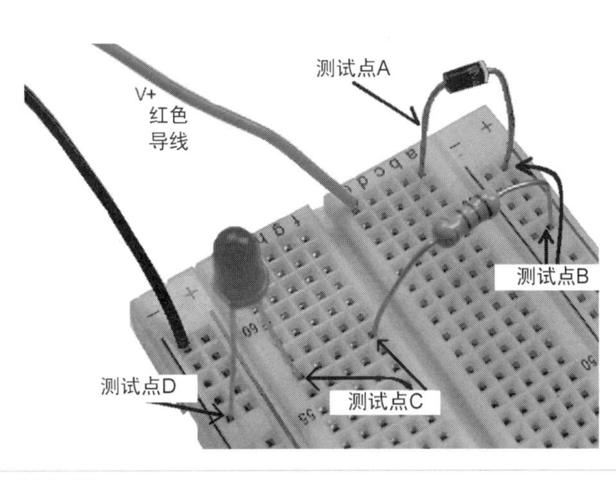

图3-13

第2章 电阻

电阻，电子电路中的基本元件之一。电阻是一种五颜六色的小元件，外边的色环就像彩虹一样，同时它的外形尺寸也各异。

学会电路制作之前，你必须首先掌握电阻外边色环颜色对应的编码规则，才能知道电阻之间的区别。

第4讲 读阻值

固定电阻是一种最普通的电子元件，在制作电路中经常会用到，所以一定要掌握电阻的颜色编码规则（如表4-1所示）。看过表格之后，你就会发现编码并不难记，就好像让一个六岁大的孩子记住彩虹的颜色一样简单。

表4-1 电阻色环对应表

颜色	第一个色环代表的数值	第二个色环代表的数值	第三个色环代表的0的个数	单位
黑	0	0	无	十##
棕	1	1	1个“0”	百##0
红	2	2	2个“00”	千# #00
橙	3	3	3个“000”	万## 000
黄	4	4	4个“0 000”	十万##0 000
绿	5	5	5个“00 000”	兆 # #00 000
蓝	6	6	6个“000 000”	十兆## 000 000
紫	7	7	不可用	
灰	8	8	不可用	
白	9	9	不可用	

首先，金色环总是在最后的位置，它代表电阻阻值的误差控制在5%以内。

在用数字万用表测量电阻时，表盘设在Ω挡。注意图4-1中所示的两个细节。

图4-1

第一个细节是当万用表设在Ω挡测量电阻时，表盘会直接显示出数值。第二个细节就是注意显示的符号Ω前边的M，这代表电阻的阻值应该是0.463 MΩ，或0.463兆欧姆，也可写做463 000欧姆，所以，千万别忽略了M的存在。

一旦你开始使用电阻，就会很快地熟悉起来。第三个环是最重要的标记，它告诉你的是10的幂数。在电路中，我们可以用阻值相差不大的电阻相互替换。例如，可以用红-红-橙的电阻替换棕-黑-橙的电阻。但是，如果你用红-红-橙去替换红-红-黄，就会惹出大麻烦。

练习

读电阻

如果你有一个自动换挡的万用表，你可以直接用它来测量电阻。如果没有的话，你就只能费事自己读电阻了。首先，将DMM设在对应电阻阻值范围的相应挡位上。如果用的不是自动换挡的DMM，就需要手动换挡，这意味着你应该大概知道要测的电阻阻值，也就是必须学会如何读电阻。可见，一个自动换挡的DMM真的很好用。

注意，人体的皮肤是电的良导体，如果你用电阻的两边管脚接触在皮肤上测量，DMM将测量的是电阻和你皮肤的阻抗的混合值，因此测出的值是不准确的。

测量电阻阻值的方法

图4-2给出了如何测量电阻的方法。首先，将电阻的一支管脚插到面包板上，用探头抵住，不要碰到别的金属。然后，再用另一支探头将电阻的另一个管脚压在手指上进行测量。

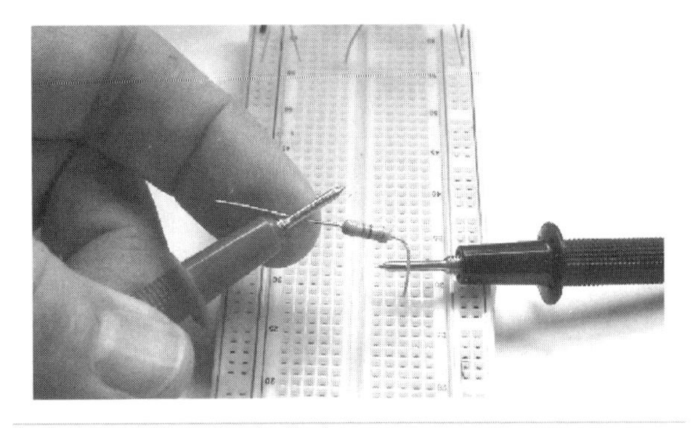

图4-2

1 表4-2列出了一些电阻，你需要读出它们的阻值，因为一会儿就要用到。

表4-2　需要的电阻

第一个色环值	第二个色环值	第三个色环对应的零的个数	电阻值	DMM读数
棕	黑	棕	100Ω	______Ω
1	0	0		
	紫	棕	470Ω	______Ω
4	7	0		
棕	黑	红	1 000Ω	______Ω
______	______	00		
棕	黑	橙	10 kΩ	______Ω
______	______	000	10 000Ω	
红	红	橙	22 kΩ	______Ω
______	______	______	22 000Ω	
棕	黑	黄	100 kΩ	______Ω
______	______	______	100 000	

2 有时，电阻标识的阻值有可能与它实际测量出的阻值不能精确对应。一般阻值允许的最大误差在5%以内。这意味着一个100Ω的电阻，可能测出的最大值为105Ω，最小值为95Ω。也就是说，正负5Ω的误差是在允许范围内。试着算一下1 000 000的5%是多少?

- 你可能测出的1 000Ω电阻的最大值是多少?
  ____Ω
- 同样的1 000Ω电阻，你可能测出的最小值是多少?　____Ω

3 每只手握一个探头，测一下你皮肤的阻值。数值将会不停的变化，试着算出平均值。

____Ω

- 你知道简单的测谎方法吗？当一个人很焦虑的时候，通常都会出汗。让对方握着探头，问一些令人尴尬的问题，你就会发现瞬间测出的阻值下降了。

4 写出下面每个数值的非缩写的形式。

- 10kΩ=______Ω
- 1kΩ=_______Ω
- 0.47kΩ=_____Ω
- 47kΩ=_______Ω

第5讲　电阻对电路的影响

在电子电路设计中，电阻一般都是起控制电压和电流的作用。尽管本讲不是很长，但还是值得花时间学习的。不同因素的影响的确会带来不同的结果，我们将用图示来说明，不同的电阻用在同一个电路中，会产生怎样的变化。

我们将使用之前章节搭建的面包板电路来演示不同的电阻是如何对电路产生影响的。在这个电路中，电阻和LED都插在板上时，电阻会占用掉大部分的电压，只分给LED 2V的正常工作电压。

如果改变图5-1中电路的电阻，会出现什么结果?

测量通过电阻的电压，也就是测试点B到测试点C之间的电压，然后再测量通过LED的电压，即测试点C到测试点D的电压。

图5-2是这个电路的原理图。

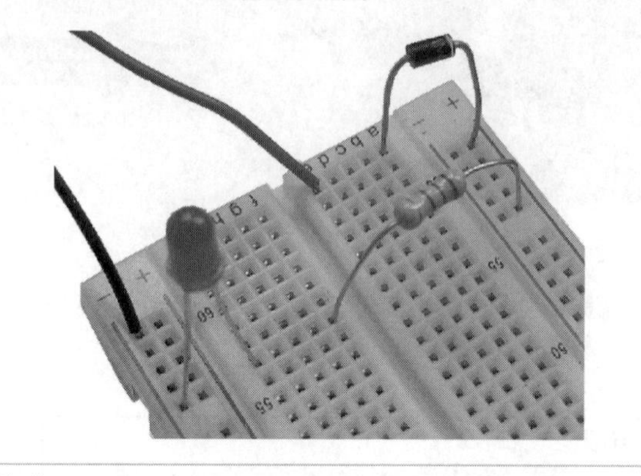

图5-1

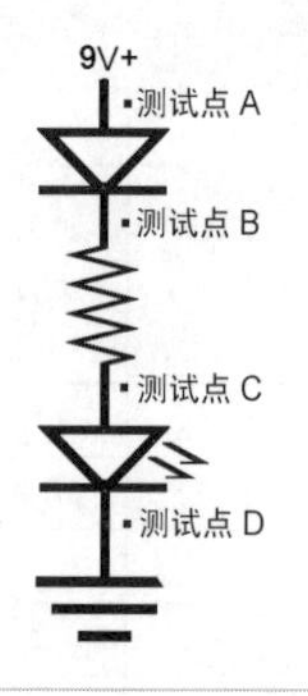

图5-2

图5-3给出了逐级下降的测量结果，由上到下的变化指出了电路中电压的使用情况。第一级是保险二极管消耗的电压，第二级是电阻消耗的电压，所占的比例较大。最后剩余的电压都消耗在LED上。

从图中我们可以看出470Ω电阻消耗了很多电压。如果没有这个电阻，那么LED上的电压可能会超过8V，将会被烧坏。

记住，从电源到地之间，所有的电压都会被分担掉，每个元件都分到一定的电压。

如果把电阻的阻值增大，会有什么结果？电阻上分得的电压将会增加，而留给LED的电压将会减少。

图5-4给出了这种情况的结果。

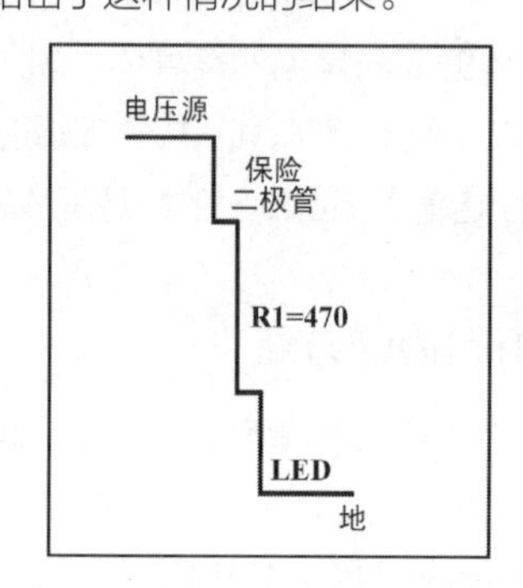

图5-3

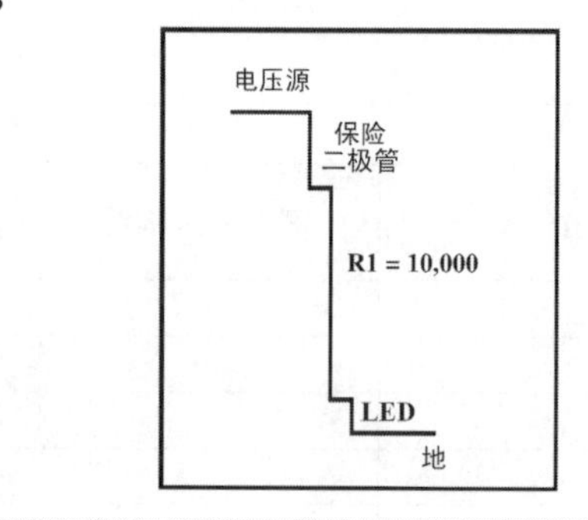

图5-4

练习

电阻对电路的影响

搭一个如图5-5所示的电路。电阻按照表5-1中的阻值，在面包板上按由小到大的顺序排列。

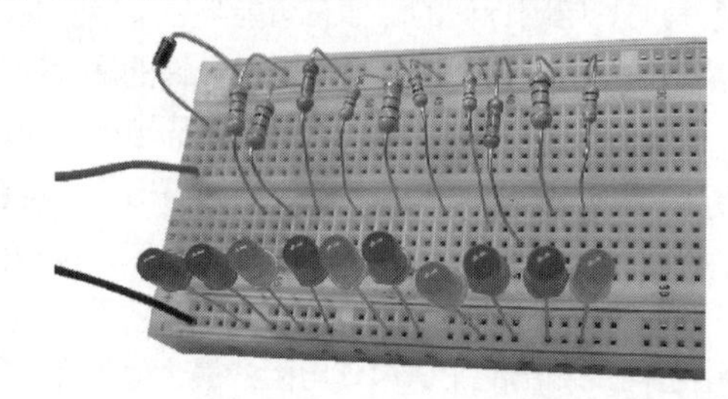

图5-5

表5-1　练习表格

电阻阻值	总电压	通过电阻的压降	通过LED的压降	LED亮度（对比470Ω）
100Ω	____V	____V	____V	____
470Ω	____V	____V	____V	正常
2 200Ω	____V	____V	____V	____
10 000Ω	____V	____V	____V	____
47 000Ω	____V	____V	____V	____
220 000Ω	____V	____V	____V	____

第6讲 电位器

有一些电阻可以在一定的范围内改变阻值的大小。你每天用的音量控制开关就是一种可变电阻——电位器。尽管现在越来越多的电器使用数字按键来进行音量控制，但是电位器的应用仍然十分广泛。

并不是所有电阻都像之前介绍过的带色环的电阻一样，阻值为一个固定值。电位器就是一种普通的可变电阻，如图6-1所示。

图6-1

电位器，也常常被称作电位计，或微调电位计，通常被用来控制音量。一个电位器阻值的最大值一般都会标示在它的金属外壳上。

图6-2所示为电位器的拆解图。转动轴穿过碳环连到电位器的中心，碳环外部有三个金属腿，左边的用字母A表示，中间的用C（center中心）表示，右边的用B表示。

图6-2

图6-3所示即为碳环，它是电位器的核心部分，是由碳混合黏土制成的。黏土是绝缘体，碳是导体。

电位器的调节是通过旋转穿过碳环的转动轴（带塑料外皮的铜）来实现的（如图6-4所示）。转动轴改变在A和C之间碳环接触点的位置。通过改变A和C之间的距离，使电阻值发生变化。

A和B之间的距离是始终不变的，因此A和B之间的阻值也不发生变化。演示的电位器是一个100 000Ω的电位器，表示在A、B腿之间的电阻值是100kΩ。理想情况下，A、C间的最小阻值是0Ω，最大值是100kΩ。

图6-3

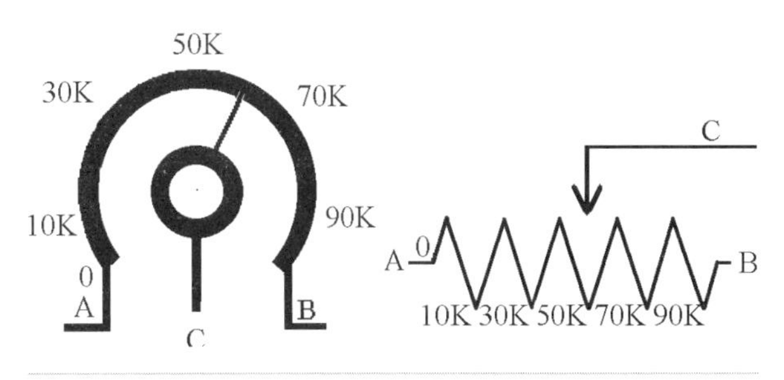

图6-4

碳和黏土的比例决定了电子通过电阻的难易程度。黏土越多，则碳越少，那么导体就越少，将增加阻抗。

碳环中的碳就像铅笔中的碳一样。铅笔中的芯也是由碳和黏土混合而成的。较软的铅笔含有较少的黏土和较多的碳，所以软铅笔的阻抗较小，硬铅笔则刚好相反。

练习

电位器

1. 用2B铅笔在纸上画一条粗线，如图6-5所示。如果使用较硬的铅笔，黏土的成分多，实验效果则不明显。
2. 将万用表设在测量电阻Ω挡。如果用的不是自动换挡的万用表，就设在最大阻抗的挡位上。
3. 如图6-6所示，将探头压在铅笔线的两端，间距一寸左右。注意手指不要碰到探头的顶端，否则测出的就是你身体的阻值，而不是铅笔线的阻值了。

图6-5

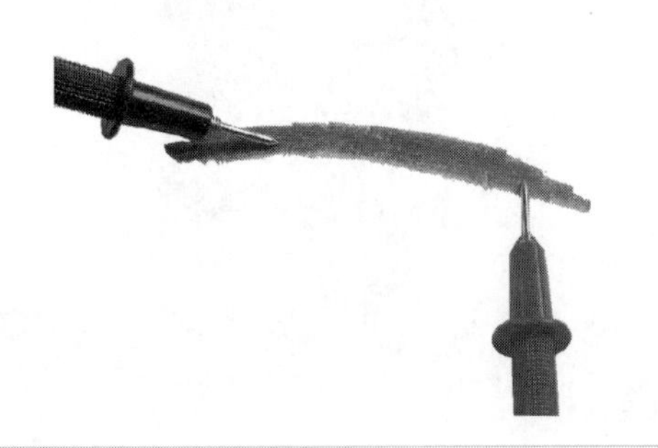

图6-6

a. 记录万用表测出的阻值:____Ω。如果DMM测出的数值超出了范围，则需要将两个探头之间的距离缩短。

b. 将两个探头离得近一些，再记录测出的数值。

4 使用100kΩ的电位器，记录测出的数值。

a. 测量电位器的管腿A和B之间的阻值。

____Ω

b. 旋转调节器，再记录下管腿A和B之间的阻值。

____Ω

c. 旋转调节器到一半的位置，记录下管腿A和C之间的阻值。 ____Ω

d. 再次旋转调节器，记录下变化的阻值。

____Ω

参考图6-3中的碳环组成原理，解释上述的数值变化的原因。

5 按照原理图所示，将电池正确地经过二极管接到电路中。

6 旋转电位器的调节器，LED灯出现由亮到暗的变化，解释这个现象产生的原因。

7 为什么要在电路中安装一个470Ω的电阻。

制作电路

注意图6-7所示的原理图和图6-8所示的实际电路元件的对应关系。

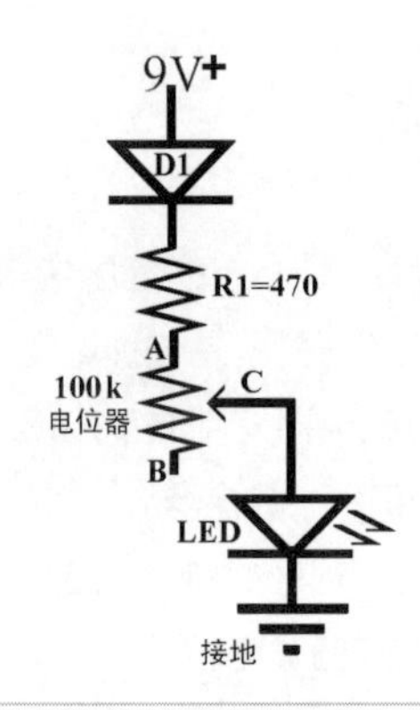

图6-7

图6-8

第7讲 光敏电阻

另一种可变电阻是光敏电阻（LDR），LDR能够受光的变化而改变自身的导电能力。它经常用于一些夜间设备中，来实现自动控制设备的目的。在一些汽车中，LDR作为夜间或驶入隧道时控制头灯开关的输入端来使用。LDR的符号如图7-1所示。

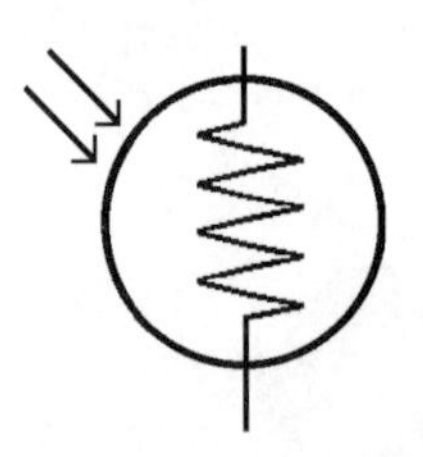

图7-1

由于LDR具有感光的特性，所以不太容易准确地测出它的阻值。而实际上，LDR有特定的阻值。想要准确测出LDR的阻值，一个简单的办法就是在黑暗的地方进行测量。

将LDR插到面包板上，管脚不要接在一起，如图7-2所示。用万用表测量阻值，不过由于LDR比较敏感，显示的数值可能会发生跳变。

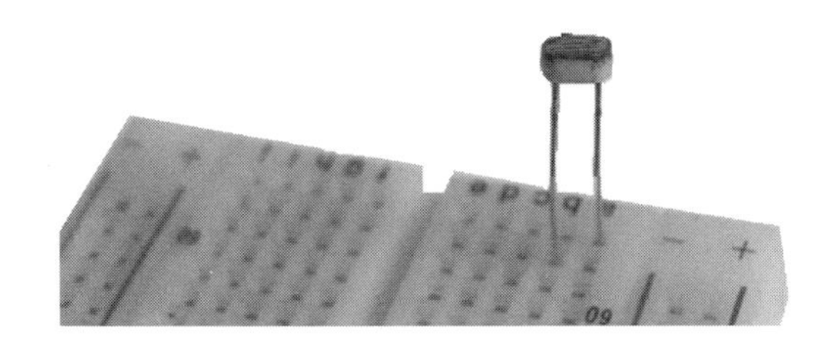

图7-2

如图7-3所示，将一个黑的笔帽罩在LDR上，再进行测量，则会得出相对准确的阻值。

图7-3

制作电路

注意图7-4中所示的原理图和图7-5所示的实际电路元件的对应关系。

元件清单

- D1——功率二极管
- LDR——1MW黑色
- LED——5mm 圆形

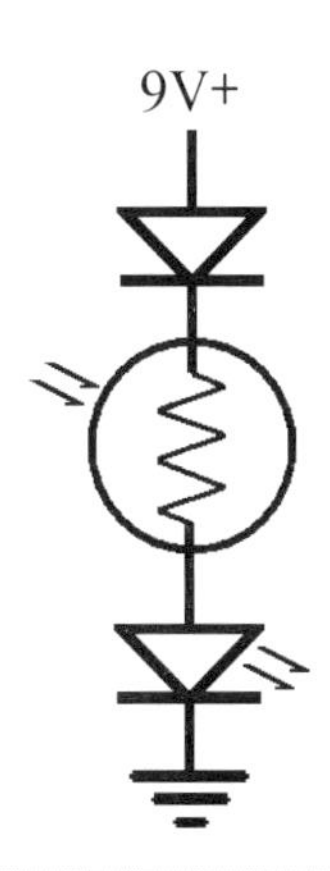

图7-4

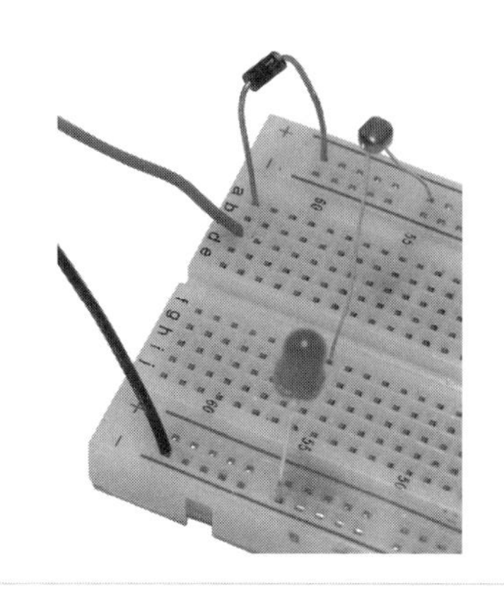

图7-5

预期效果

1. 在电路中加上电池后，注意LED的亮度，应该会非常亮。
2. 然后，将笔帽罩在LDR上,LED将会变暗，甚至熄灭。
3. 想一想，照在LDR上的亮度和LDR的阻抗之间的关系。

练习

光敏电阻

1. 去掉电源，测量并记录在灯光下LDR的电阻值。由于测出的值可能会跳变得很剧烈，所以需要取测量的平均值。
2. 将笔帽罩在LDR上，再测量它的阻值。注意，手指别影响到数值。
3. 接上电源，注意LED的亮度。再将笔帽罩在LDR上，说明罩在LDR上的亮度和LDR的阻抗之间的关系。
4. 注意在灯光下测出的LDR的最小电阻值。然后想一想在这个电路中为什么没有用470Ω的电阻。
5. 看一下图7-6，按照LED由亮到暗，对四个图进行排序。

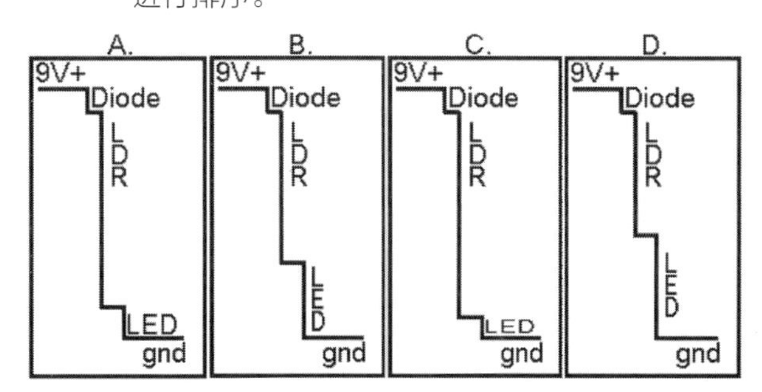

图7-6

第3章　更多元件和半导体

我们可以用简单的水管道系统来解释电子技术中许多元件的工作原理。

- 电流如同水流一样。
- 水压的大小可以改变。
- 水管的尺寸不同。
- 水可以装满容器。
- 水可以从容器中倒出来。

第8讲　电容和按钮

除了电阻和LED灯之外，还有很多的电子元件。电容是一种储存电量的元件。按钮则是用来控制电路是否接通电源的元件。本讲将为大家介绍电容和按钮。之后你可以制作一个电路应用到电容和按钮这两个元件。

电容

电容具有储存电量的能力。图8-1所示的电容符号表示电容有两个极板。

图8-2所示为一个拆开的电容，你能够看出电容就是由两片金属板构成的，并且在金属板之间填充了绝缘的物质。电容的外形一般有三种基本形状。

图8-1

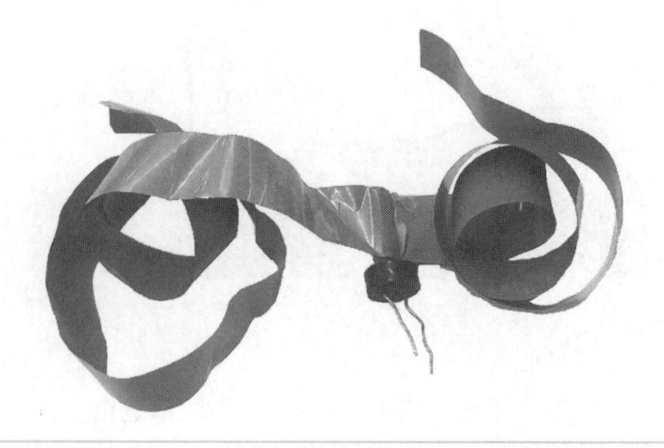

图8-2

我们可以根据电容的容量来对不同种类的电容进行划分。1μF以及更高的电容是电解电容。它们必须按照正确方向连接到电路中。一般有两个标记能够指示出电解电容的负极。第一个，电容上面一边有一个彩色条纹来指示极性；第二个，如果两个引脚来自同一边，较短的那个就是负极的引脚。只有电解电容器才有正负极之分。瓷片电容和薄膜电容没有正负极之分。图8-3中展示了各种各样的电容。

图8-3

记住反接电解电容是非常危险的，必须按照正确的方向接到电路中，图8-4是用来帮助提醒我们的。

电最早被定义是在200多年前，是用灵敏度低的简陋仪器进行测量的。定义电的单位的人没有达到测量的目的，但是我们至今仍然能够使用它们。法拉是电容的基本单位。1法拉是非常大的一个数量，在电子学中的标准单

图8-4

元是百万分之一法拉，用希腊字母 μ（mu）代表其单位，称为微法拉。就是0.000 001法拉或者1×10^{-6}F。它通常被写作1 μF（1μF=0.000 001F=1×10^{-6}F）。

我们还是用水作一个形象的比喻。如果你把电荷想象成水，电容可以被比作装水的容器。电容能够容纳电量的最大值只与电容自身的性质有关，就像用于装水的不同大小的容器。各种容器如图8-5、图8-6、图8-7所示。

图8-5

图8-6

图8-7

如之前提及的，电容有三个基本种类。瓷片电容容纳电量最少。它们的基本形状如图8-8所示。它们容纳电荷的能力是非常小的，以至于它们以万亿分之一法拉为基本度量单位。也把万亿分之一法拉叫作皮法（pF）。瓷片电容的容量通常的范围是1~1 000pF。还有另一个说法，从百万分之一微法到千分之一微法。

想象一下它们可以容纳电荷能力的大小，就像装水的容器装水量范围从一个暖壶盖（如图8-9所示）到一个暖壶（如图8-10所示）大小。

薄膜电容具有方盒的外形，如图8-11所示。它们容纳电荷的能力在中等水平。薄膜电容的容量在千分之一微法和一微法之间。

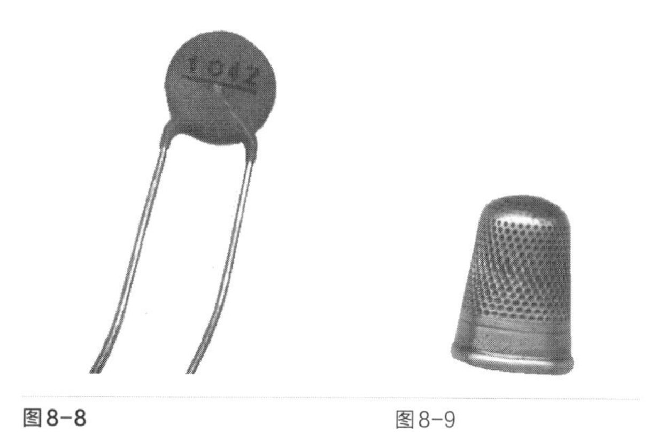

图8-8　　图8-9

图8-10

图8-11

薄膜电容容纳电荷的能力是瓷片电容的1 000倍。对薄膜电容容纳电荷能力的形象类比，它就像是一个水池，如图8-12所示。再大一点的电容就像一个浴缸，如图8-13所示。

图8-12

电解电容的体积是很小的，并且是罐的形状。在你的元件库里找出电解电容。它们应该看起来和图8-14中的电解电容很相似。可能只是颜色不同罢了。

电解电容容纳电荷的能力是1μF以上。它们容纳电荷的能力可以用大尺寸的容器来类比，从游泳池（如图8-15所示）到湖泊（如图8-16所示）。

图8-13

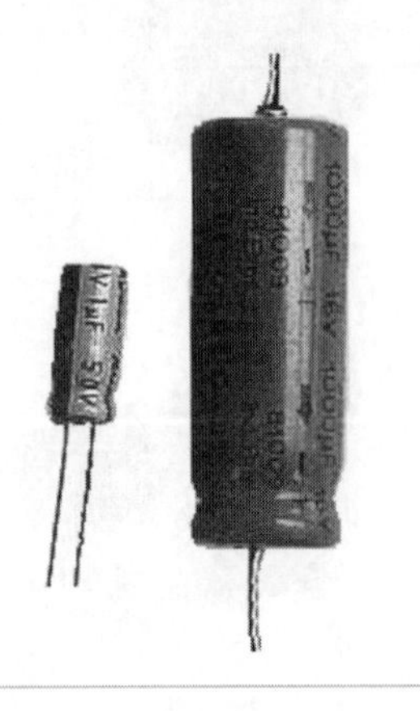

图8-14

图8-15

图8-16

按钮开关

主要有两种类型的按钮开关，它们看起来都像图8-17那样，外形相同。

常开式按钮开关（PBNO）

按下按钮开关：一片金属连接到内部的两块金属片，如图8-18所示。这样就产生了一个临时的通路，使电荷可以通过。将你的数字万用表（DMM）设置到CONTINUITY挡位，并将两个表笔分别放到按钮开关的每个接触点上。只有在你按下按钮开关时，CONTINUITY才会有显示。

图8-17

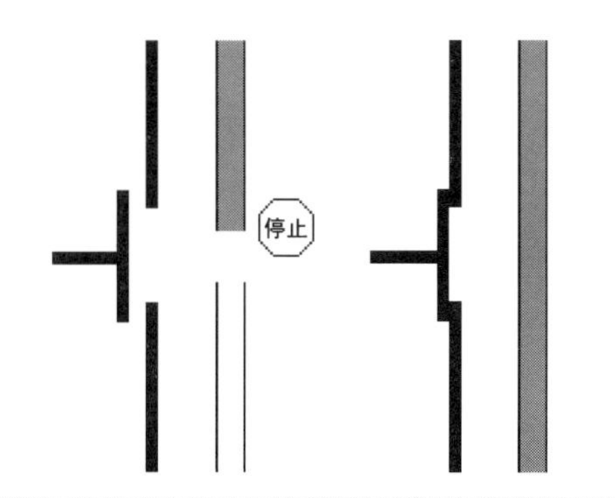

图8-18

常闭式按钮开关（PBNC）

按下按钮开关：将一片金属同内部的两块金属片之间的连接断开，如图8-19所示。这样就产生了一个临时的开路，使电荷不能通过。将你的数字万用表（DMM）设置到CONTINUITY挡位，并将两个表笔分别放到按钮开关的每个接触点上。CONTINUITY会一直有显示，直到你按下按钮开关。

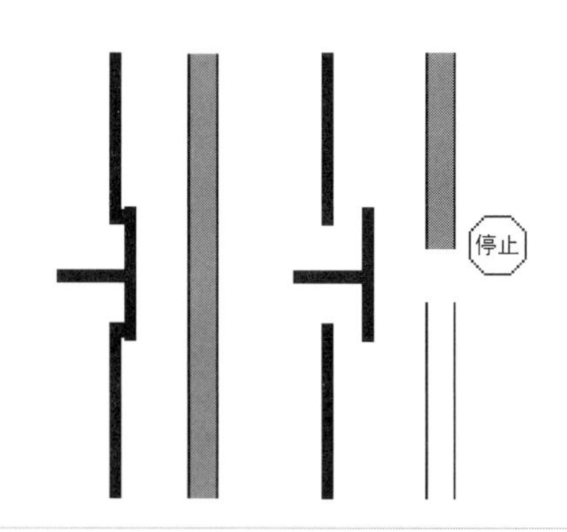

图8-19

搭建电路

搭建一个如图8-20所示的电路（还需要参考元件列表）。注意图8-20中的元件图与图8-21中的实物图之间的对应关系。

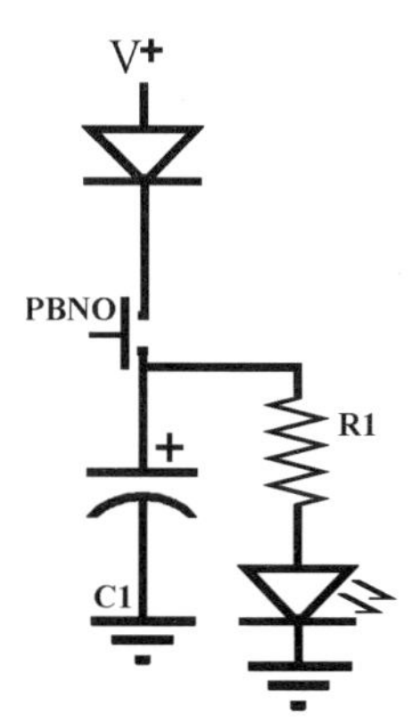

图8-20

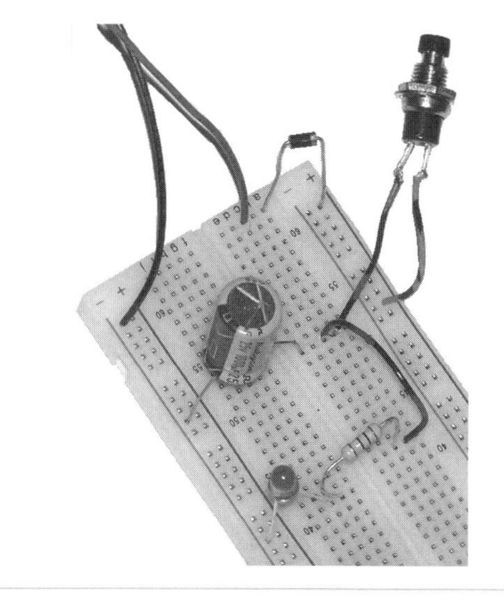

图8-21

元件清单

- PB1——常开式，将导线焊在引脚上
- C1——1 000 μF电解式
- LED——圆形5mm
- R1——470 Ω

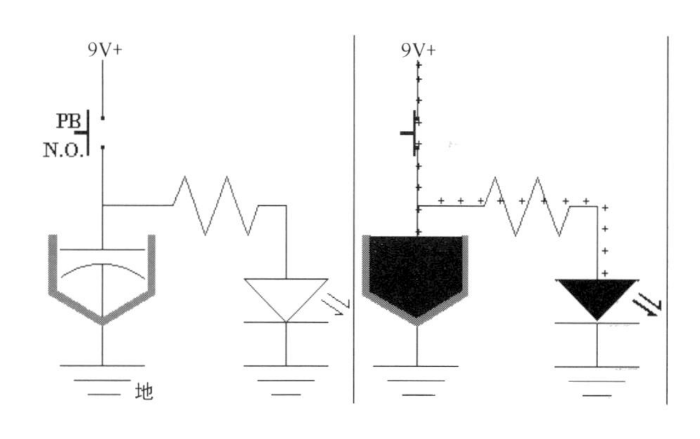

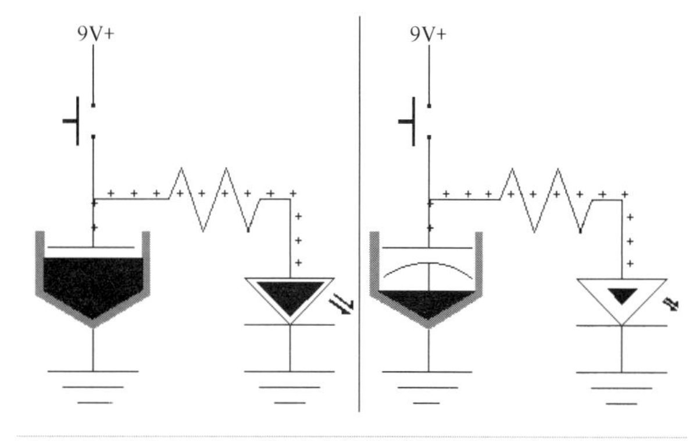

图8-22

工作原理

认真观察图8-22中一系列图形的变化。

1. 按下常开式按钮开关（PBNO）。
2. 电源电压给电容充满电，并且点亮LED灯。
3. PBNO打开，断开电源电压。
4. 电容通过LED灯放电。
   a. 电容放电，电压降低。
   b. 电压降低，LED灯熄灭。

练习

电容器和按钮开关

1. 仔细观察电解电容器。确认指示电容极性的彩色条纹和较短的引脚。
2. 描述一下，当你按下按钮开关后，你的电路发生的变化。
3. 如图8-23所示，将电容C1和电阻R1之间电线断开，按照如下步骤测量。
   a. 按下按钮开关给电容器充电，等待一会儿。
   b. 将你的数字万用表设置在合适的电压范围挡位上。将红色表笔接到电容的正极处，并将黑色表笔接地。
   c. 记录下开始显示的电压。电容将通过数字万用表慢慢释放它的电荷。重新连接上电线，并描述发生的现象。

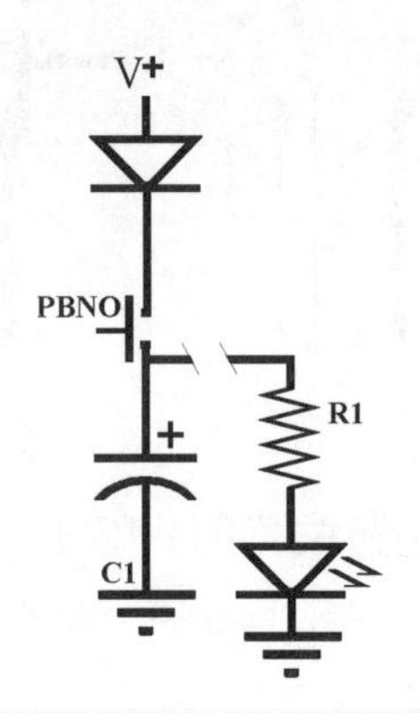

图8-23

4. 按如下要求操作电路，并使用表8-1记录你的信息。
   a. 用表中电容分别替换电路中的电容，并记录下LED灯的保持时间。不要期望时间是非常准确的，只是个近似值。
   b. 描述你所发现的基本原理。

表8-1　数据记录

电容值	时间
1 000 μF	
470 μF	
100 μF	
10 μF	
1 μF	

5. 简述电容的作用和用途。

6. 将1 000 μF的电容放回到电路中原始的位置。现在用关闭式按钮开关（PBNC）替换开启式按钮（PBNO）。描述电路的基本工作情况。

第9讲　晶体管

注意

学习电子技术并不难。虽然它含括了大量新的知识，但是比较简单易懂。稍微动一下脑筋即可，不会像图9-1中思考者那样想得那么困难。

图9-1

自从第一个跨越大西洋的无线电出现之后，已经有100多年了，电子技术是一项新兴的科技。1947年晶体管的发明，是我们今天所使用的所有电子器件向着微型化发展的第一步。NPN（负-正-负）完全是一个电子学中的概念。它就像一个开启式按钮开关，但是并没有可移动的部分。晶体管是基本的电子开关。它有一个有趣的历史，大家可以通过课外阅读来了解。我们整个电子技术的历史发展就是依靠于这个器件。

晶体管通常是被封装在TO-92包装里，如图9-2所示。注意元件符号图中的引脚是如何标记的，如图9-3所示。

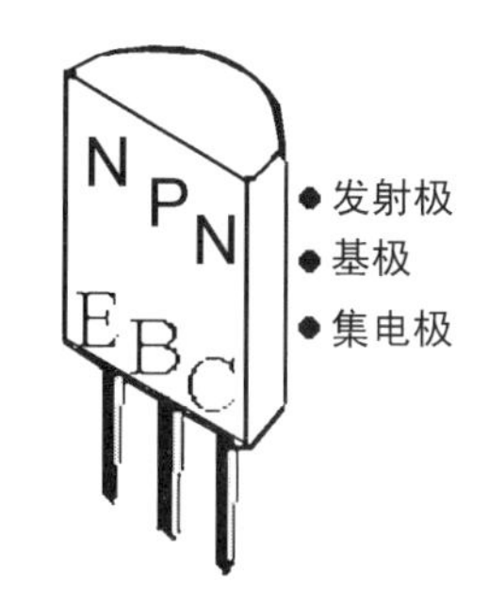

图9-2

图9-3

注意在元件符号图中的箭头方向。它包含了两个含义：第一，它指出了电流的方向，通常是接地的。第二，它总是在发射极（E）这一边。分辨晶体管的引脚是非常重要的。对于这种封装，非常容易记。用手拿着晶体管，使扁平的一面面向自己。现在，从左到右，说“Enjoy British Columbia”。这样，你就分别定义了三个引脚。好玩吧，这是很有帮助的。

现在有成千上万的晶体管类型。去分辨它们的唯一的方式就是去查看封装上面印刷的数字。即使它们有上千种，但是最基本的也就只有两种类型，即NPN型晶体管和PNP型晶体管。

NPN型晶体管

这一讲介绍NPN型晶体管，我们使用的是3904 NPN型晶体管。在第10讲会给大家介绍3906 PNP型晶体管。它们的结构是相反的，但是它们的特性又是相匹配的。

当电压和电流被加到基极上时，NPN型晶体管就会导通。NPN型晶体管的工作原理就像图9-4中的水龙头一样。给控制开关一点压力，它就放出水来。

如你在图9-5中看到的，一点点电压和电流加到NPN型晶体管的基极，就可以使从晶体管的集电极到发射极通过的电流增大。

从另一个方面想想，需要一个力去打开水坝的闸门，如图9-6所示。如果只移动这些闸门，它相比整个大坝的水流的力来说，就是很小的力量。

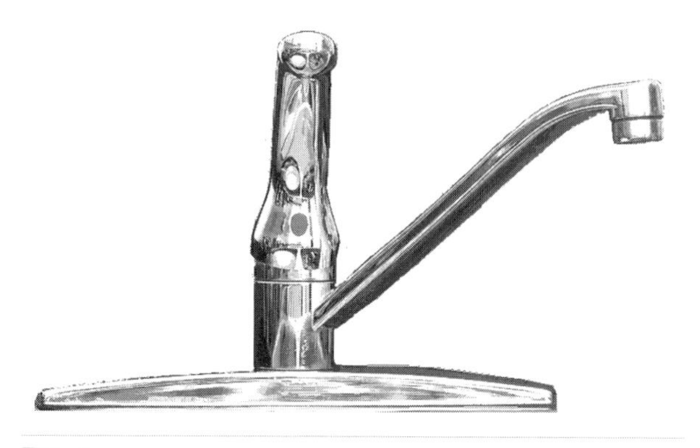

图9-4

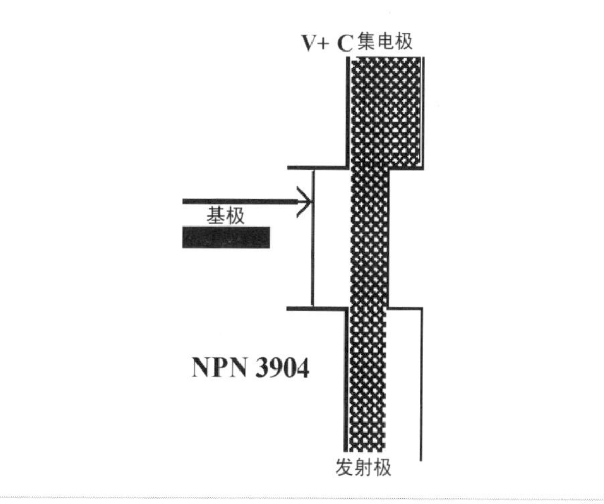

图9-5

图9-6

搭建NPN型晶体管演示电路

你可以使用电容来储存少量的电荷。它可以直接给LED灯供电，但是那仅仅只能持续很短的时间。这里，我们使用电容来给晶体管供电。你需要再一次注意电路原理图9-7中的元件和图9-8中的无焊面包板上的电路，它们具有很大的对应性（参考元件列表）。

元件清单

- D1——保护二极管
- PB—PBNO
- C1—10 μF
- R1—22 kΩ
- R2—470 Ω
- Q1—NPN 3904
- LED—圆形5mm

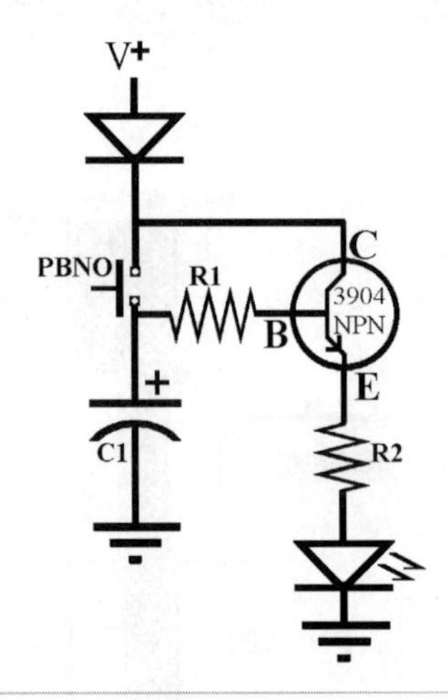

图9-7

图9-8

预期结果

当你接触你的电池，LED灯将熄灭。按下然后释放按钮开关。LED灯将立即打开。然后它将暗淡并且熄灭。电容越小，它的变化就越快。

电路工作原理

你使用电容里存储的电荷来给晶体管供电。晶体管再给LED灯提供工作的电流。

因为晶体管的基极需要的能量远少于LED灯，电容两端的电压缓慢地下降。22 000 Ω 的高阻值电阻会使电容放电的速度变慢，从而使LED灯亮的时间更长。

练习

晶体管

1 简述电路中使用晶体管的目的。

____

2 看起来像晶体管的元件就是一个确定类型的晶体管吗？你会想到什么？

3 描述一下如何分辨晶体管的哪只引脚是E极。

____

4 晶体管的哪只引脚是基极？

____

5 表示晶体管的符号内部有一个箭头，它有哪两个含义？

a. ______________________________

b. ______________________________

6 辨别晶体管类型的基本方法是什么？

____

7 关于水龙头的比喻，是通过供水系统提供水压或者手来控制的？这个压力是由____提供的。

8 按下然后释放按钮开关。在你释放按钮开关之后，电路中的哪个部分将给晶体管的基极提供能量？

____

9 描述给LED灯提供能量的电流的通路。对于这个问题的答案，下面说的这个事实是值得我们去思考的——电容没有给LED灯供电，它仅仅是在给晶体管供电。

10 在电路中用10 μF的电容，记录三次LED灯所持续的时间，求出平均值。

时间1	时间2	时间3	平均时间
________s	________s	________s	________s

再用100 μF的电容替换C1，再记录三次LED灯的持续时间，并求平均值。

时间1	时间2	时间3	平均时间
________s	________s	________s	________s

你可以粗略地估计一下，100μF电容对保持LED灯亮的时长是10μF电容的多少倍?

a. 3倍多

b. 5倍多

c. 8倍多

d. 10倍多

现在，估计一下1 000μF的电容对保持LED灯亮的时间长度，记录下你的估计值。

好的，在电路中装上1 000μF电容。测试3次，取平均值。

时间1	时间2	时间3	平均时间
________s	________s	________s	________s

看一下，你的估计准确吗?

11 详细描述电路是如何工作的。参考图8-22中的电容给LED 灯供电的原理。当释放按钮开关之后，基极的电压是由______________提供。

第10讲　PNP型晶体管

我们在本书中只使用NPN 3904和PNP 3906这两种晶体管。它们是晶体管中两个比较普遍的类型。同时它们的结构是相反的，特性又是相匹配的。

对于TO-92封装的引脚定义都是一样的，如图10-1所示。请仔细看，图10-2为PNP型晶体管的表示符号。

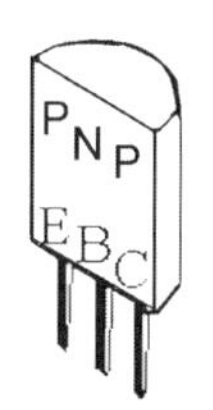

图10-1

图10-2

注意在晶体管的元件符号图上包含了一些重要的信息。在元件符号图中的箭头通常指的是电流的方向，但是现在它在顶端。因为它总是画在发射极上的，这就意味着PNP型晶体管的发射极和集电极相对于NPN型来说，交换了位置。尽管在封装中的引脚仍然是一样的。其实发射极和集电极是相对于电流的方向而交换位置的。

不仅发射极和集电极的位置发生了交换，并且工作原理也刚好交换过来了。 PNP型晶体管的工作原理正好与NPN型晶体管的相反。当你提高基极的电压时，PNP型晶体管的电流将下降。当基极的电压下降时，阀门打开，晶体管电流提高。

PNP型晶体管就像图10-3中的水龙头一样，其工作原理如图10-4所示。但是现在，一点点的压力将使阀门关闭，从而关闭水流。没有了压力将使水通过水龙头流出。同样的道理，晶体管的基极没有压力，将会允许电压和电流更好地通过晶体管。

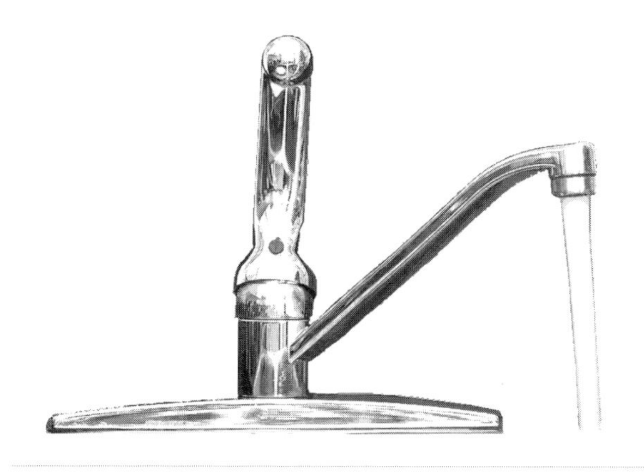

图10-3

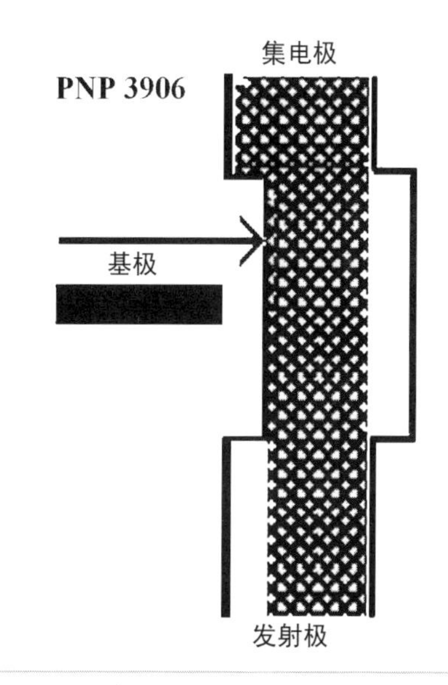

图10-4

就像图中对水龙头的控制，按下去将减少水流的通过。晶体管基极的电压将减少电流通过晶体管。控制水龙头的压力将会关闭它。给基极施加足够的电压也将会关闭PNP型晶体管。

令人惊讶的是，对晶体管基极的操作，对于NPN和PNP型晶体管都是一样的。只不过是它的初始位置不同罢了，如图10-5所示。

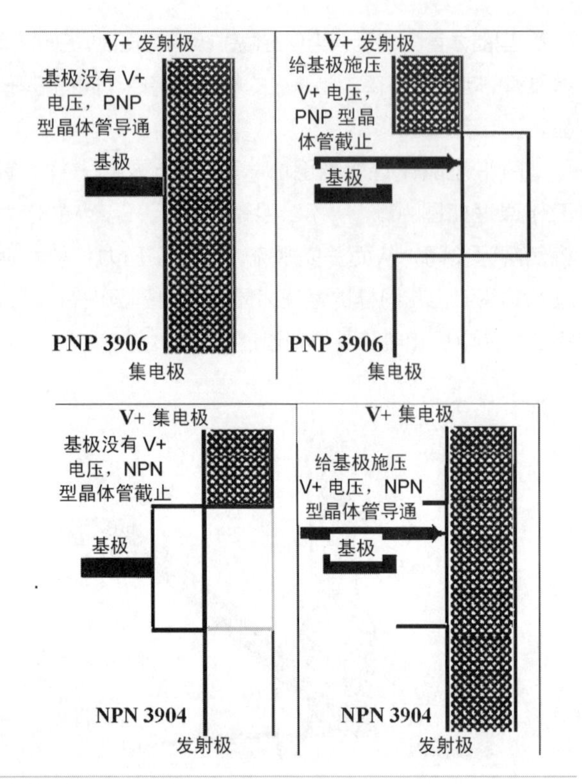

图10-5

搭建PNP型晶体管演示电路

电容给晶体管供电。但是需要记住，对于PNP型晶体管，在电容充电时，它将给晶体管的基极提供电压，从而阻断电流通过。

注意图10-6中电路原理图和NPN型晶体管的电路原理图之间的相似性。同时，注意图10-7中的晶体管与之前课程里学的PNP型晶体管相比，它是反向的。

预期效果

当你在电路上刚装上电池的时候，LED灯就被点亮了。

1. 按下，然后释放按钮开关。
2. LED灯将会立刻熄灭，然后它会慢慢地亮起来。

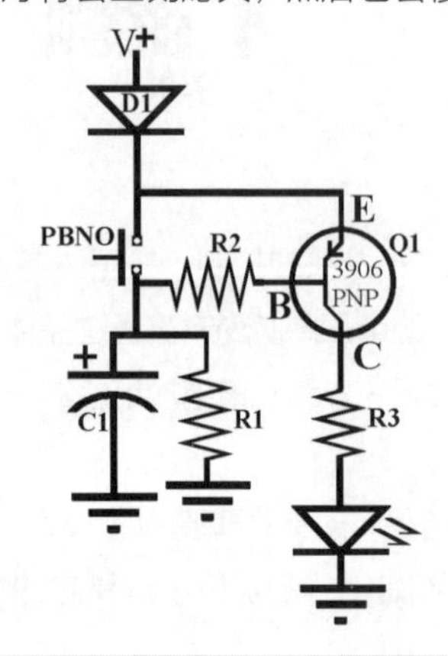

图10-6

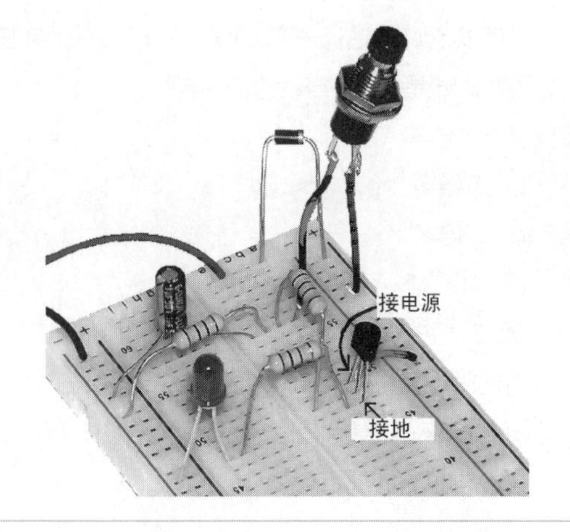

图10-7

元件清单

- Q1——PNP 3906
- R1——100 kΩ
- R2——22 kΩ
- R3——470 Ω
- C1——10 μF
- PB——N.O.
- LED——圆形5mm

工作原理

1. 当你在刚装上电池的时候，LED灯将立即被点亮。因为此刻没有电压加在基极上，所以晶体管的阀门是打开的，晶体管导通，允许电流从发射极流过集电极。
2. 当你按下开关时，电压立即被加到3906 PNP型晶体管的基极，晶体管阀门被关闭，晶体管截止，阻断电流通过，电容C1将会充满电。
   在你释放按钮开关之后，C1储存的电荷将保持住基极的电压，保持阀门关闭的状态，晶体管截止，并且切断电流。
3. 当电容C1通过电阻R1放电的时候，基极的电压将下降。晶体管将再一次导通，缓慢地有电流和电压通过，LED灯便开始亮起来。
4. 为什么增加额外的电阻R1呢？（a）在按钮关闭之前，C1和3906 PNP型晶体管的基极是没有电压的。因为没有电压在Q1的基极，晶体管的阀门是打开的，电流从发射极流到集电极；（b）当电容器中的电压升高，Q1的阀门将关闭；（c）因为晶体管的阀门关闭，电流从C1到晶体管的通路也被阻断了；（d）所以，需要R1去释放电容中储存的电量。之后晶体管Q1的阀门又被打开。

晶体管阻断的时候，电容是没有办法放电的。并且因为电容两端的电压将维持晶体管基极的电压，阀门保持关闭的状态。电容不能通过PNP型晶体管的基极放电，如同之前3904 NPN型晶体管电路中所做的。额外的电阻使电容能够借此缓慢地放电，降低PNP型晶体管基极的电压，使阀门再一次被打开，让电流通过晶体管。

练习

PNP型晶体管

1 在电路原理图中，Q代表什么元件？Q代表______

2 晶体管符号图中的箭头代表了什么？

a. 电流的流向

b. 集电极的方向

c. 基极的方向

d. 发射极的方向

3 箭头总是在元件符号图中的哪个引脚上的？

a. 电压

b. 发射极

c. 基极

d. 集电极

4 如果电阻R3没有在电路中，并且LED灯没有直接与3906PNP型晶体管的集电极连接，会发生什么现象？

a. LED灯将烧坏

b. LED灯将亮起来

c. LED灯将不工作

d. LED灯将闪一下

解释一下你的答案

______

5 用100 μF的电容替换C1，描述一下将会出现什么情况。

______

为什么改变电容会影响到电路工作？

______

6 将C1调回到10 μF，改变R1到10 μΩ（棕-黑-蓝）。描述一下将会出现什么情况。

______

7 将电容想象成一个装水的水槽，电阻当作排水管。下面哪一个陈述，能够更好地解释电路的原理，即采用更大的电容给电路带来的变化，同采用更大的电阻是一样的。

a. 排水管越大越空水流越快

b. 排水管越小越空水流越慢

c. 水量越大，则需要更多的时间来排出

d. 水量越小，排水越快

8 试一下。

a. 用蜂鸣器代替电阻R3和LED灯，确保蜂鸣器的红线接在3906PNP型晶体管的集电极，并能够获得足够的电压，黑线接地。

b. 按下按钮开关，然后释放。在电容放电时，蜂鸣器会发出什么声音？

______

9 用你自己的话仔细地描述电路的工作原理。

______

第11讲　光电晶体管：对其他元件发光

其实所有的晶体管都是光敏的。晶体管被发明后不久，工程师们就发现当照明条件改变时，晶体管会有不同的效果。因此大量的工作都是以保护好晶体管不受光的干扰为基础的。但是与此同时，经过深入的理解和分析，也发现了这一现象的其他用途。

研究的结果是什么呢？这就是光电晶体管。图11-1展示了光电晶体管（深色玻璃）和它相对应的是红外发光二极管（浅色玻璃）。

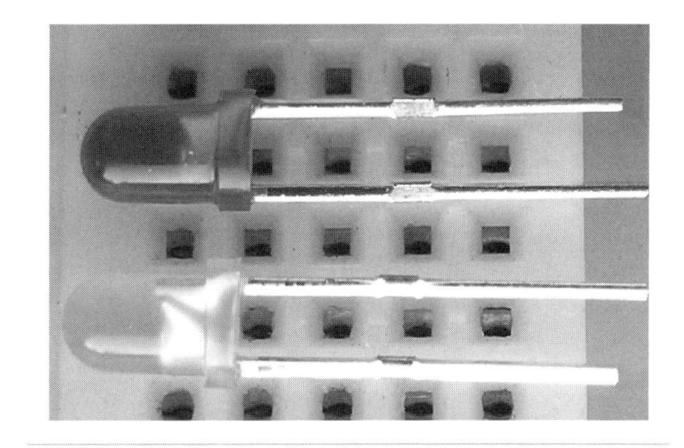

图11-1

许多光电晶体管的实际应用是用来响应特定波长的光。因为借此可以用于控制晶体管，所以它对我们是非常重要的。

表11-1　用红外发光二极管替换红外光电晶体管						
400nm	475nm	510nm	570nm	590nm	650nm	750 to 2,500nm
紫色光	蓝色光	绿色光	黄色光	橙色光	红色光	红外线

我们如何利用这种“可调谐”的光电晶体管的优势呢？本讲，我会使用一个光电晶体管来响应波长为940nm的红外线（IR）。阳光和灯光中都包含红外线的成分，这将会影响到我们的光电晶体管。在光谱学中，荧光灯是不会发射出红外线的元件。

所以，使用一个什么样的光源？可以用什么颜色的LED灯？红色、黄色、蓝色、绿色，还是橙色。表11-1展示了每种颜色的波长。我们的眼睛不能够分辨波长750nm以上的光，但是数码相机可以响应波长很长的红外线。

发射红外线的LED也是可以用的。本讲中，我们就会使用一个红外发光二极管（IR LED），它是和我们使用的光电晶体管相匹配的，甚至型号数字都是相同的，除了多一个字母之外。

下面开始工作吧，元件列表已经列出所有需要的元件。

元件清单

- R1、R2、R3、R4——470 Ω
- LED 1——最好是黄色或橙色的
- LED 2、3、4——任意颜色的
- 红外发光二极管3mm（透明玻璃）
- LDR——1 MΩ 黑色
- NPN型光电晶体管3mm（深色玻璃）

图11-2所示为基本的电路原理图。是的，这里有两个相互独立的电路。有什么不同呢？每个系统都有自己的输入、处理器、输出。第二个电路中有两个新的元件——LDR和IR LED。LDR能够很好地响应橙色或黄色LED灯发出的光。IR LED和光电晶体管相匹配。图11-3为面包板电路的实物图。

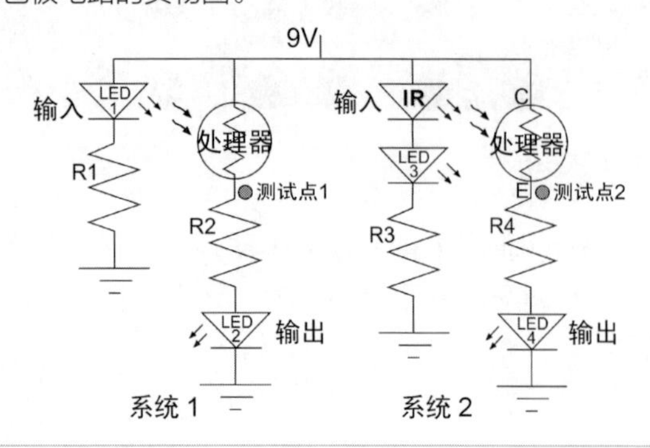

图11-2

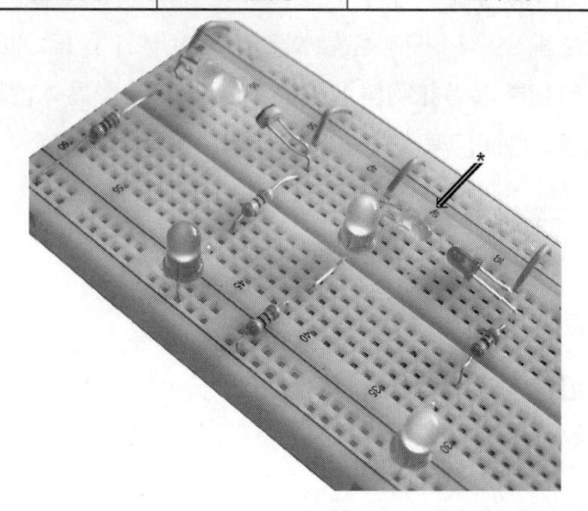

图11-3

每一对元件代表一个独立的系统。

- LED1是LDR的输入，LDR是处理器，LED2第一个系统的输出。
- IR LED是光电晶体管的输入，光电晶体管是处理器，LED4是第二个系统的输出。

预期效果

开始工作时，需要将电路远离有光的窗户。太阳光包含全光谱的成分，会影响到LDR和光电晶体管的工作。

当你在输入和每个系统的处理器之间滑动一张较厚的纸时，输出会时而提高时而降低。光电晶体管就像一个NPN或者PNP型的晶体管吗？当没有输入时，输出也没有。

这并不是一个棘手的问题。通常情况下应该是一样的。为什么是通常情况下？

其实它们并不完全一样。让我们来做一些测试。为什么我在每个电路中都标记了一个测试点？对于每一个系统，测试和记录在两种条件下的每个测试点的电压。记录下你的测试结果。

系统1：测试点1________V；系统2：测试点2：________V。

对于系统1，LDR的电压更大。然而，光电晶体管的电压同二极管是一样的，就像我们在第3讲中介绍过的。在系统2的测试点上明显电压更大。

真的吗？那让我们接下来看看是不是如此。

修改电路

如图11-4所示，用一张较厚的纸片剪成图中的形状。

完整的装置如图11-5所示，在一个圆盘边上剪出很多插槽，圆中心插一支铅笔，让它可以旋转起来。

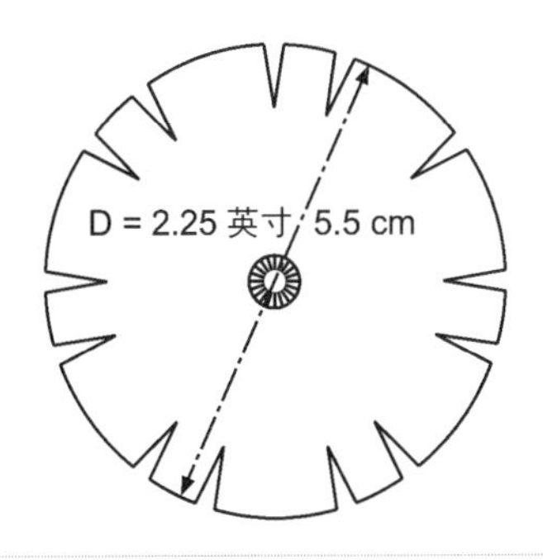

图11-4

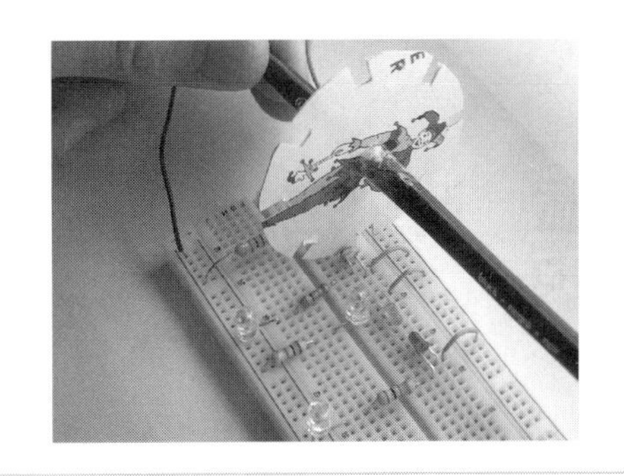

图11-5

现在，当你旋转铅笔时，记录下每个电路的响应的频率。见表11-2。

表11-2　光电晶体管与LD片的性能和运行速度的对比

输入（经过缺口）	处理器	输出	慢								快
LED 1	LDR	LED2	1	2	3	4	5	6	7	8	9	10
IR LED	光电晶体管	LED4	1	2	3	4	5	6	7	8	9	10

工作原理

光敏电阻（LDR）的响应速度是有限的，光敏区域不会立刻改变自身的阻值。通常测得的变化速度是在欧姆每微秒的级别。你可能已经发现其阻抗不低于1kΩ。

然而，光电晶体管的响应时长则是以微秒计的，是LDR速度的1 000倍以上。而且光电晶体管也不需要大量的输入来“饱和”基极，它会快速并彻底地打开晶体管的阀门，仅保留一点阻抗。提供一个快速而准确的响应。

再修改一下

花一点时间，当光源距离不同时，比较系统的响应。在图11-6中，将输入电路的一半移动到面包板的一端。在两个电路之间要有明显的分界。

你知道你家的电视机遥控器使用的就是红外线吗？看看你的光电晶体管能否响应你家的遥控器。按下按键，随便哪个键都行，应该会有所反应的。

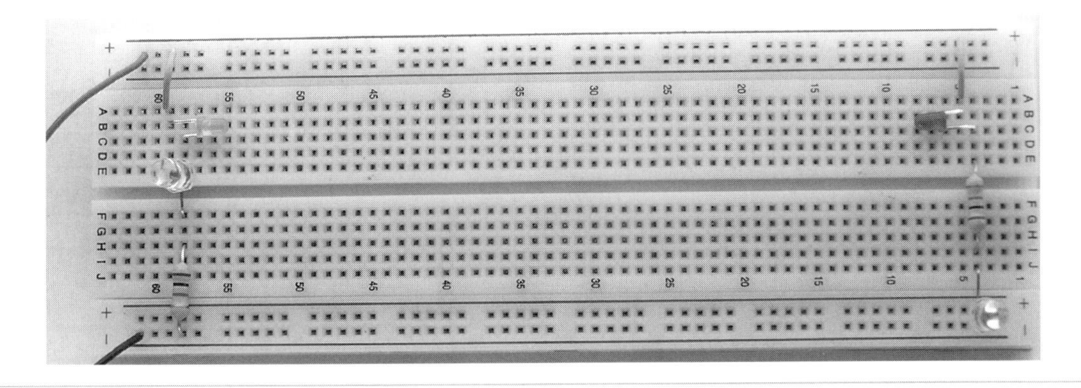

图11-6

第4章　两个应用电路和相关知识

通过前三章的学习，我们可以用这些知识来进行实际操作了。接下来，我们一起实践一下吧。

第12讲　第一个制作：自动夜灯

现在，结合所学的知识用我们已有的元件来制作一个夜灯。它会在光照下变暗，而在黑暗中变亮。使用光敏电阻在你的面包板上搭建电路，如图12-1所示。电路的实物照片见图12-2（参考元件清单）。

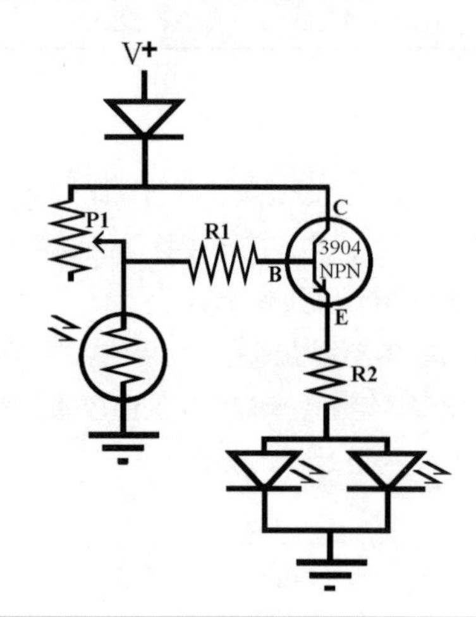

图12-1

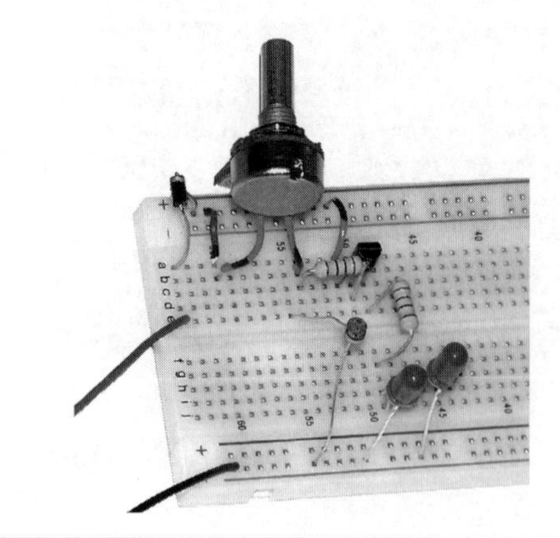

图12-2

预期的效果

1. 连接电源。
2. 向一个方向转动电位器上的旋钮直到发光二极管（LED）几乎熄灭。
3. 现在使房间变暗或将其放进壁橱里，LED又会开始发光。
4. 把它放到一个半明半暗的地方。当你把它移动到光照下时，LED就会变暗。调整电位计使LED再次快要熄灭。现在一旦光量减少，LED就会打开。这就完成了自动夜灯。

元件清单

- D1——1N400X 二极管
- P1——100 kΩ pot
- R1——22 kΩ
- R2——470 Ω
- LDR——1MΩ 黑色
- Q1——NPN 3904
- LEDs——圆形5mm

工作原理

图12-3说明了当光线变化时，电路电流、电压的运动情况。要注意的是NPN型晶体管需要在基极上加正电压才能打开。

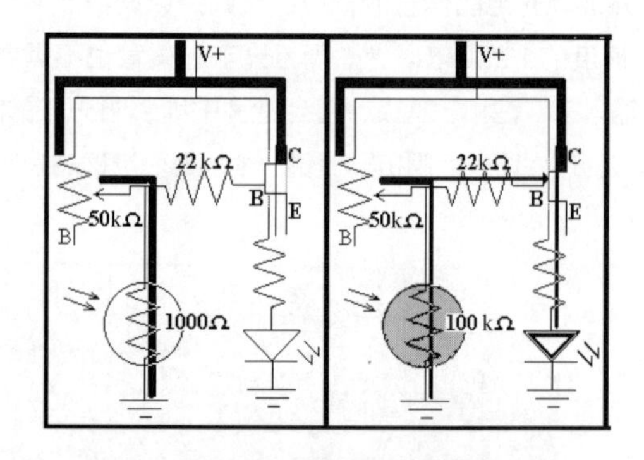

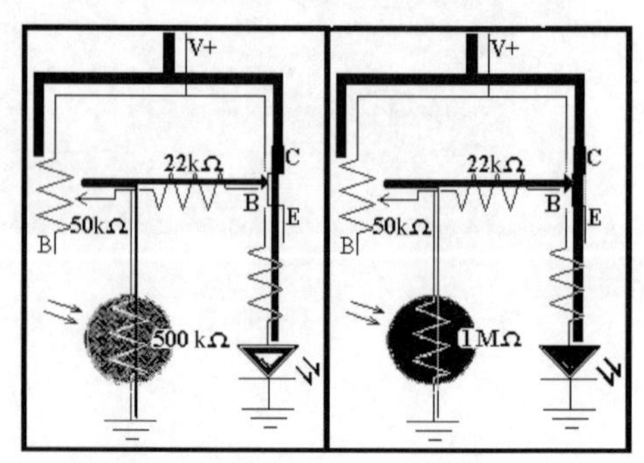

图12-3

1. 电位器可调节22kΩ的电阻和LDR所分得的电压。

2 在光照下，LDR有较小的电阻，使得所有电压都接到地极上。因为Q1没有得到电压，所以，从C到E的阀门一直保持关闭。

3 光线变暗时，LDR的电阻变大，为晶体管基极提供更大的电压，推动阀门打开。

4 当电压通过晶体管时，LED同时变亮。

如果P1被设置为低电阻，将会通过更多的电压。通过电位器得到的电压越多，Q1就越容易导通，因为在LDR不能消耗所有的电压。

练习

第一个制作——自动夜灯

1 设置电位器使引脚A和引脚C中间的阻值接近50kΩ，图12-3说明了在这个设置下电压和电流运动的不同条件。

2 现在在充分的光线条件下设置电路，测量并记录图12-4中测试点的电压。_______V

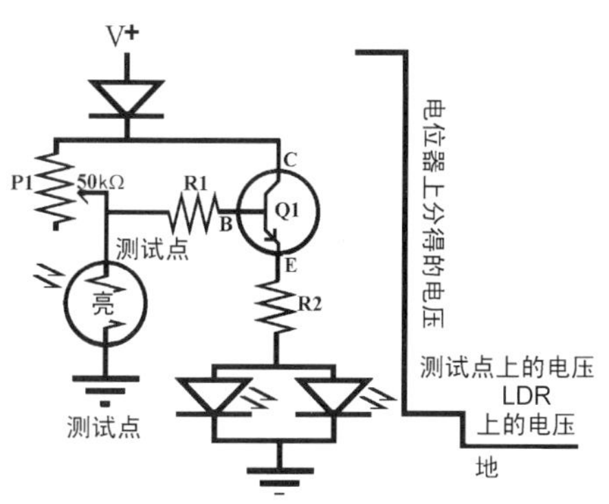

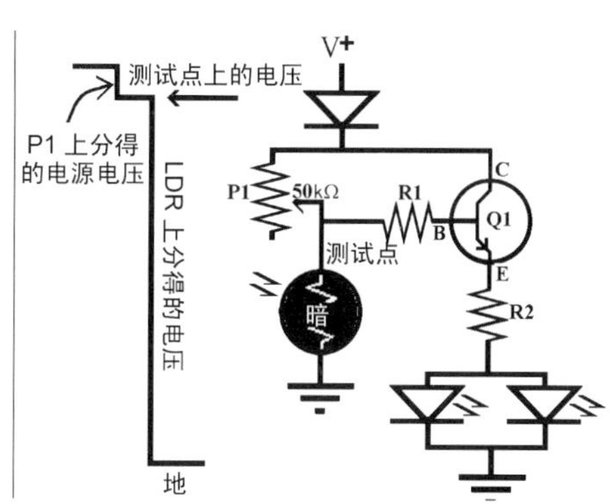

图12-4

3 现在用一个不透光的笔帽遮盖住LDR，再次测量并记录该测试点的电压 _______V

请问，LED的输出有所改变吗？

于是主要问题出现了：你能回忆起使用的电压从电源正极（V+）到地极有多大吗？

- 它是依赖于可用的电压值吗？不！
- 它是依赖于电路元件型号或数量吗？不！

根据定义，V+到地极的电压与任何电路的变量都无关。这就是像在问“这个海拔到海平面之间的距离是多少？”

这是一个毫无意义的问题，因为答案肯定是：无论海拔是多少，就是那个距离。

根据定义，地极是0V。

- 在V+与地极间的电压有多大？
- 答案将会是一直保持全部电压。

4 接下来，图12-5将会帮助你解释电路中电压是如何工作的。

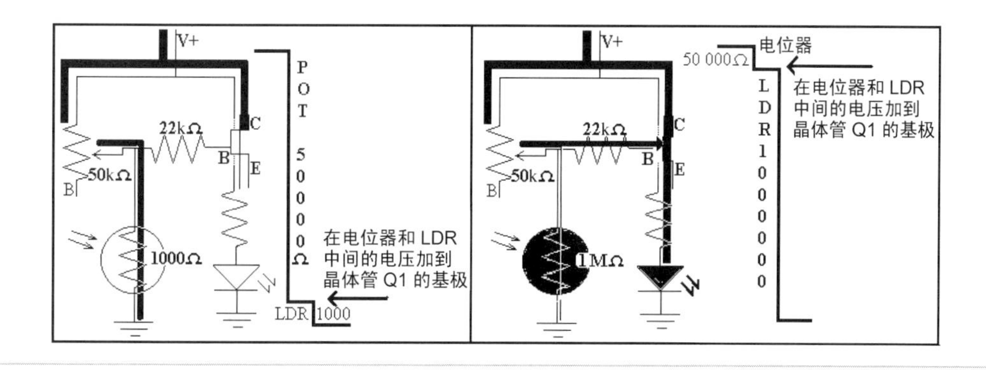

图12-5

还记得当我们第一次把电阻的分压作用比作瀑布的例子吗？当负载的规格增加时，所用的电压会相应增加。同样的，当在这个电路中加两个负载的时候也会发生类似的情况，见图12-6。

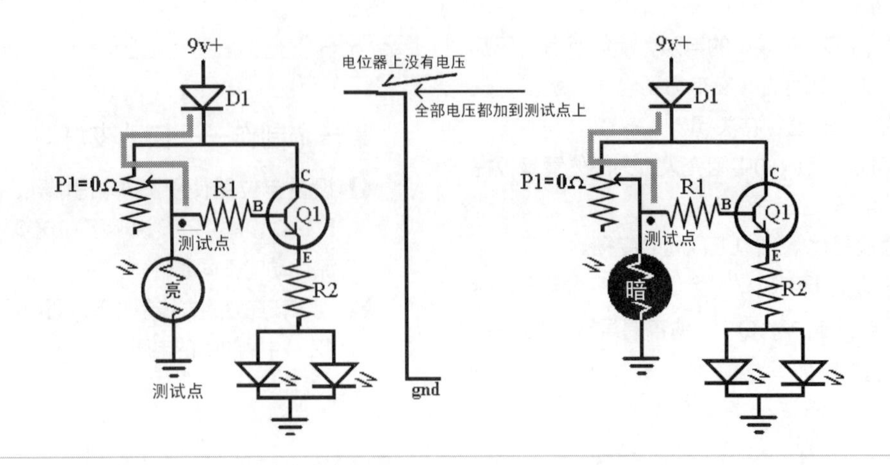

图12-6

电位器也需要电压，由于它在电路中接近50 000Ω的电阻。

LDR在光照条件下只需要少量的电压，因为它相当于一个很小的电阻。但在黑暗中，LDR就会变成一个大电阻。晶体管的基极在LDR和电位器的连接处反馈电压。两种情况下晶体管基极得到的电压就一目了然了。

5 设置电位器使引脚A和引脚C中间的阻值接近0Ω。如图12-6所示，晶体管的基极电压在光照环境下和黑暗中是一致的。电位器不消耗电压，所以两种情况下，晶体管基极都加载了所有的电压。

6 现在回到光线充足的环境下设置电路，测量并记录图12-6中测试点的电压。 ________V

7 现在用一个不透光的笔帽覆盖LDR，再次测量并记录该测试点的电压 ________V

LED的输出有所改变吗？你认为输出会有所改变吗？

8 设置电位器使引脚A和引脚C中间的阻值接近100kΩ。图12-7显示了随着LDR阻值的变化，电压将会如何变化，晶体管的基极电压随之又发生了什么改变。将电位器的阻值调整为之前的两倍，那么它消耗的电压也应该是之前的两倍。LDR必须被设置为几乎完全黑暗，否则你会得不到明确的结果。

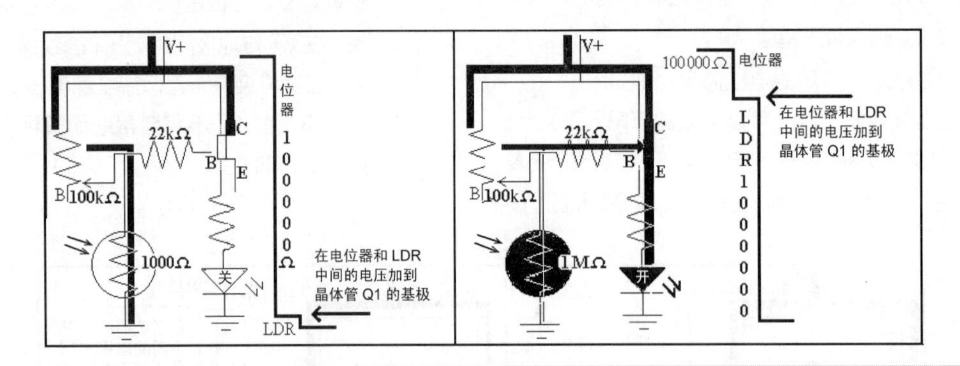

图12-7

9 现在再次回到光线充足的环境下设置电路，测量并记录测试点的电压。 ________V

10 现在用一个不透光的笔帽覆盖LDR，再次测量并记录测试点的电压。 ________V

现在，LED的输出有所改变吗？

用光电晶体管代替LDR

LDR是一种感知周围环境光线的常用元件，从玩具到路灯，广泛应用于各种电路中。然而，这种简单实用的元件已经不再受到之前那样青睐，因为它含有一种剧毒物质——镉。被人误食会有危险，欧洲已经开始严格限制进口镉。

如果我们放弃使用LDR，还有没有别的感知光线变化的解决方案呢？现在找到了一个使用光电晶体管的夜间照明电路来充当替代品。以下元件清单提供了这个电路所需的部分元件。此电路结构简单，基本原理和之前电路相同。

它使用的元件非常少，工作原理也很简单，如图

12-8所示。

确保光电晶体管接入电路的方式正确。观察一下，平边缘、短引脚表明是集电极。光敏晶体管就像一个NPN晶体管，将其集电极连接到V+端。

元件清单

- R1——22 kΩ
- R2——470 Ω
- Q1——NPN型光电晶体管LTE 4206E（深色玻璃）直径3mm
- Q2——2N3904 NPN型晶体管 TO-92封装
- LED——5mm规格

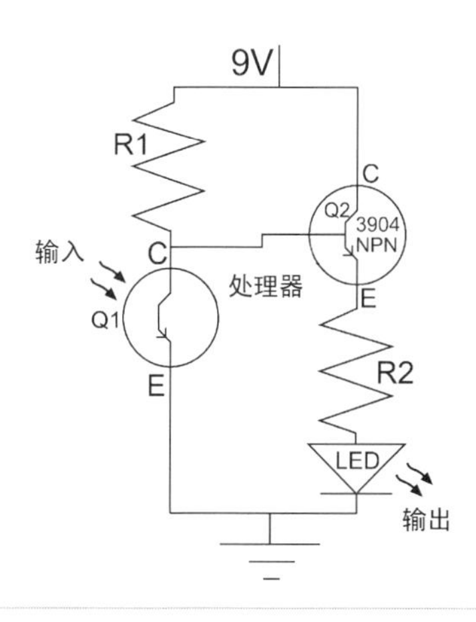

图12-8

工作原理

记住，太阳光有一系列完整的频谱，包括红外线（IR）。白炽灯泡也能产生一些红外线，但大多数荧光灯没有红外元件，所以光敏晶体管夜灯可以对日光和老式灯泡做出反应，但在荧光灯管照射的环境中，不管是开灯或关灯，光敏晶体管夜灯都会发光。因此，在荧光灯环境下，此试验无效。

1. 如图12-9所示，当有红外输入到光电晶体管Q1的基极时，通过它的电压和电流就会直接接地。此情况下就没有更多的电压供给Q2的基极，所以Q2保持关闭状态。也就是说，只要Q1打开，Q2就保持关闭，同样的，也就没有电压供给LED。

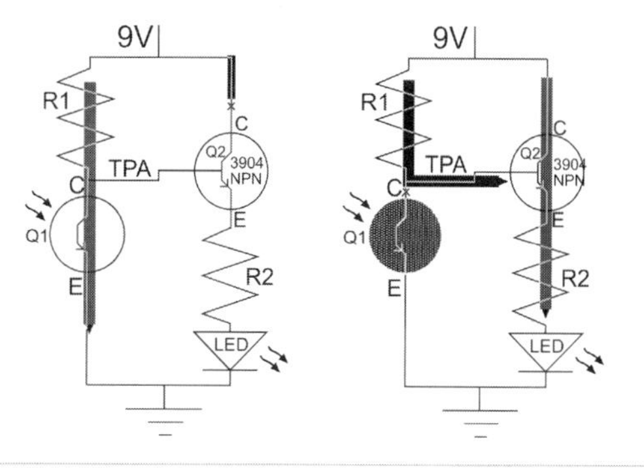

图12-9

2. 当Q1的基极没有输入信号（无红外线），通过光电晶体管的电压和电流就无法运动。因此，它们会改变线路流入Q2的基极，从而打开2N3904晶体管。同时，通过Q2的电压和电流从C流到E，从而启动LED。

和水管一样，控制电流所要做的只是控制它的流量。一旦你理解了一些基本的概念，它就真的很简单。

制作自动小夜灯

我们来分析一个印制电路板（PCB）的俯视图。如图12-10所示，底面上的线路轮廓用灰色表示。

图12-11是直接从底部观察PCB，用铜线取代面包板使用未经焊接的电线。

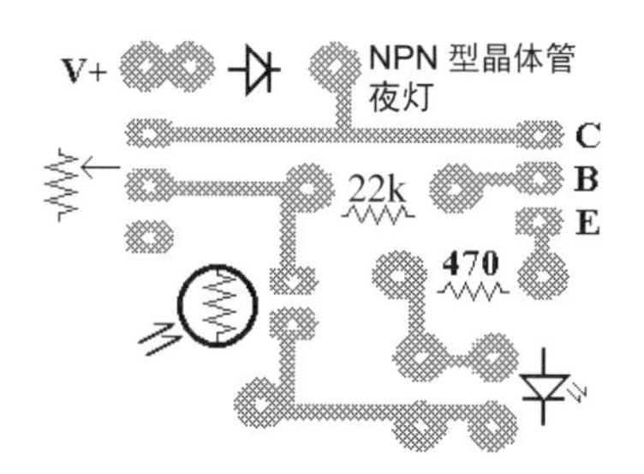

图12-10

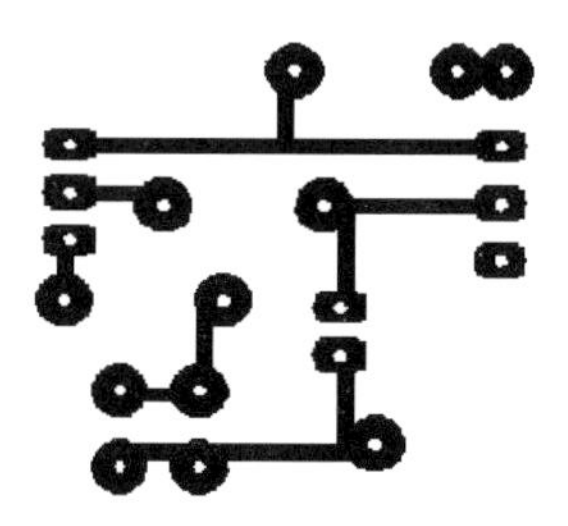

图12-11

图12-12所示的PCB布局结构已经过改良，这样的布局相对容易一些。

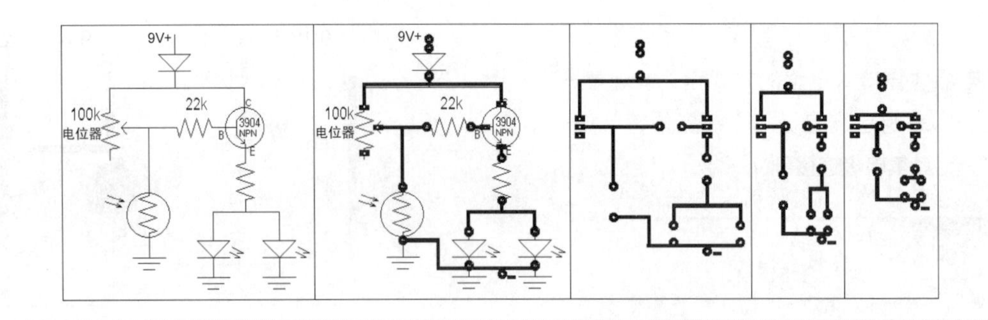

图12-12

安装元件

确认各元件连接正确，如图12-13所示。焊接电路十分重要，你可以在以下网址：www.mhprofessional.com/computingdownload上下载焊接动画来校正焊接。每个焊点都要恰到好处，任何一个失败的焊点都有可能会毁了你的项目。将元件安装在PCB上，使引脚能卡进底部。同时，铜线和锡焊都在底部则说明这是合格的焊接方式。

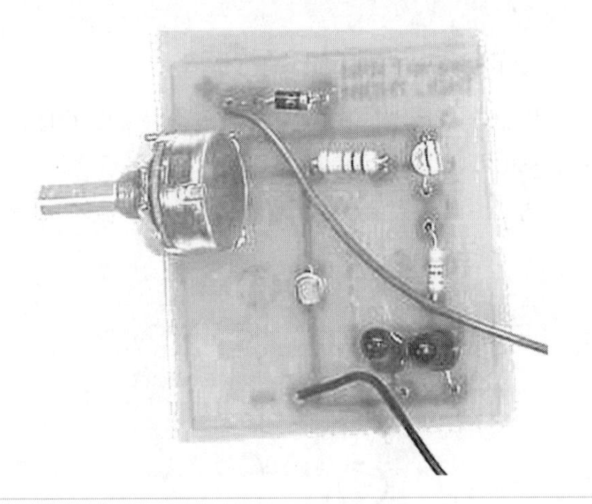
图12-13

有人让我检查如图12-14所示的一个电路板故障时，我哭笑不得。因为这个电路在连接的时候，并没有按照正确连接位置来操作。他将元件安在了错误的一边，导致电路无法正常工作，因此只能重新做了。

图12-14

完成制作

我建议大家在PCB的四个角上涂上热熔胶，然后把它黏在一块硬纸板或者任何绝缘的材料上。任何金属的材料将可能会引起短路甚至损坏电路晶体管。

第13讲　专用晶体管—晶闸管整流器

我们在电路中常用的晶体管有很多种，这其中有很多是高度专业化的晶体管类型。在这一讲中，我们要使用一个锁定开关叫做晶闸管整流器（SCR）。这个组件也被看作是一个三端双向交流开关（TRIAC）。SCR的作用就像一个“单向门”。单向晶闸管是一种可控整流电子元件，能在外部控制信号作用下由关断变为导通。一旦导通，外部信号就无法使其关断，只能靠去除负载或降低其两端电压使其关断。你一定对这个元件很熟悉，因为它是消防报警和防盗报警器中的基本组成部件。一旦报警器被触发开始报警，你就无法通过外部控制关闭它。这就是你需要完成的第二个项目，专业品质的报警电路。

电子学就是一种关于通过电脉冲来控制物体或传递信息的学科。我们运用电脉冲来控制物体的一种常用固态开关（不需要移动部件）就是SCR。它有着不同的封装形式，其中最为常见的一种如图13-1所示。

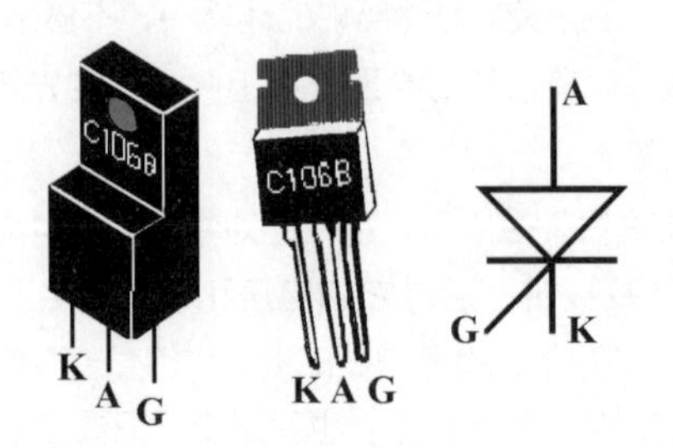

图13-1

但是，要注意，并不是每一个这样封装的元件都是SCR。

- 引脚上的字母“A”是阳极（anode）的缩写，代表晶体管的正极。
- 引脚“G”代表的是英文“gate”（门）的缩写，不要与接地混淆。接地是英文“gcround”的缩写——GND。
- 引脚上的字母“K”是阴极（cathode）的缩写，是用于接地的。由于字母“C”被用于表示电容，例如C1、C2，所以这里的阴极用字母“K”来代替。

SCR通常用于报警系统，一旦被触发，就会一直保持打开状态。它的工作效果是对它结构的最好的解释，如图13-2所示。

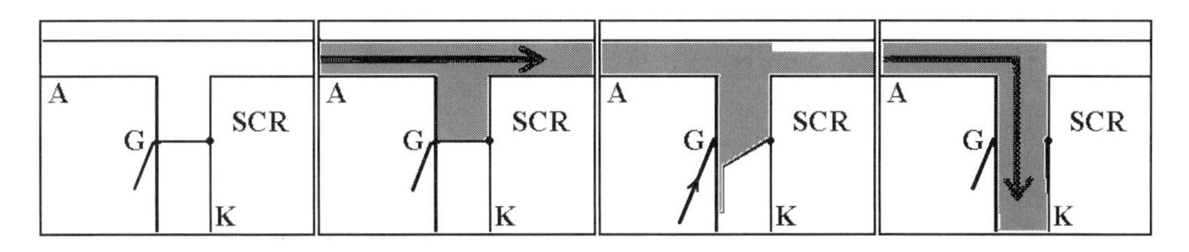

图13-2

当V+加在SCR的引脚G（门）上时，A（阳极）和K（阴极）之间的“单向门”被打开。这时，只要电源一直保持着供电状态，那么锁存器就会一直工作。换言之，锁存器自动打开了，这就是称SCR为锁存电路的原因。想要关闭SCR的唯一方法就是关掉电源，再次打开电源时，SCR将会重置。

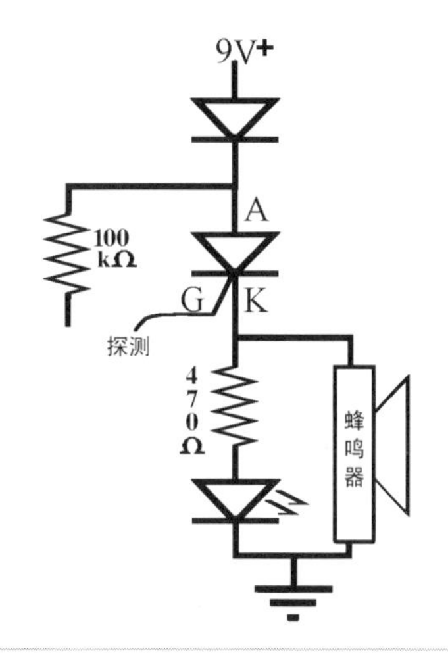

图13-3

在面包板上搭建晶闸管整流器电路

要建立这种专业式报警电路需要四个阶段。每个阶段都要独立考虑。

第1步：基本电路

在搭建一个基本的晶闸管整流器电路之前，我们来观察一下图13-3所示的电路原理图，这个电路中所需元件的布局如图13-4所示（查看元件清单）。仔细研究给出的原理图，你的报警电路今后将要依赖于这些原理图。

元件清单

- D1——1N400X
- R1——100 kΩ
- R2——470 Ω
- SCR——TRIAC C106B
- Buzzer——蜂鸣器9V
- LED——圆形5mm

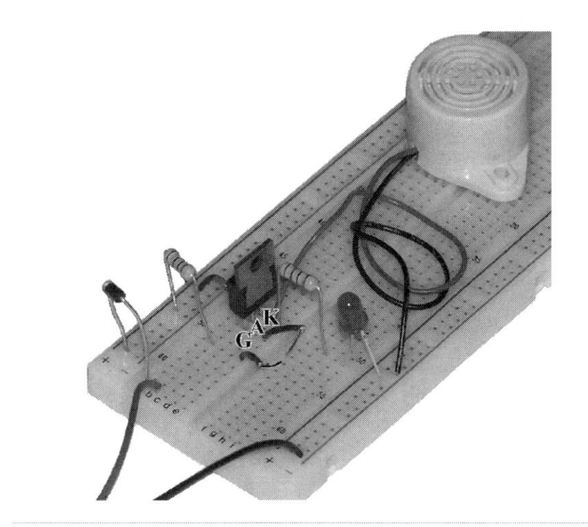

图13-4

预期效果

- 当接上电池时，蜂鸣器应该是不工作的。
- 这时，用探头接触R1的末端，蜂鸣器会被触发。
- 想要让蜂鸣器停止响声，你需要断开电池来重置SCR。

工作原理

1. 当你接入电池时,LED和蜂鸣器都是关闭的。因为SCR电路还没有被触发，所以此时它们并没有通电。在电压加到门上之前，电路中从A到K的路径都没有接通。
2. 当你探测100kΩ电阻的末端，电压会被反馈给引脚G。
3. 电压触发锁存器并打开电路从A（V+）到K（地）的路径，通过SCR来为LED和蜂鸣器供电。
4. 在你断开电源之前,LED和蜂鸣器将会一直保持开启状态。当你断开电源又重新接通之后，LED和蜂鸣器应该又重新回到关闭状态。

第2步：简化电路

如果我们每次要关闭蜂鸣器都要断开电源来重置SCR，那实在太麻烦了。有没有一个办法能将这个电路简化一下，仅用一个按键开关就能重置电路呢？我们来尝试使用一个闭合式按钮开关吧。

至于SCR负载的电压加到了哪里并不重要，正如你在图13-5中所看到的那样，这三种方法都是有效的。它们中的任何一个都能达到切断连接并重置SCR电路的效果。

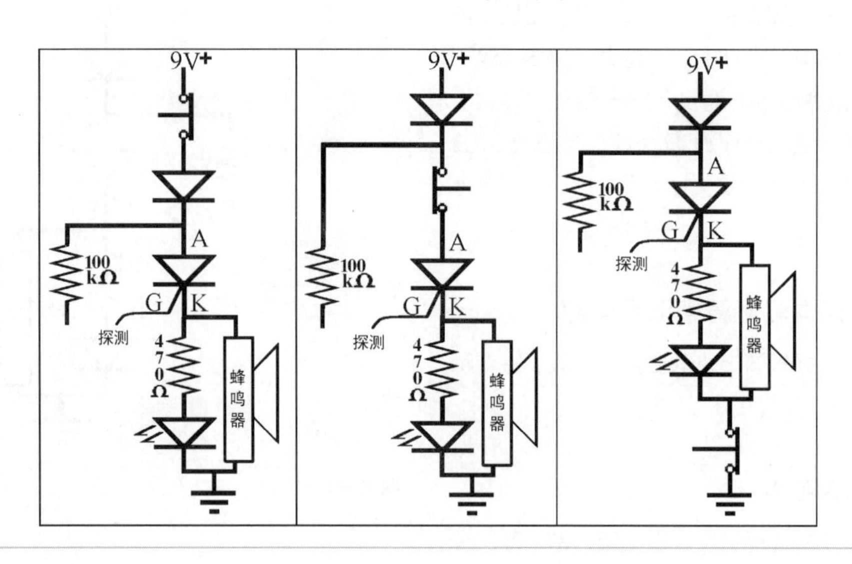

图13-5

第3步：避免静电堆积

如图13-6所示，修改SCR电路。

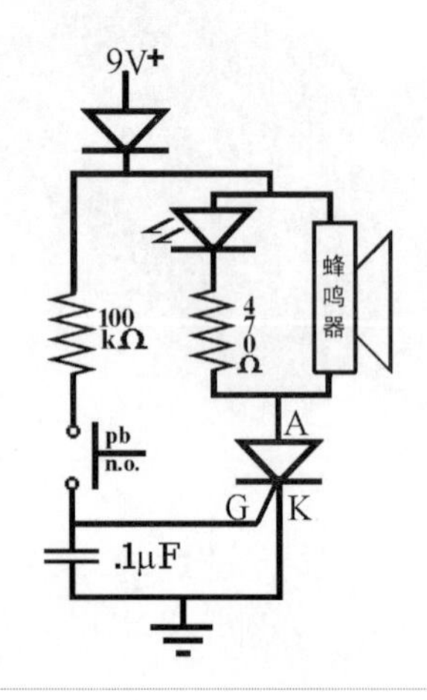

图13-6

1. 把SCR放在LED和蜂鸣器之下。在大多数电路中，元件放置的先后顺序对于电路效果并没有什么影响，你可以灵活控制。
2. 加入一个0.1μF电容。
3. 加入开启式按钮开关作为一个触发器。

工作原理

1. 当按下按钮，因为100 000Ω电阻会减缓电流，所以电容会被迅速充满。在电路工作时，引脚G上总会产生一些由静电引起的电压波动，虽然很微小，但也很恼人。电容就像一个缓冲器一样能够抑制这些波动。这样就能够避免报警器由于意外波动的触发而工作，有效防止了误报警。
2. SCR的 引脚G（门）在电容充满后就可以用于

感应信号了。

第4步：制作完成

接下来，我们根据图13-7所示，来修改电路。在面包板上加入三个元件，搭建一个简单但具有专业品质的报警系统。

元件清单

- D2——1N400X
- R1——47 kΩ
- PBNC——关闭式按钮开关

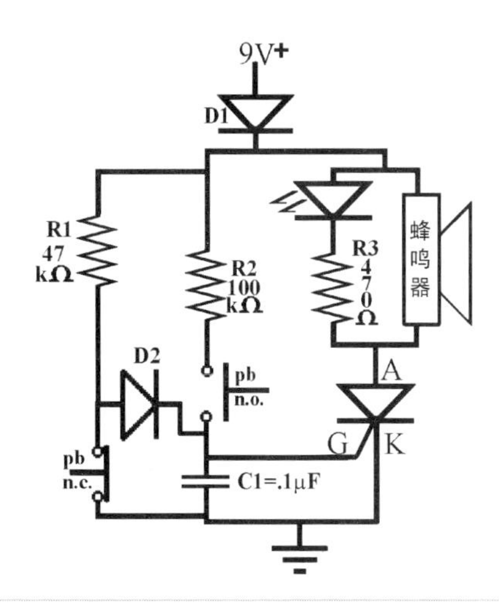

图13-7

预期效果

- 接通电源，LED与蜂鸣器应该都处于关闭状态。
- 按下关闭式按钮开关，蜂鸣器和LED都将被打开。
- 如果想重置，断开电源，10秒后再重接电源。
- 按下开启式按钮开关，蜂鸣器和LED将再次打开。

工作原理

只要开启式按钮开关处于关闭状态，电压会选择电阻最小的路径并直接流向地极，所以没有电压加到SCR电路引脚G。

当按下关闭式按钮开关，电压将不会再加到地极，而是会通过D2，激活引脚G，从而启动SCR。

只要关闭式按钮开关保持打开，电压将无法到达引脚G，空气是绝佳的绝缘物。当关闭式按钮开关被按下时，电压将到达引脚G，启动SCR。

练习

专用晶体管—晶闸管整流器（SCR）

1. 如果一个元件与你所用的SCR很相似，那它就一定是SCR。正确吗？请说明理由。
2. 在不接入电路的情况下，如何辨别SCR。
3. 许多系统都会使用到SCR，如火灾警报器。它一旦被触发，将不会自动停下来。解释在警报响起时如何重置SCR。
4. 用图13-7说明当其中关闭式按钮开关处于常态位置时电流的路径。
5. 按下关闭式按钮开关后，电流路径将会如何改变。
6. 当其中开启式按钮开关处于常态位置时电流的路径是什么。
7. 按下开启式按钮开关后，电流路径将会如何改变。
8. 见过商店橱窗边缘的金属箔吗？那上面就会有微小的电流。一旦窗子损坏，金属边框就会撕裂。这里的金属边框相当于偷窃报警系统中的哪个元件呢？
9. 说明通常情况下一个开启式开关在报警系统中是如何应用的。

装配警报器

图13-8是SCR的印制电路板的底视图。图13-9则用颜色较淡的线来表示它的线路，这是透过玻璃纤维观察印制电路板所看到的情况。

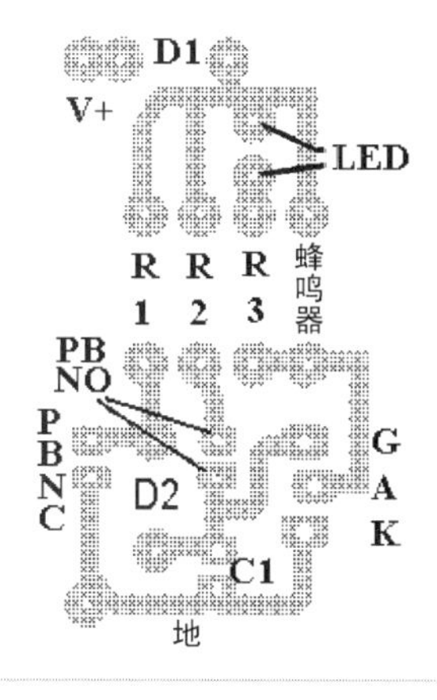

图13-8

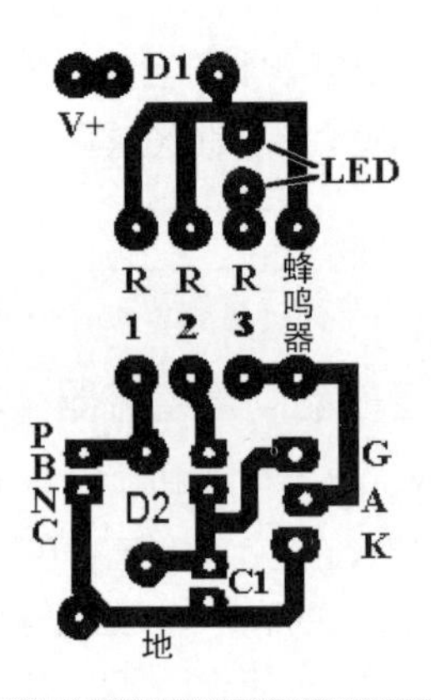

图13-9

试想：如果直接在印制电路板上安装简单按钮，就会得到一个单纯的演示电路。如果在一个长导线上安装按钮，你还需要有人来帮助你按按钮，这显然很不理想。所以，你要做的是创建一个自己可以方便控制的开关，这样才能把它应用于一个真正的报警系统中去。理想的供电设置是同时使用电源变压器和9V供电电池。这样，即便你的房子里停电了，你的报警器电路仍能正常工作。

第14讲　稳压电源

你是否觉得现在电路中电池的供电效果越来越不好了？不再像以前那样电力强劲了？是电量快要用完了吗？能让它们像以前一样工作吗？现在有个更好的解决办法。

在这一讲中，我们要制作一个可以提供9V直流稳压的电源，以便你在后续的项目练习中能够持续使用。我们要用到另外一种专业的晶体管、稳压器，以及与一个基本的电源变压器相连接。对这个变压器没有特殊的要求，只要是任何一个9V直流电源变压器都可以使用。

在图14-1中还有如下几点是需要特别强调的：

1. 输入电压（120V交流）和输出电压（9V直流）
2. 合计输出电压（200mA）
3. 在图中标记出了输出连接线的形式

现在准备工作就绪，你可以把它插在墙上了，不要为接下来的事担心。电源变压器的实际输出小于大部分9V电池。将数字万用表设置在VDC挡，将红表笔接在输出插头的一端，黑表笔接在另一端，如图14-2所示。

图14-1

图14-2

为什么它显示为13VDC？因为它还没有被调整。它会超过9V，具体取决于它的工作强度。下面，我们需要制作一个9V稳压电源来为我们持续供电。

开始操作

按照图14-3的指示进行操作。

1. 从墙上取下变压器（当然了！）。
2. 修剪导线，尽可能接近直流输出插头，并分离输出线。
3. 把它插回去，再次使用数字万用表来测定哪条线是V+。
4. 拿掉接线夹的保护套，将红色端滑到V+上，黑色端接地。
5. 再次检查，确保你已经正确识别了这些线。
6. 在接线夹焊接在导线上之后，将它拔去，完成之后的样子如图14-3所示。

完成了这些，我们才开始搭建电路真正的主体部分——7809型电压调节器，如图14-4所示。

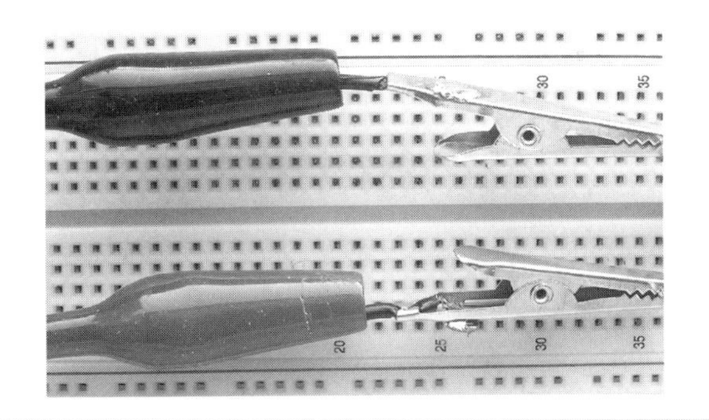

图14-3

图14-4

7809型是许多78XX和79XX稳压器（电压调节器）系列之一，表14-1列出了这些系列中所有可以使用的型号。

表14-1　其他的稳压器也是可用的，但是78XX系列最为常见

正电压稳压器		负电压稳压器	
7803	+3VDC	7903	-3VDC
7805	+5VDC	7905	-5VDC
7809	+9VDC	7909	-9VDC
7812	+12VDC	7912	-12VDC
7815	+15VDC	7915	-15VDC

分别将红色连接线放置在你的SBB的E-60中，黑色连接到底部的接地线上。图14-5所示为电路的原理图，你可以参照它来设计电路。图14-6所示为这个项目的实物照片，你可以参照它来进行布局。

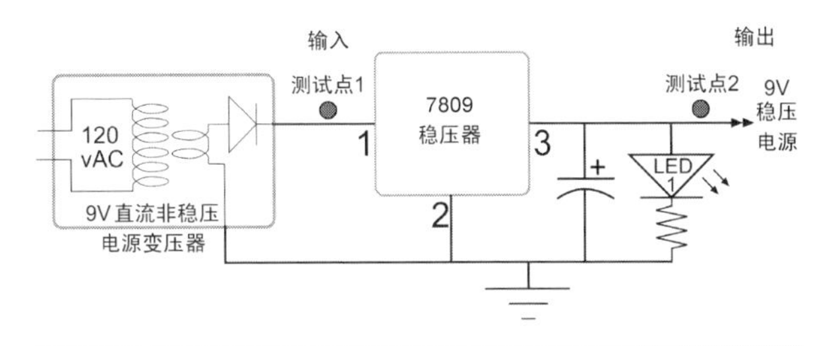

图14-5

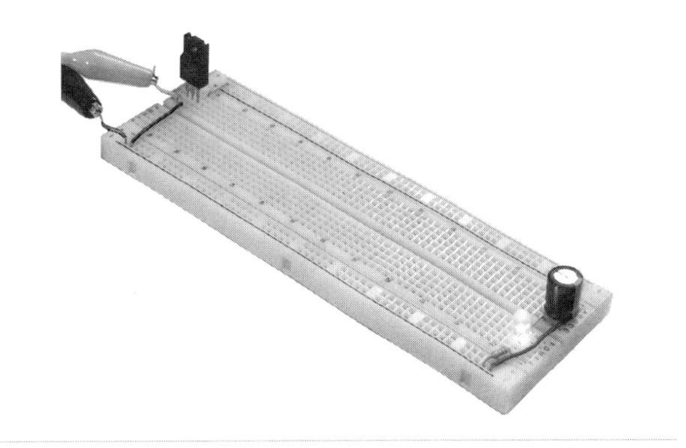

图14-6

图中的电容是工作电路不可缺少的一部分，但LED并不是必需的，只是通过它能很方便地让我们确定电路电源是否接通。

1. 电源变压器的V+输入线应直接连接到7809的输入引脚。
2. 变压器的底线直接与你的SBB底部的蓝色底线相连。
3. 输出引脚直接与面包板顶部红色V+的导线相连。

预期效果

首先将电源插上，LED应该会发光。如果LED没有亮，立刻拔掉电源变压器，并检查你的电路连接是否正确。

现在测量电容上的电压，由于它有裸露在外的导线，所以测起来还是很容易的。

测出的读数为9V直流电压。这个7809稳压器有4%的允许误差。所以它的最大可能输出为9.36V，最小为8.64V。

好了，稳压供电电源就这样很快地完成了。在本书的其余电路制作和应用中，可以将它作为供电电源来使用。

就像我之前所说的，其实电子技术并不难，它只是包含很多新的知识和信息而已。

数字革命的开始

实际上，“数字技术”这一概念最初在纺织工业中提出，作为一种现有织布机的附属品而出现。就像提花机的前部是一个大型的多臂纺织机（如下图所示），固定着连成一串的穿孔卡片。安置好卡片之后，通过上下运动的单杆将卡片向前移动，从而形成图案。提花机对现代电子计算机发展中程序控制与存储技术的数字化有启示作用。由此看来，数字化作为一门功能技术早在200年前就出现了。

1801年的数字技术

第二部分

数字电子

第二部分元件列表		
描述	**类型**	**数量**
1N4148	信号二极管	1
2N-3906 PNP型晶体管	TO-92封装	2
2N-3904 NPN型晶体管	TO-92封装	2
光电晶体管	LTE 4206 E（深色玻璃）直径3mm，波长940nm	1
红外线发光二极管	LTE 4206 E（透明玻璃） 直径3mm，波长940nm	1
发光二极管	5mm	2
100Ω	电阻	1
1 000Ω	电阻	2
10 000Ω	电阻	1
22 000Ω	电阻	1
39 000Ω	电阻	1
100 000Ω	电阻	2
220 000Ω	电阻	1
470 000Ω	电阻	2
1 000 000Ω	电阻	1
2 200 000Ω	电阻	1
4 700 000Ω	电阻	1
10 000 000Ω	电阻	2
20 000 000Ω	电阻	1
100kΩ 可调电位器	电位器	1
光敏电阻	LDR	1
10μF	电容	
100μF	电容	
0.01μF 瓷片式	电容	1
0.1μF 薄膜式	电容	1
1μF 插件式	电容	1
4011四组2输入端与非门	IC	1
1英寸 × 1/8英寸 热塑管	硬件	4
1/8英寸公插头	硬件	1

续表

描述	类型	数量
14针DIP封装芯片座	硬件	1
2英寸×1/4英寸 热塑管	硬件	1
尖嘴夹（红色与黑色）	硬件	各1个
电池线夹	硬件	1
PBNC	硬件	2
PBNO	硬件	2
扬声器 8Ω	硬件	1
24号电线	连接线	各种颜色
扬声器连接线3'20 规格	硬件	1
印制电路板	PCB	1
*并不是所有元件都会在本部分的练习中使用。		

第5章 数字逻辑

本章将会涉及很多新知识和新概念，学习起来可能比较困难。其实，电子学并不十分复杂难懂，只是有很多新的知识需要初学者去学习。

第15讲 被宠坏的亿万富翁

这一讲，我们开始学习数字化的电子装置。首先，我们学习一个常用的装置，它可以用来准确转换所有的信息。你一定能够准确地从1数到255，并且知道“开”和“关”的不同。

使用一个比尔·盖茨在他的著作《The Road Ahead》一书里举的例子，有一个居住在美国西雅图附近古怪的亿万富翁，他对家里不同房间的灯光亮度特别敏感，尤其是他自己的房间。他希望房间里的灯光亮度精确维持在187W。一般我们认为，有钱人想要什么就能有什么。但是，使灯光亮度维持在某一个准确的数值却是个难题。而且，他的妻子也住在这个房间，但是她却希望灯光亮度为160W。于是，他们吩咐管家去解决这个问题。管家首先安装了一个调转开关，并且注明他们各自所需的标识，如图15-1所示。

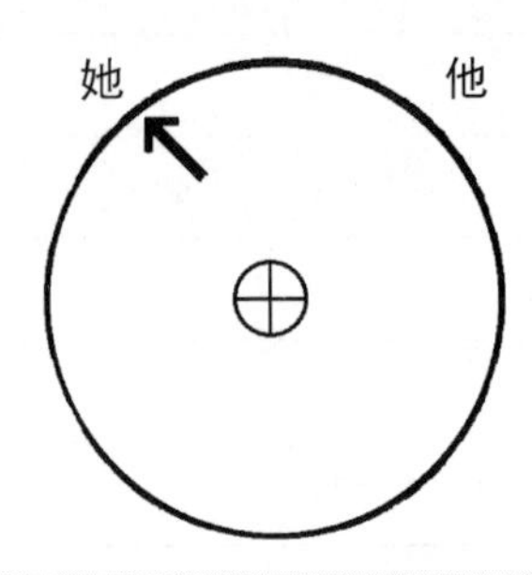

图15-1

经过工程师检测之后发现，由于它不够准确，所以无法达到预期的效果。进行一番更深入的思考之后，管家又想出了新的主意。更确切地说，他想出了8个新主意。

								共计
128W	64W	32W	16W	8W	4W	2W	1W	255
开	开	开	开	开	开	开	开	开开开开开开开开 11111111

图15-2

他的想法如图15-2所示——一个装有8个特定光强度灯泡的灯箱。每个灯泡都对应一个不同的瓦数比，并且分别都有自己的开关。根据需要调节这些开关，这样亿万富翁只需要打开几个特定的开关就可以达到他的需求。如图15-3所示。

								共计
128W	0W	32W	16W	8W	0W	2W	1W	187
开	关	开	开	开	关	开	开	开关开开开关开开 10111011

图15-3

而夫人需要较弱强度的光，如图15-4所示。

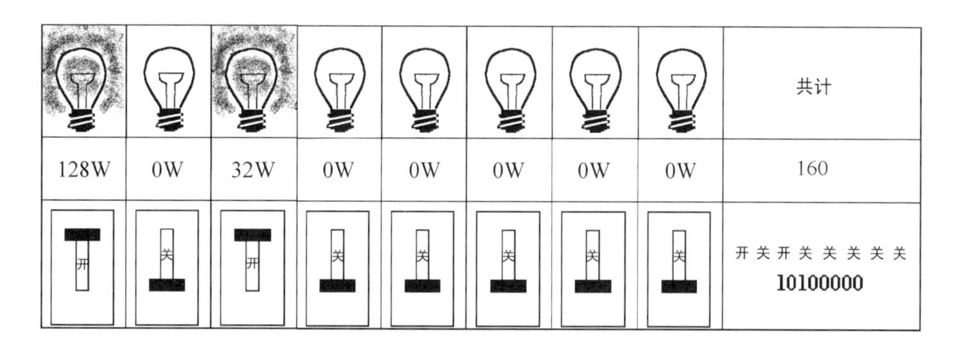

图15-4

管家需要做的就是在这些灯泡的开关上写下各自的光强度。

他：10111011

她：10100000

(《The Read Ahead》，比尔 • 盖茨，第25页）

通过简单使用这些开关，就可以在0W（关闭所有开关）到255（打开所有开关）W之间调节光的强度，一共有256种光强度可供选择。

如果你想要1W，你就只打开适合的开关，例如图15-5中的1W灯泡。

如果你想要2W，你可以打开2W的灯泡，如图15-6所示。

如果你想要3W，你可以打开1W和2W的灯泡，因为1加2等于3，如图15-7所示。

如果你想要4W，你可以打开4W的灯泡。

如果你想要5W，你可以打开4W和1W的灯泡，如图15-8所示。

如果你想要250W，你可以打开除了4W和1W以外的所有灯泡，如图15-9所示。

图15-5

图15-6

图15-7

图15-8

图15-9

如果你认为晚餐的理想照明强度是137W，你则可以打开128W、8W和1W的灯泡，如图15-10所示。

图15-10

这个装置同样可以用在今后一些需要精确提供光照强度的设备中，非常简单易学，也可以用于有类似光照强度需求的设备中。

由于我们记录二进制的方式是通用普遍的，小的数字在右边，大的数字在左边，所以你没有必要写下每个灯泡的瓦数，而仅仅需要记录：开、关、关、关、开、关、关、开。通过使用它，每个人都可以方便地将自己房间的灯光强度调到137W。事实上，只要每个人都能两次确认信息的准确性，那么这个信息哪怕经过百万人次的传递，也能保证其准确性。最后，每个人都会获得此信息。同样的道理，在我们这个例子中，只要通过每个人两次的确认，最终所有人都可以准确无误地获得137W强度的光。

为了进一步缩短标识，你可以用0代表“关”，用1代表“开”。例如，表示第一个、第4个、第八个灯泡打开，其余灯泡关闭的开关信息为：开、关、关、关、开、关、关、开，可以替换为如下信息：1、0、0、0、1、0、0、1。或者直接写成一串二进制码：10001001，它表示的就是137W的信息。你可以把这个信息传递给你的朋友：“我已经得到我最满意的光强度，它是10001001，你也试一试吧。”你的朋友可以通过“1开0关”的指令来准确实现他所需要的光强度的光。

单纯的从描述光强度的角度来看，这无疑是一个复杂的方式，但是它是一种二进制表达理论的简单实例，是所有计算机模型的基础。

最简单的电脑使用的就是像这8个灯开关类似的8-bit（比特）系统，每一位代表一个比特的信息。如之前所提到的一样，含有8个比特的二进制字是一个字节。

从很早以前的计算方式开始，字母和数字就被赋予了各自特殊的含义，如表15-1所示。

表15-1　二进制字母表：ASC Ⅱ码表

空格键 = 20 = 00010100	
A = 65 = 01000001	a = 97 = 01100001
B = 66 = 01000010	b = 98 = 01100010
C = 67 = 01000011	c = 99 = 01100011
D = 68 = 01000100	d = 100 = 01100100
E = 69 = 01000101	e = 101 = 01100101
F = 70 = 01000110	f = 102 = 01100110
G = 71 = 01000111	g = 103 = 01100111
H = 72 = 01001000	h = 104 = 01101000
I = 73 = 01001001	i = 105 = 01101001
J = 74 = 01001100	j = 106 = 01101010
K = 75 = 01001101	k = 107 = 01101011
L = 76 = 01001110	l = 108 = 01101100
M = 77 = 01001101	m = 109 = 01101101
N = 78 = 01001110	n = 110 = 01101110
O = 79 = 01001111	o = 111 = 01101111
P = 80 = 01010000	p = 112 = 01110000
Q = 81 = 01010001	q = 113 = 01110001
R = 82 = 01010010	r = 114 = 01110010
S = 83 = 01010011	s = 115 = 01110011
T = 84 = 01010100	t = 116 = 01110100
U = 85 = 01010101	u = 117 = 01110101
V = 86 = 01010110	v = 118 = 01110110
W = 87 = 01010111	w = 119 = 01110111
X = 88 = 01011000	x = 120 = 01111000
Y = 89 = 01011001	y = 121 = 01111001
Z = 90 = 01011100	z = 122 = 01111010

当然，有人会对此产生疑问，认为多此一举。我们为什么要使用二进制的方式来记录信息呢？这似乎是一个令人困惑的问题。

其实，答案非常简单。计算机发明以来，我们经常需要和机器打交道，而检查机器最简单形式的就是检查它是开还是关。

因此，我们需要开发出一个程序来计算机器的开与关。

但是你可能还是会问："为什么？"

好吧，我们来看看表15-2。

表15-2　比较模拟和数字

	模拟	数字
优点	1. 不同的电压。 2. 便于记录。 3. 轻松播放。	1. 记录及传输信息精确。 2. 无转录损耗。 3. 用比特表示信息应用广泛。 4. 数据传输速率可达到10亿比特每秒。 5. 任何材料都可进行0和1的数据存储。
缺点	1. 不准确。 2. 每一次转录都会有一些信息损耗。如果你曾经观看过被翻录多次的录像带副本就会有所体会。 3. 模拟的记录方式会占用大量的"记录"的空间。你可以比较一下一盘录像带和一张DVD光盘或记忆棒的大小。 4. 转录时间较长，通过简单的比较我们不难看出翻录一盘录像带所需时间比拷贝一张CD或一个MP3文件的时间要长得多。 5. 由于模拟信号存储介质的特殊性，无法实现不同格式文件的相互传输。例如，胶片可转换为数字视频格式存储，而数字视频却无法还原成胶片。 6. 由于介质的老化，存储的信息不易长期保存。	1. 需要特殊的设备传输、记录和读取信息。

练习

被宠坏的亿万富翁

以下是一串二进制代码：

01001001000101000110000101101101000101000111011101110010011010010110011101101000011101000110100101101110011011100010100011010010110111000010100011000100110100101101110011000010111001001111001000101000110001101101111011001000110010

1. 你认为使用二进制代码表示信息的优势是什么？参照表15-3来进行二进制和十进制之间的相互转换。

表15-3　二进制－十进制对应表

比特数	比特8	比特7	比特6	比特5	比特4	比特3	比特2	比特1
值	128	64	32	16	8	4	2	1

2. 将下面8-bit的二进制数值转换成十进制形式。

二进制	十进制
10101100	
01100110	
10010011	
00110001	

3. 将下面的十进制数值转换成二进制形式。

十进制	二进制
241	
27	
191	
192	

4. 思考如下问题，8-bit系统最大能计数到十进制数的255，那么，9-bit系统最大可以表示多少数值呢？

第16讲　基本的数字逻辑门

在这一讲中，将会涉及搭建五种主要逻辑门的原型电路。每个逻辑门可以通过独立的晶体管来实现，基本原理类似于普通开关按钮，所有门的作用是使输出接到高电平或接地。

与门和与非门在输出时是完全相反的，或门和或非门输出时也是完全相反的。

在数字电路中，电平有三种不同的表达方式：

- 对于每一个高电平的名称而言，都会有一个相对应的低电平名称。
- 这些一一对应的关系实际上表示相同的含义。

电平状态	
V+	地
1	0
高	低

- 这些名称通常是成对使用的。例如：V+和地是一组相对应的概念，而高和低、1和0也同样是相对应的。
- 我们通常用数字表示输出的高或低，同时我们也经常使用模拟信号作为输入。

所有的门至少有一个输入端口，却只能有一个输出端口。

输入端口是模拟的判决器，它们将输入电压与芯片内部电压进行比较，来判决输入为高或者低。

输出是逻辑运算的结果，因此，逻辑门的输出状态为V+或者为地。

- 真实世界的模拟输入通常不会产生一个简单的高电平或者低电平。
- 因此，设置数字门的作用就是用于对输入与实际电源的V+进行比较。
- 高于一半V+的电平都被视为高输入。
- 低于一半V+的电平都被视为低输入。

输入端口是模拟的判决器

- 例如，一个门被施加10V电压，如图16-1所示。
- 输入电平超过5V时就被视为高输入。
- 反之，任何输入电平低于5V就被视为低输入。

该集成芯片包括输入端、处理器和输出端。

以上每一部分都需要供电才能够工作，所有的电力均来自于相同的供电电源，本书图示上所有的电源均以V+符号示出。

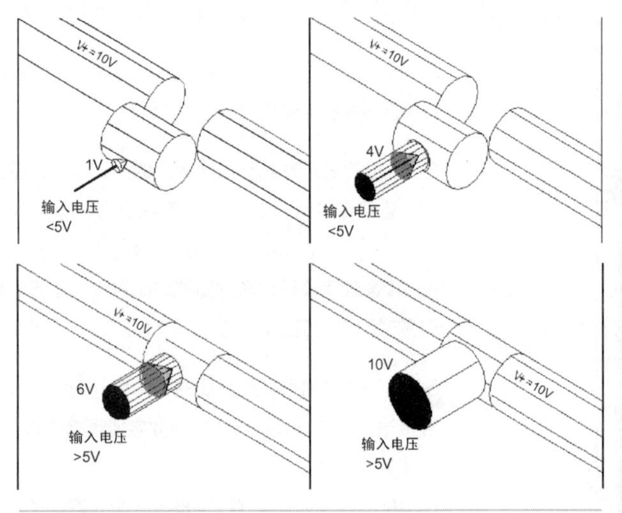

图16-1

非门

非门的作用是输出对输入取反，如图16-2所示。因此，非门经常被用作反相器，对输入进行反相。

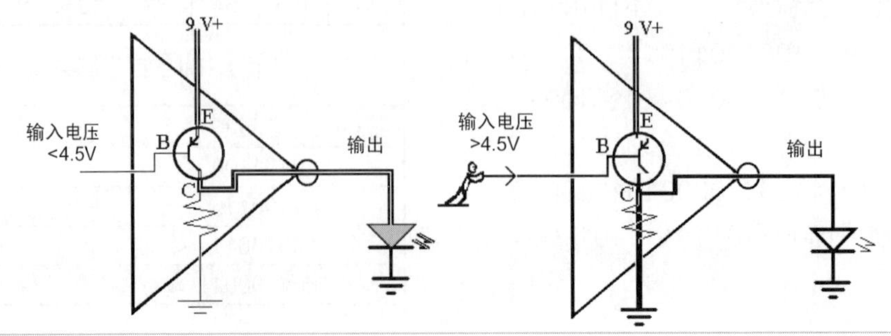

图16-2

- 显而易见，输入就像一个按钮，它通过芯片内的晶体管开关控制电流。
- 内部的晶体管处理器就像一个按钮开关一样控制电路。晶体管响应输入，从而控制输出电平。

图16-3所示的演示图能够帮助你更好地理解和学习非门的基本原理。

- 按下按钮对应高。
- 释放按钮对应低。

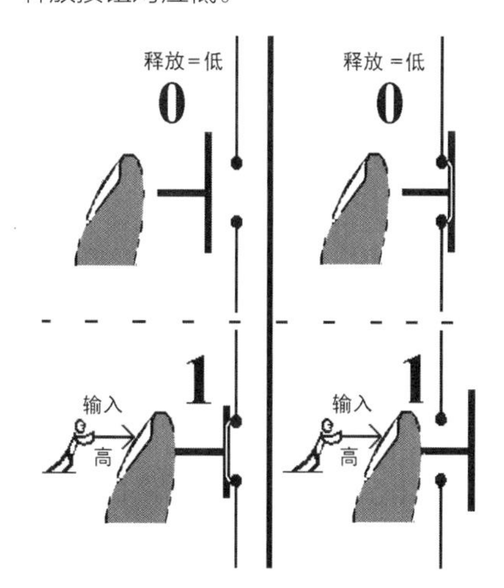

图16-3

面包板实现非门模拟电路

使用这个模拟电路能够快速地验证非门的工作原理（如图16-4所示）。

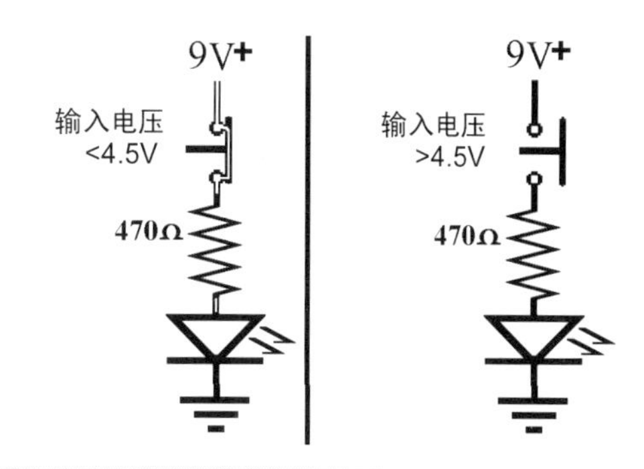

图16-4

输入为手指的压力，二进制处理器对应着按钮的位置（上=0，下=1），LED则对应着输出。LED亮代表高，不亮代表低（见表16-1）。

表16-1　非门：完成下表填空

输入	输出
高	______
低	______

与门

如图16-5所示，当输入端A和输入端B均为高电平时，才能输出高电平。

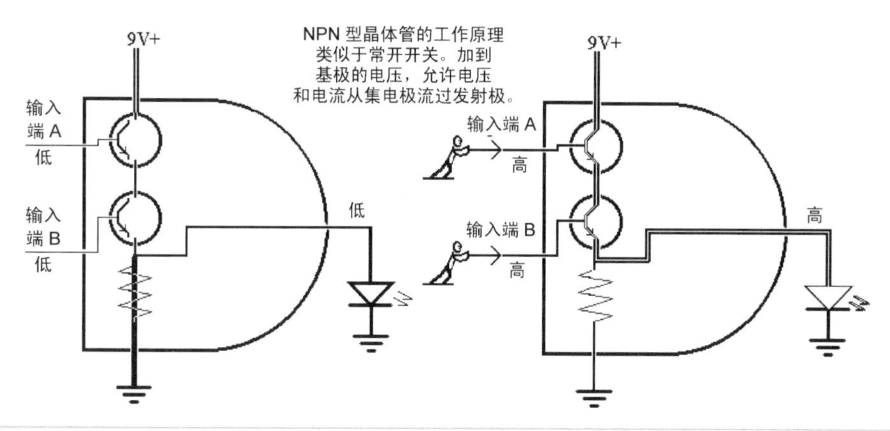

图16-5

这些输入端就像是常见的开启式按钮开关，它们控制着通过芯片内部NPN型晶体管的电流，晶体管处理器的内部结构就像是图16-6中的按钮演示电路。晶体管响应输入，控制输出电平。

面包板实现与门模拟电路

使用面包板建立模拟电路可以用来演示与门的工作原理，如图16-6所示。本次练习的目的见图16-3。

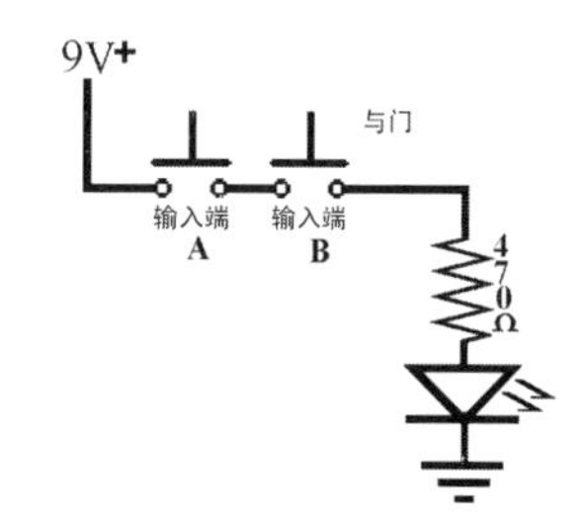

图16-6

- 按下按钮对应高。

- 释放按钮对应低。

NPN型晶体管实际上就像常见的开启式按钮开关，当基极的输入电压高于V+电压的一半时则允许电流通过（见表16-2）。

表16-2　与门：完成下表填空		
输入端A	**输入端B**	**输出端**
高	高	______
高	低	______
低	高	______
低	低	______

或门

如图16-7所示，和与门不同的是，当输入端A和输入端B有一个为高电平时，就能输出高电平。这些输入端就像是常见的开启式按钮开关，它们控制着通过芯片内部NPN型晶体管的电流，晶体管处理器的内部结构就像是图16-8中的按钮演示电路。晶体管响应输入，控制输出电平。

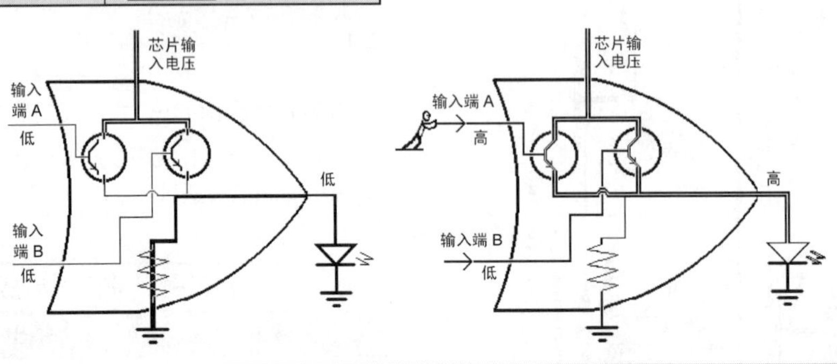

图16-7

面包板实现或门模拟电路

建立模拟电路来演示或门的工作原理，如图16-8所示。本次练习的目的见图16-8。

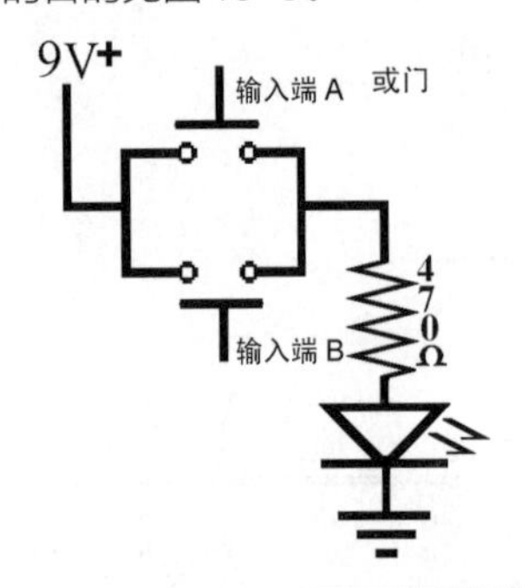

图16-8

- 按下两个按钮中的一个或两个按钮对应高。
- 同时释放两个按钮对应低。

NPN型晶体管实际上就像常见的常开式按钮开关，当基极的输入电压比V+电压的一半高时则允许电流通过（见表16-3）。

表16-3　或门：完成下表填空		
输入端A	**输入端B**	**输出端**
高	高	______
高	低	______
低	高	______
低	低	______

与非门

如图16-9所示，与非门看起来比之前面介绍的几种门更为复杂一些，但实际上它并不像看上去那么复杂。它旨在得出一个和与门完全相反的结果。这就是为什么它被称作是与非门的原因。

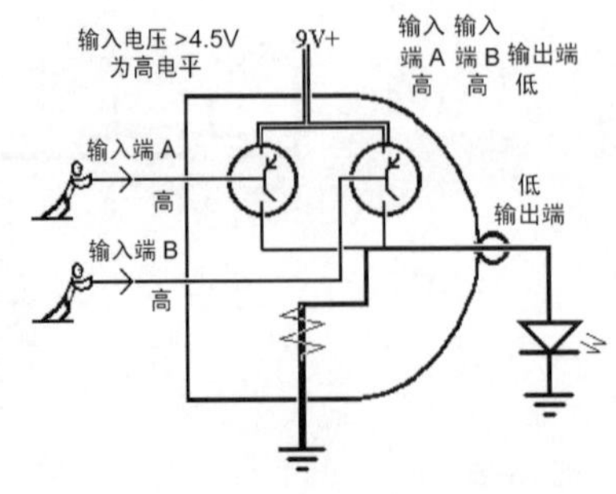

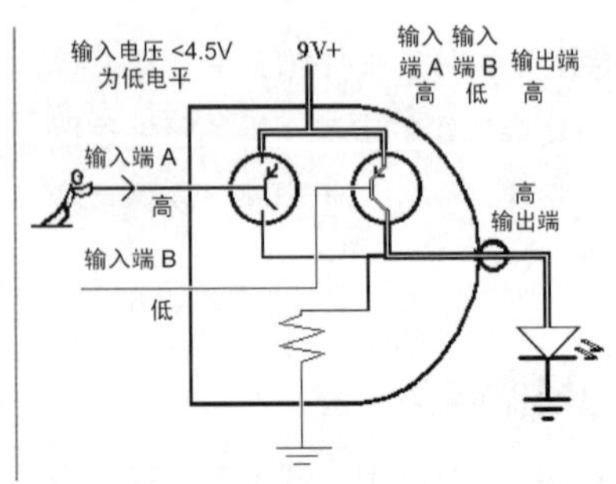

图16-9

面包板实现与非门模拟电路

建立模拟电路来演示与非门的工作原理，如图16-10所示。

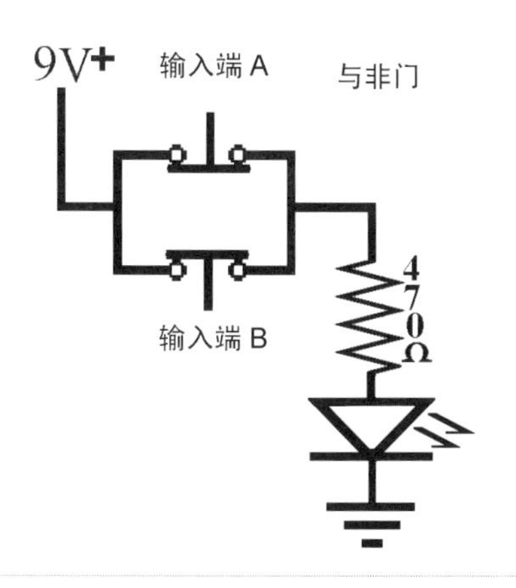

图16-10

PNP型晶体管也像常见的常闭式按钮开关，当基极的输入电压比V+电压的一半高时则禁止电流通过（见表16-4）。

表16-4　与非门：完成下表填空

输入端A	输入端B	输出端
高	高	______
高	低	______
低	高	______
低	低	______

这些输入端就像是常见的常闭式按钮开关，它们控制着通过芯片内部PNP型晶体管的电流，晶体管处理器的内部结构就像图16-10中的按钮演示电路。晶体管响应输入，控制输出电压。

或非门

或非门的工作原理如图16-11所示。就像与非门的工作原理图一样，看起来很复杂，实际上很简单。它旨在得出一个和或门完全相反的结果。这就是为什么它被称作是或非门的原因。这个输入就像常见的常闭式按钮开关，它们控制着通过芯片内部PNP型晶体管的电流，晶体管处理器的内部结构就像图中的按钮演示电路。晶体管响应输入，控制输出电平。

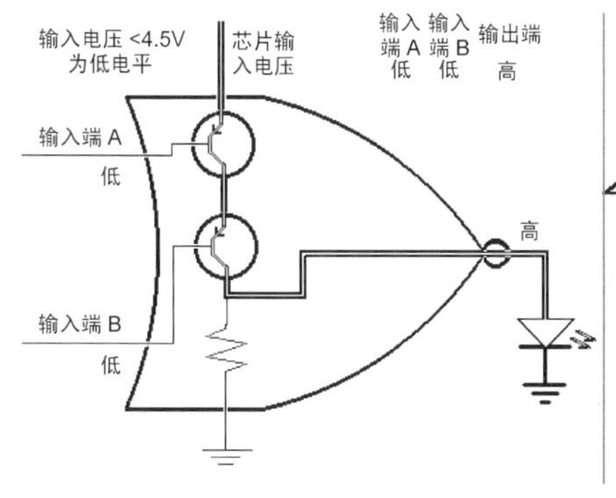

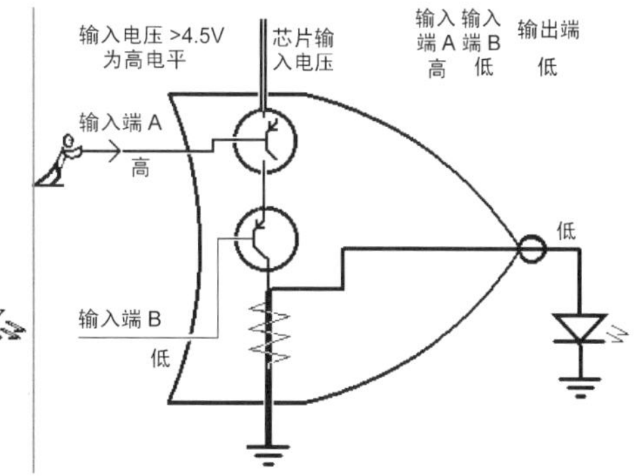

图16-11

面包板实现或非门模拟电路

建立模拟电路来演示或非门的工作原理，如图16-12所示。

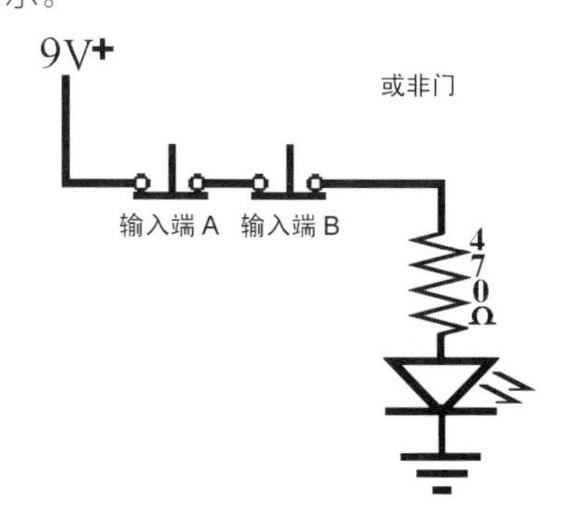

图16-12

PNP型晶体管也像常见的常闭式按钮开关，当基极的输入电压高于V+电压的一半时则禁止电流通过（见表16-5和表16-6）。

表16-5　或非门：完成下表填空

输入端A	输入端B	输出端
高	高	______
高	低	______
低	高	______
低	低	______

表16-6　各种门的对照表

非门		与门			或门			与非门			或非门		
输入	输出	输入端A	输入端B	输出	输入端A	输入端B	输出	输入端A	输入端B	输出	输入端A	输入端B	输出
	置		置		置		置		置				
高	低	高	高	高	高	高	高	高	高	低	高	高	低
低	高	高	低	低	高	低	高	高	低	高	高	低	低
		低	高	低	低	高	高	低	高	高	低	高	低
		低	低	低	低	低	低	低	低	高	低	低	高

练习

基本的数字逻辑门

1. 你还可以使用什么来代替输入?
2. 还有什么元件可以代替处理器?
3. 还有什么元件可以代替输出?
4. 输出电压来自哪里?
5. 当按钮没有被按下，它是代表高输入还是低输入?
6. 当按钮被按下，它是代表高输入还是低输入? 看一下逻辑门的图示。
7. 什么元件在IC芯片中作为处理器使用?
8. 输入通常是和晶体管的哪个部分相似?

第17讲　CMOS集成电路芯片

现今已有成千上万种集成电路芯片（IC）。4000系列的互补型金属氧化物半导体（CMOS）芯片应用非常广泛，其优点在于价格便宜，并且工作电压最低只要3V，最高也仅为18V。但是，如果操作不当，它们很容易因静电而损坏。所以，在将集成电路芯片从外包装中取出准备用于搭建面包板电路时，需要严格注意避免静电。因此在取出芯片之前，需要考虑好如何放置他们，并采取一些必要的防静电手段。我再次强调这些集成电路芯片很容易被静电损坏，所以千万不要用头发接触或摩擦它们。虽然摩擦过后，它们不会像气球一样黏着天花板，但是这会导致它们无法正常使用。

你需要了解以上信息，因为在下一章你将要做如下的事情:

- 搭建一个数字警报器的原型电路。
- 学习使用可以启动系统的一系列的触发事件。
- 学习如何处理系统输出。
- 学习调整警报器在触发以后的工作时长。

本讲中你所使用到的IC芯片型号为4011 CMOS，4011芯片为14针的双列直插式封装（DIP）。图17-1所示为DIP格式的18针芯片。

图17-1

警告

4000系列的CMOS芯片从20世纪70年代就开始应用于电子电路，它们功能多、应用广，工作电压只需3～18V。同时，它们价格低廉，但是对静电十分敏感。这一点我一直在反复地强调，所以你一定要给予足够的重视。要知道，即便是非常细微的摩擦也会导致CMOS芯片出现问题（见图17-2）。

图17-2

注意

一定不要冒险忽视这些提醒!

1. 在将IC固定在电路板之前，要把它储存在一个手提便携箱或者绝缘泡沫里，这是一个好的习惯。

2. 在使用CMOS芯片之前，要用你的手指触摸大型金属物体进行放电。
3. 不要将CMOS芯片拿在手中在房间里走动，这样容易产生静电。
4. 要检查芯片是否被正确安装。千万不要装反了。
5. 要将没有用到的输入引脚接地。在搭建具体电路时，我会再次提醒各位。
6. 不连接空着的输入引脚与接地效果是不一样的。如果一个输入脚没有连接，空气会影响其最小电压。

花一点时间学习一下CMOS系列的部分芯片列表

可供使用芯片的一些详细介绍，请浏览www.abra-electronics.com

- 4000 双3输入端或非门加单非门
- 4001 四双输入端或非门
- 4002 双4输入端或非门
- 4006 18位串入/串出移位寄存器
- 4007 双互补对加反相器
- 4008 4位超前进位全加器
- 4009 六反相缓冲/变换器
- 4010 六同相缓冲/变换器
- 4011 四双输入端与非门
- 4012 双4输入端与非门
- 4013 双主-从D型触发器
- 4014 8位串入/并入-串出移位寄存器
- 4015 双4位串入/并出移位寄存器
- 4016 四传输门
- 4017 十进制计数/分配器
- 4018 可预制1/N计数器
- 4019 四与或选择器
- 4020 14级串行二进制计数/分频器
- 4021 8位串入/并入-串出移位寄存器
- 4022 八进制计数/分配器
- 4023 三3输入端与非门
- 4024 7级二进制串行计数/分频器
- 4025 三3输入端或非门
- 4026 十进制计数/7段译码器
- 4027 双J-K触发器
- 4028 BCD码十进制译码器
- 4029 可预置可逆计数器
- 4030 四异或门
- 4031 64位串入/串出移位存储器
- 4032 三串行加法器
- 4033 十进制计数/7段译码器
- 4034 8位通用总线寄存器
- 4035 4位并入/串入-并出/串出移位寄存
- 4038 三串行加法器
- 4040 12级二进制串行计数/分频器
- 4041 四同相/反相缓冲器
- 4042 四锁存D型触发器
- 4043 4三态R-S锁存触发器（“1”触发）
- 4044 四三态R-S锁存触发器（“0”触发）
- 4046 锁相环
- 4047 无稳态/单稳态多谐振荡器
- 4048 4输入端可扩展多功能门
- 4049 六反相缓冲/变换器
- 4050 六同相缓冲/变换器
- 4051 8选1模拟开关
- 4052 双4选1模拟开关
- 4053 三组二路模拟开关
- 4054 液晶显示驱动器
- 4055 BCD-7段译码/液晶驱动器
- 4056 液晶显示驱动器
- 4059 N分频计数器
- 4060 14级二进制串行计数/分频器
- 4063 4位数字比较器
- 4066 四传输门
- 4067 16选1模拟开关
- 4068 8输入端与非门/与门
- 4069 六反相器
- 4070 四异或门
- 4071 四双输入端或门
- 4072 双4输入端或门
- 4073 三3输入端与门
- 4075 三3输入端或门
- 4076 四D寄存器
- 4077 四双输入端异或非门
- 4078 8输入端或非门/或门
- 4081 四双输入端与门
- 4082 双4输入端与门
- 4085 双2路双输入端与或非门
- 4086 四双输入端可扩展与或非门
- 4089 二进制比例乘法器
- 4093 四双输入端施密特触发器
- 4094 8位移位存储总线寄存器
- 4095 3输入端J-K触发器
- 4096 3输入端J-K触发器

- 4097 双路8选1模拟开关

4011四双输入端与非门

4011集成电路芯片是一个四双输入端与非门，如图17-3所示。

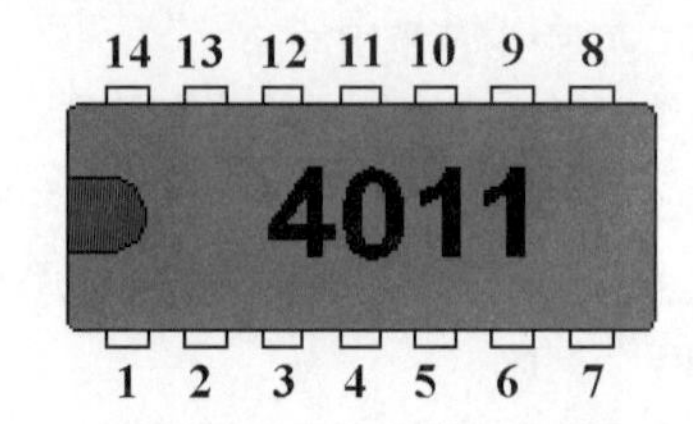

图17-3

注意引脚的编号方法。所有DIP封装的芯片都使用这种统一的编号方法。

首先，我们来看IC芯片的顶部。如图所示，它的凹槽应在芯片的左边。此时，芯片底部最左边开始第一个引脚的编号为1，然后，按照逆时针的顺序依次对其他引脚进行编号。

你可以试着练习识别引脚编号。思考一下，当你上下翻动这个芯片时将发生什么？现在引脚1在哪里？

观察图17-4，可以看到4011 IC芯片包含有4个独立的与非门，每个都可以独立工作。同时，它还有14个引脚，通过这些引脚，就可以把芯片接入到电路当中。

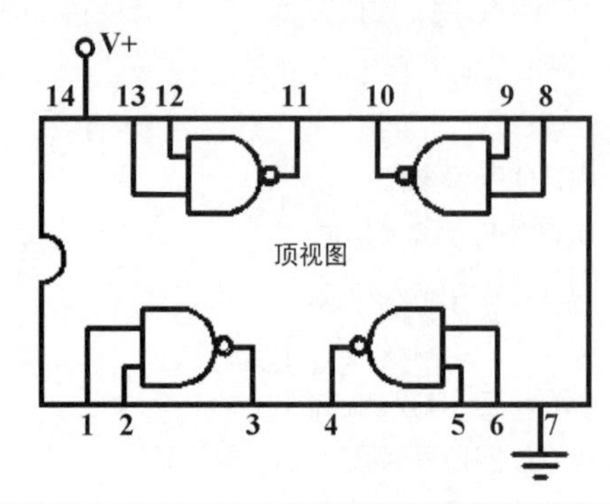

图17-4

- 这是4011型集成电路芯片的引脚图。
- IC芯片上的每一个引脚都有其独特的功能，要正确地连接这些引脚。
- 如图17-4所示，与非门的输入端为引脚1和引脚2时，对应的输出端应为引脚3。
- 通过引脚14接通电源给芯片供电。
- 引脚7用来接地。
- 输入信号决定每个门的输出端接至电源（引脚14）或者接地（引脚7）。

练习

CMOS集成电路芯片

1. 什么是DIP?
2. 写出CMOS集成电路芯片的工作电压的范围。 ___到___V
3. 简述使用IC芯片时的六个注意事项。
   a. ______
   b. ______
   c. ______
   d. ______
   e. ______
   f. ______
4. 试着画出你正在使用的4011芯片的示意图。
5. 画出芯片上的所有细节。
6. 同时，别忘了芯片上的凹槽部分也要准确画出。
7. 在你的图上标注出从1~14的所有引脚。
8. 完成示意图后思考如下问题，在这个芯片上，通过哪个引脚给4011芯片供电？ ______
9. 通过芯片的哪个引脚接地？ ______
10. 说明一下如何在任何IC芯片上准确地找到引脚1。______
11. 如果在电路实验中，将4011芯片上的引脚连接错误，将会发生什么？
    ______
12. 以上问题，你都回答正确了吗？再次复习一下CMOS集成电路芯片列表，特别注意了解4000系列芯片的信息。
13. 参考给出的4000系列CMOS集成电路芯片列表，思考一下，其中有多少种是可用于逻辑门的芯片？

第6章　与非门应用电路

刚开始学习与非门应用电路时，你可能会觉得它看上去非常凌乱和复杂。但是，当你与它接触过之后，你就会发现它实际上操作起来非常简单。在这一章里，我们将学习如下内容：

- 学习如何搭建一个基础数字电路，熟练掌握搭建方法。
- 掌握使用不同输入元件将模拟信号转换成数字信号输出的方法。
- 学习如何控制RC电路的延时时长。

第18讲　建立基础与非门电路板

言归正传，我们来继续学习这些有趣的电路。

我们先来尝试使用与非门搭建一个电路。图18-1所示是一个与非门应用电路原理图，图18-2所示为这个电路的实物图（电路使用的元件见“元件清单”）。

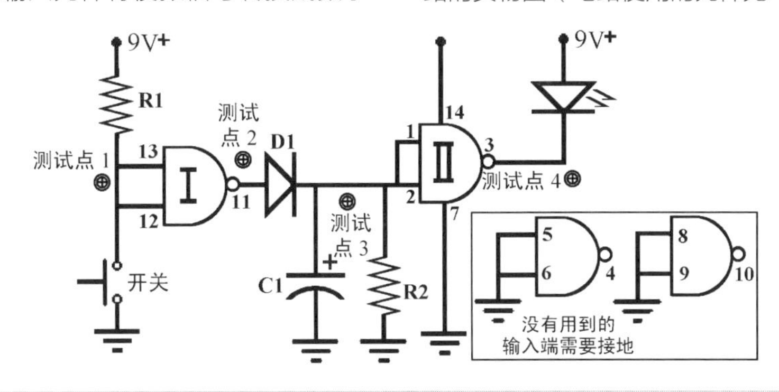

图18-1

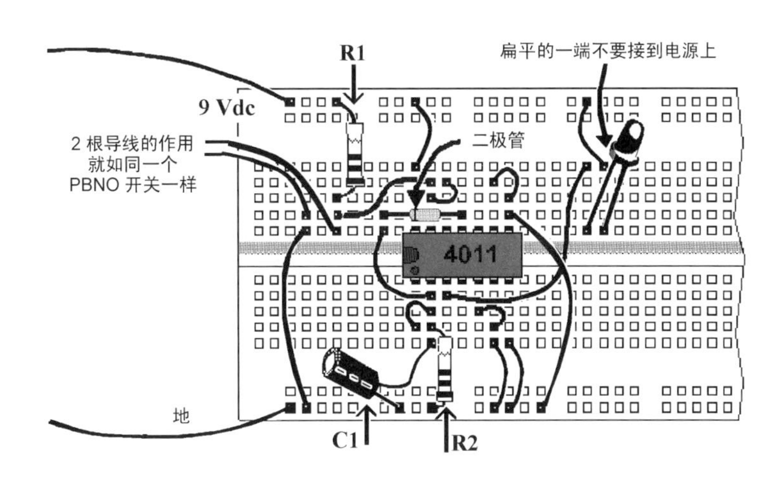

图18-2

> **元件清单**
>
> - R1—100 kΩ
> - R2—10 MΩ
> - C1—1 μF 立插或卧插
> - LED—圆形5mm
> - D1—信号二极管（细的，金色）*
> - IC 1—4011四与非门
>
> *如果没有金色的二极管，也可以用黑色的功率二极管替换。

尽管以上两图看上去差别很大，但我们可以通过原理图和实物图中的引脚编号来找到每个元件的相应位置。如果你觉得有些困难，可以借助上一章中的图17-4来复习一下芯片中引脚的编号顺序。

预期效果

当你接通供电电源时，LED灯应为熄灭状态。

电路通电后，如果暂时关闭PBNO，LED灯会持续工作8秒，然后会再一次自动熄灭。

如果你刚接通电源LED灯就被点亮，那一定是你的电路出现了问题，请立刻切断电源。如果继续供电，有可能会烧坏元件。要知道搭建这个电路的目的并不仅仅是为了点亮LED灯。如果只是为了使LED发光，只要使用LED灯和电阻这两种元件就够了。那么，循环电路中其他元件有什么作用呢？

如果供电之后循环电路并没有立即工作，你需要参考以下故障排除的内容来解决问题。

故障排除

当你需要找出错误时，首先问自己几个简单的问题：

1. 电源是否连接正确？你确定吗？再次检查一下吧。
2. 你的面包板电路是否连接正确？所有的元件和连接线都必须插到面包板的孔中。再逐个检查一遍。
3. 确定以下部分的连接是否正确？
   - 你的芯片的连接方式正确吗？
   - 你的二极管是按照元件图所示正确位置连接的吗？
   - 一定要注意，电容器极性不要接反。
   - 即使其他元件都连接正确，只有LED灯接反了，也会导致它不能点亮。
4. 按照以下步骤对图18-3中的测试点进行测量并检查。
   - 将数字万用表调到DC挡，并将黑表笔探头接地。
   - 使用红表笔逐个对电路中19个测试点的电压进行测量。第一次测量的是电路板不接电时的值。也就是说，接上供电电源，但不打开供电开关，记录下此时的结果。
   - 第二次测量的是接通电源开关之后的值。为了保证此电路为工作状态，将引脚12和引脚13通过开关接地，如表18-1所示。注意测量值和预期值不一致的地方。

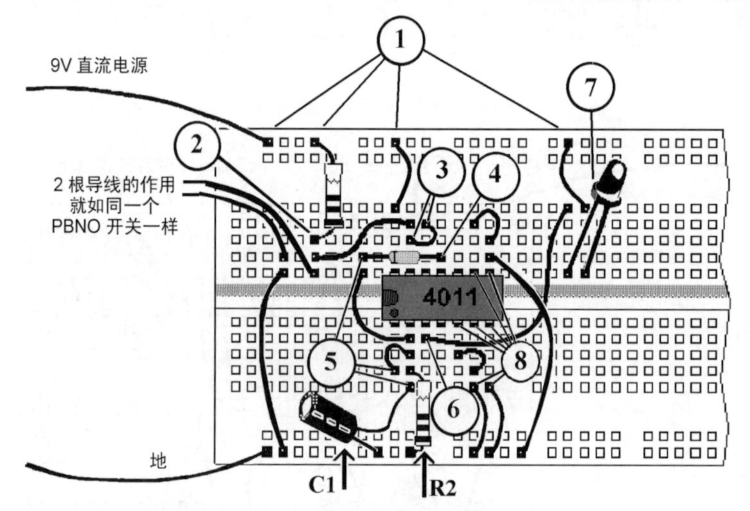

图18-3

表18-1 按照图18-3的测试点进行测量

非工作状态	工作状态 引脚12和引脚13接地
1. V+，因为这些点都接到了电源电压上。	V+，因为这些点仍然都接到了电源电压上。
2. 比V+稍微低一些。	0V，因为按钮开关关闭，该点直接接地。
3. 同2中的电压值相等。	同2中的电压值相等。
4. 读数为0V。	读数为V+。
5. 0或接近0V。	读数为V+。
6. 引脚3的测量读数应为V+。	比V+低2V（LED占用2V）。去掉LED，读数应变为V+。
7. LED的扁平端接到引脚3，LED灯不亮。	在释放按钮开关后，LED应仍然亮着，并持续8秒左右。
8. 引脚5、6、8和9的电压为0V。	由于这些点直接接地，所以仍然为0V。

第19讲　测试点1—测量输入电压

当输入端为高电平（开关开启）或者低电平（开关关闭）时，你需要分别测量输入端的电压。没有打开开关时，你会测出电压值。当打开开关以后，将测不到电压值。因为开关被按下以后，就接地了。

将你测试到的所有结果记录在本章最后部分给出的数据表格中。

在示波器的黑色探头上缠绕导线，将导线的另一端与电路板的地线相连，方法如图19-1所示。然后，你在使用红色探头去测量不同测试点的电压时，就可以准确方便地得出结果。

图19-1

使用图19-1所示的方法，尝试接通电路板的电源，测出测试点1的电压。

- 如图19-2所示，电源提供的电压在通过R1后，施加在4011芯片引脚12和引脚13上，这一对引脚接在芯片内部的一个与非门输入端，此输入电压视为高电平。

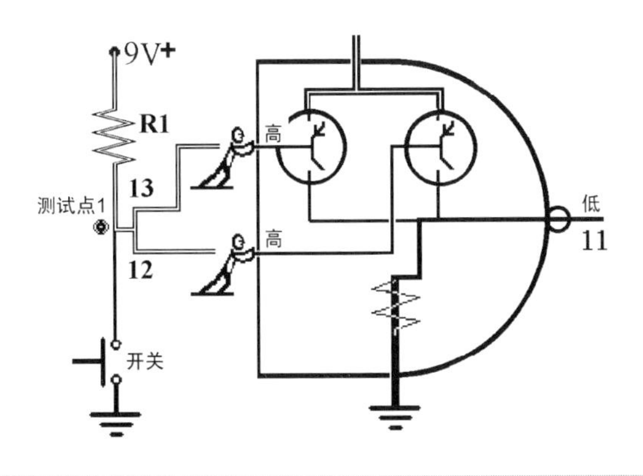

图19-2

- 当开启式开关没有按下时，你测量到的测试点1的电压，实际上就是与非门的输入电压。
  这个电压值比电源电压的一半还高吗？

  ____

  它确实应该比电源电压的一半还高。

  在电源没有开启的状态下，形容一下第一个与非门输入端此时的状态。

  ____

  保持电源的连接状态，按下常开式开关，再次记录下此时的电压。

看看发生了什么？

- 如图19-3所示，当开关为闭合状态时，通过R1的电压将被接地。就像水往低处流一样，电压和电流将会选择流向阻抗低的通路。

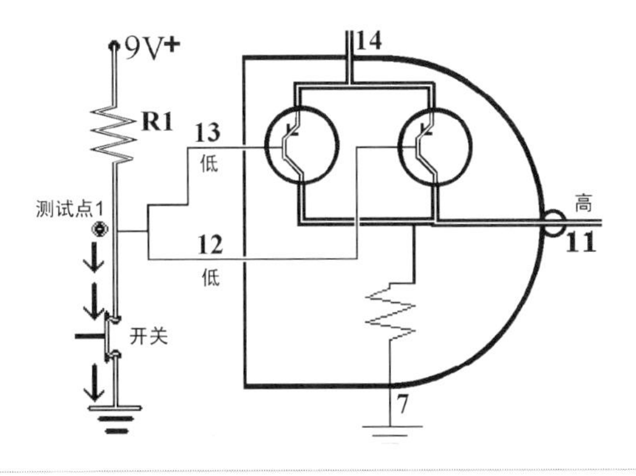

图19-3

- 引脚12和引脚13这对输入端将不会施加任何电压，它们完全接地。接地状态时的电压为0.0V，低于电源电压的一半，因此，接地状态无疑是低电平的一种方式。此时，测量一下输入端的电压会高于电源电压的一半吗？______________

  此时测得的数值应该是0.0V。因为，按下开关时电源电压通过R1直接接地了。

  当开关关闭时，形容一下此时第一个与非门输入端的状态。

  再观察一下，当打开开关时，万用表上测得的电压将发生怎样的变化。

同时，用示波器测得的图形见图19-4和图19-5。图中每格表示2V。我们测量到的水平线显示在约4格半的位置，代表电压为9V。

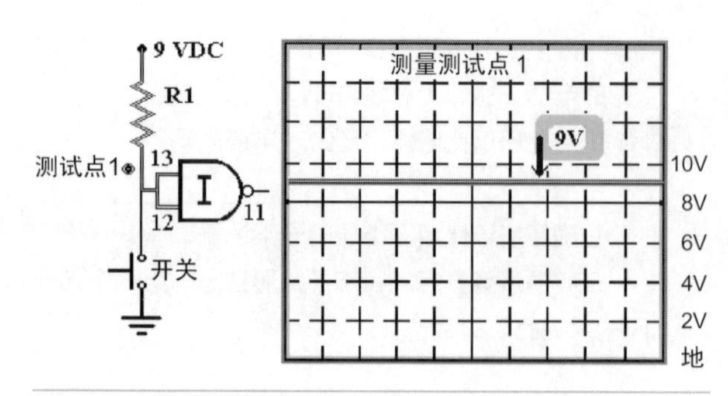

图19-4

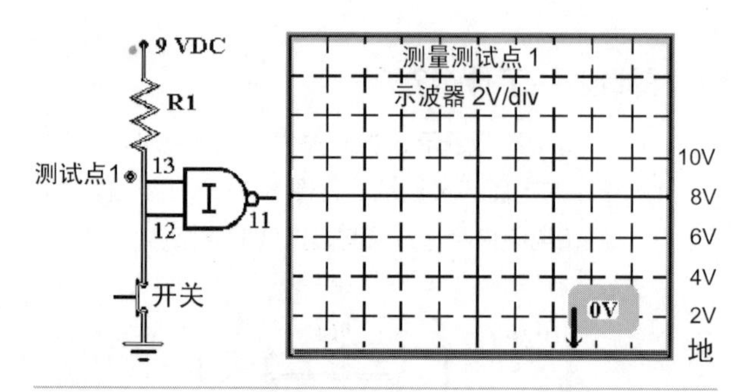

图19-5

如果你身边没有合适可用的示波器也不用担心，你可以在线使用一个免费软件来模拟一台简单的示波器。

Christain Zeitnitz教授发明了声卡示波器，我们可以在www.zeitnitz.de/christian/scope_en网站上使用它，非常方便。唯一的缺陷是，它仅限于测量快速变化的信号。而且，它无法测量稳定的直流输入。

第20讲　测试点2——测量工作状态下的与非门

当与非门电路中的输入端接地时，在输出端测量到的电压应为电源电压。快在你们自己的电路中测一测吧！

相反地，在与非门电路中，如果输入端连接到电源，那么在输出端测得的电压相当于接地（0V）。改变输入端的电压，输出端也立即随之发生变化。自己动手测量一下，从中理解与非门的工作原理。

预期效果

在电路板接上电源但没有按下常开按钮开关时，测量第一个与非门引脚11（如表20-1所示）的输出电压。

表20-1　与非门逻辑表

输入A	输入B	输出
高	高	低
高	低	高
低	高	高
低	低	高

本讲中的测试点2指的就是与非门的引脚11。如图20-1所示，它是位于第一个与非门右边的输出端口，同时位于一个二极管的左边。

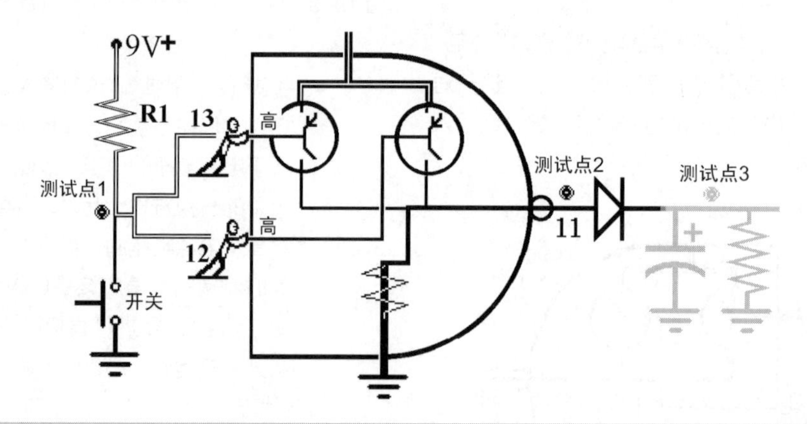

图20-1

把这一讲中测量到的所有结果也记录在本章最后部分给出的数据表中。

1. 断开开关时，测量测试点2的电压，并记录下测量结果。
   - 因为此时与非门的输入端引脚12和引脚13为高电平，所以，引脚11的输出电压应为低电平。
   - 也就是说，在电路处于不工作状态时，所测得的输出电压与我们设想的预期效果一致。
2. 接通开关时，测量测试点2的电压，并记录下测量结果。
   - 此时电源电压相当于直接接地，如图20-2所示。根据与非门的工作原理，两个输入端只要有一个为低电平，输出电压即为高电平，反之亦然。

- 这一结果表明，电路激活以后，测得的输出电压也与我们设想的预期效果一致。

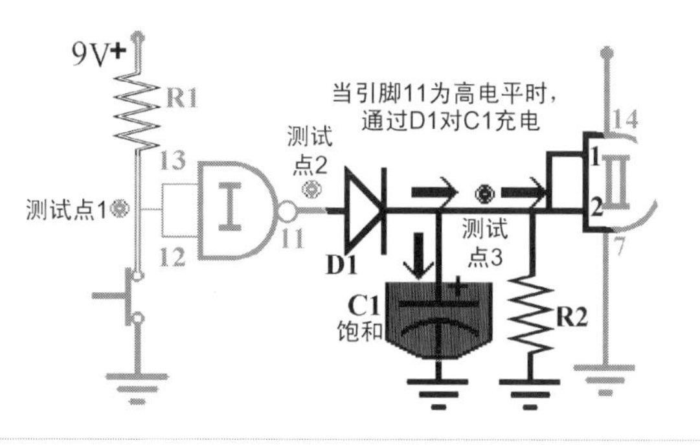

图20-2

当电路处于非工作状态，在引脚11测得的输出电压通常是低电平，低电平相当于接地状态。

我们再来通过示波器观察一下测试点2的输出电压。图20-3所示为电路处于非工作状态时测试点2的输出电压。图20-4所示为接通开关时，即接地时，输出电压的情况。

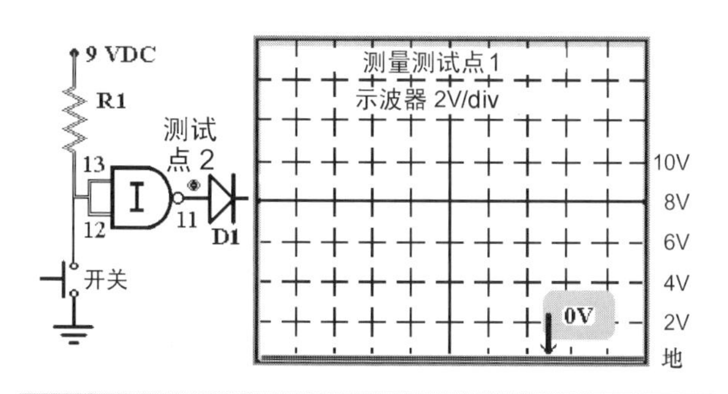

图20-3

引脚11产生的电压通过二极管传递到电路的另一端。

根据图20-4 的元件图，也就是在开关接通的状态下，电压和电流会通过二极管流到右边，而不是通过引脚11接地。它会通过另一通路接地。

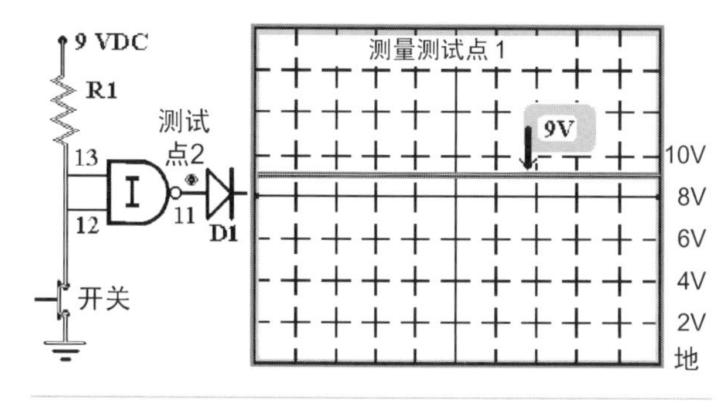

图20-4

第21讲 测试点3——理解电阻/电容电路

在本讲中，你将会学习电阻/电容的工作原理，以及搭建由它们组成的延时电路。在本书第一部分的学习中，你对电容应该有了大致的了解。现在我们来学习电阻/电容（RC）延时电路，它是用于电子延时控制的主要子电路之一。

在电路中，它主要用来控制电流流经第二个与非门的速度，从而控制LED灯工作的时间。在RC延时电路中，你可以把电容想象成一个水槽，它能够容纳电荷。而电阻就像是排水管，由它来控制水槽中水的流出。

测试点3可以选取D1、R2、C1，以及引脚1、引脚2连接处的任意位置，如图21-1所示。

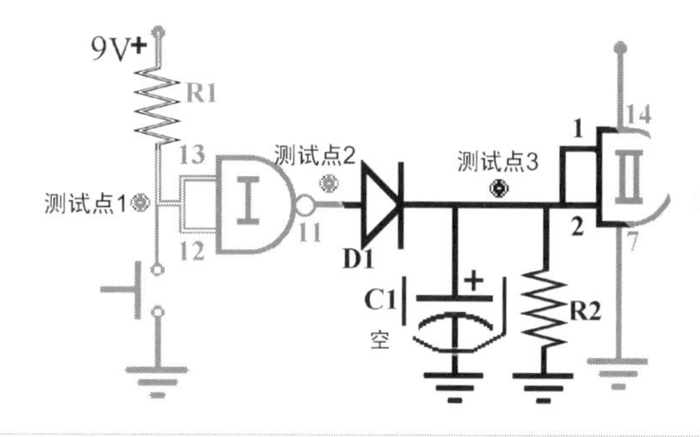

图21-1

同样，把这一讲中测量到的所有结果记录在本章最后部分给出的数据表中。

1. 在进行测量之前，让电路处于未工作状态至少一分钟。在开关处于连接状态下，测量测试点3的电压并记录结果。
2. 现在接通开关，再次测量测试点3处的电压，记录结果。如图21-2所示，此时与非门引脚11输出是高电平，电压和电流通过D1，流向两条通路。这时，一部分作为输入电压流向第二个与非门，另一部分存入电容器C1。

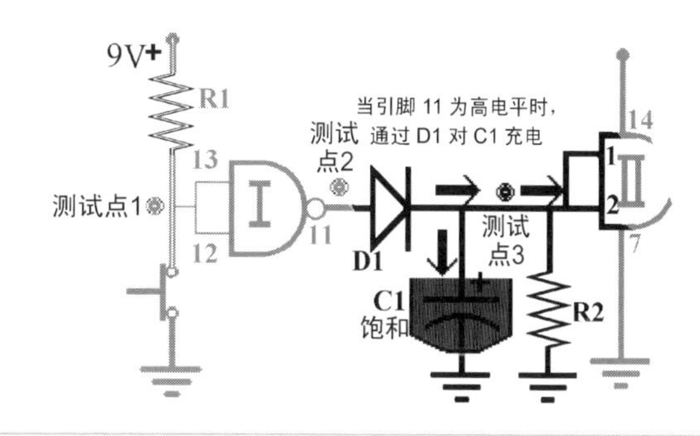

图21-2

3. 接下来，断开开关，观察万用表所测得的测试点3处数字的变化。你会发现，这一结果与在测试点1和测试点2上测得的结果完全不同，输出电压将慢慢地由高变低。如果你使用一个劣质的万用表，测得的数值会在2秒之内变为0。理想状态下，万用表所显示的电压大约经过20秒降到0V。

看看发生了什么？

如图21-3和图21-4所示，当电路中的开关断开时，在引脚11处测得的输出电压为低电平，电压通过二极管向右传递，分配给电容器C1以及第二个与非门。也就是说，电容C1存储的电能开始在电阻R2处进行放电。

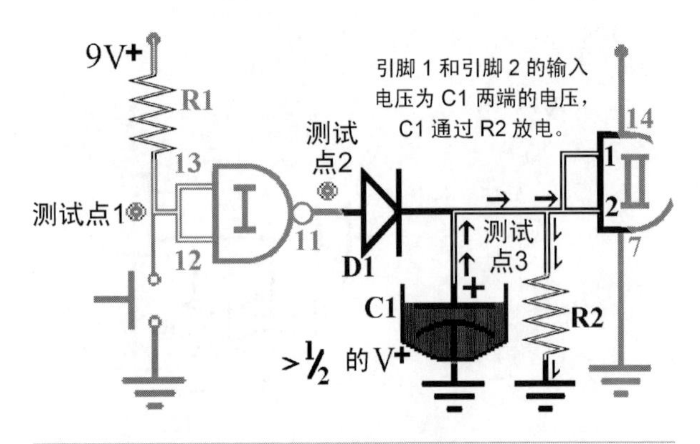

图21-3

你也可以在万用表上观测放电过程。

像这样，把电阻和电容组合在一起用来延迟时间的电路就叫做RC延迟电路。

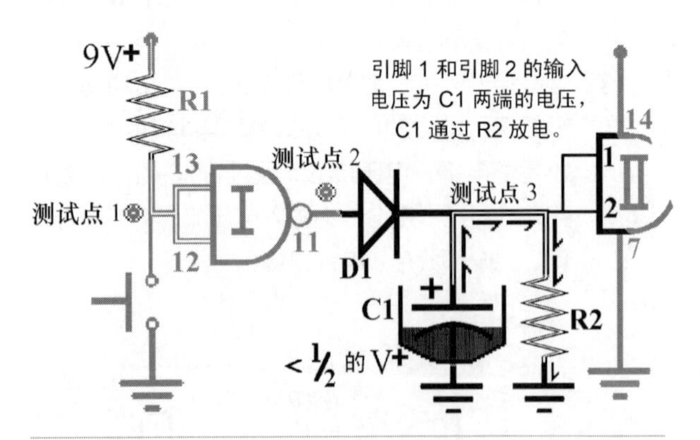

图21-4

接下来，思考一下延时电路对于第二个与非门的输入电压产生影响的整个过程：

- 引脚1和引脚2的输入电压由低到高从0V瞬间上升到9V，这完全没有问题。
- 但是最重要的一点是我们传输的是数字信号，只要求高或者低，开或者关。
- RC延时电路的电平是模拟信号，输入为模拟输入。用RC延时电路来缓慢减少第二个与非门的输入电压。判断一下，在电路示意图中的哪一部分作用下，能够使施加在第二个与非门的输入端引脚1和引脚2上的电压产生由高到低的变化？

再一次合上开关启动电路，仔细观察此时万用表的变化。当电路中的LED灯熄灭时，万用表上测得的电压如何？

你觉得会怎样呢？它也是接近4.5格线。

这就意味着，此时的电压也是9V。

图21-5所示是逐渐下降的电压在示波器上测得的图像。图上的竖直方向为电压轴，间隔为2V，水平方向为时间轴，间隔为半秒。这个时间单位对于测量电子产品的变化而言，已经足够长了。

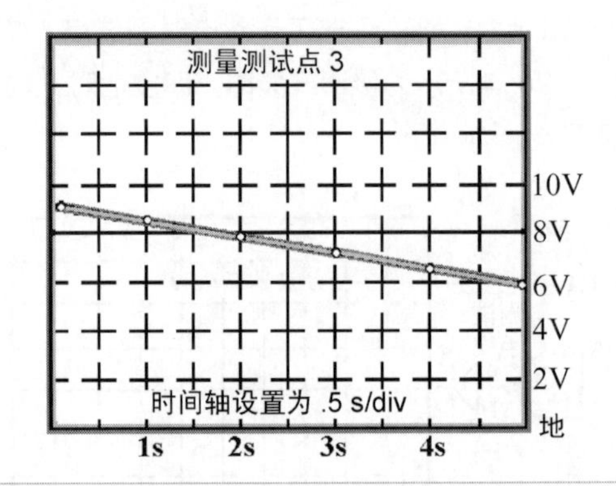

图21-5

记住以下几点数字输入的要求。

- 高于一半电源电压V+的电压即为高电平。
- 低于一半电源电压V+的电压即为低电平。
- 因此，输入端的电压状态为高电平或低电平，是通过与接入引脚14电源电压的一半作比较进行判定的。
- 如果接入到芯片引脚14的电源电压为9V，那么与非门的输入电压状态为高电平或低电平的判断将以4.5V电压为参考。
- 同样地，如果接入到芯片引脚14的电源电压为12V，那么与非门的输入电压状态为高电平或低电平的判断就将以6V电压为参考。

习题

通过测试点3了解RC延时电路

1. 在本章最后的数据表中记录当电路处于未工作状

态时的测量数据。

2 合上开关，再次用万用表测量测试点3上的电压，把这个结果也记录在本章最后的数据表中相应位置。

3 电压在二极管两端产生的压降（tp2@HI= tp3@HI= V_{used}）是多少？二极管电压=_______V

4 当断开开关时，万用表显示的测量结果又将如何？

5 在你这个电路中，断开开关后，LED灯延迟了多长时间熄灭？ _______s

6 当LED灯熄灭时，用万用表测量测试点3的电压，数值为多少？ _______V

7 电压下降到1V需要多长时间？ _______s

8 在我们这个RC延时电路中需要用到一个电容，这个电容所起到的作用就好比什么？一个______

9 在我们这个RC延时电路中需要用到一个电阻，这个电阻所起的作用就好比什么？一个_______

10 用一个20MΩ的电阻代替本电路中的电阻R2，这时LED灯将延时熄灭多长时间？ _______s

11 当R2替换成20MΩ的电阻以后，LED灯熄灭时，测试点3的电压是多少？_______V 。当电容放电到一半时，LED灯也同样会立刻熄灭？是或者不是？你认为这次的结果和之前的电路是否一样，为什么？_______

12 当R2替换成20MΩ的电阻以后，电压下降到1V将花多少时间？_______s。当R2之前使用10MΩ的电阻时，电压是如何下降的呢？_______

13 如果我们保持R2为10MΩ不变，把电容换为10μF，此时的电容变成之前的10倍大。这种情况下，LED灯又将持续亮多长时间？ _______s 这是可以预见的吗？

14 使用以下公式可以粗略计算RC延时电路的延时时间，也就是可以粗略地估算出RC延时电路断开开关之后，从高电平转换到低电平所需的时间。

R×C =T

R单位为欧姆。

C单位为法拉。

T是测量时间，单位为秒。

这里

$C = 1\ \mu F = 0.000\ 001F = 1 \times 10^{-6}F$

同时

$R = 10\ M\Omega = 10\ 000\ 000\Omega$

$R \times C = T$

$(1 \times 10^{7}\Omega) \times (10^{-6}F) = 10^{1}s$

算出表21-1所示各项数值，并填写在表中。

表21-1　元件值

	电容C1	电阻R2	预期时间	实际时间
1	1 μF	10 MΩ	10 S	_____
2	1 μF	20 MΩ	20 S	_____
3	10 μF	1 MΩ	_____	_____
4	10 μF	2.2 MΩ	_____	_____
5	10 μF	4.7 MΩ	_____	_____

15 现在用你的RC延时电路来检验一下上表中用公式算出的数值，看看万用表上实际测得的数值和之前你在表中填写的数值是否一致。不一定完全一样，我们允许有一定范围的误差。把实际值也填入上表的相应位置。

RC延时电路并不是一个精确的计时器。而且，组成RC延时电路的元件自身也有一定的误差，这都会影响最终的结果。以下为可能影响延时电路精确性的因素。

- 使用的电阻允许有5%的误差。
- 铝制电解电容通常允许有20%的误差。

16 看看自己的预测和实际结果之间是否有一种明显的规律存在。试着总结一下这个规律。

第22讲　测试点4——开关的输入端

接下来，近距离观察一下这个电路的输出端。我们先把LED灯从电路中移除，这样就能得出一个相对“干净”的电压测试。这样，我们就可以直接测量出输出电压了。

如图22-1所示，移除LED灯后，我们就能够在测试点4的位置测试输出电压了。

同样地，别忘了把这一讲中测量到的所有结果记录在本章最后部分所给出的数据表中。

首先，记录下电路不工作时测试点4上的电压。

然后，按下开关，在电路激活状态再次测量测试点4的电压，把这个结果也记录在数据表中。开关按一下就可以了，不需要一直按着它。

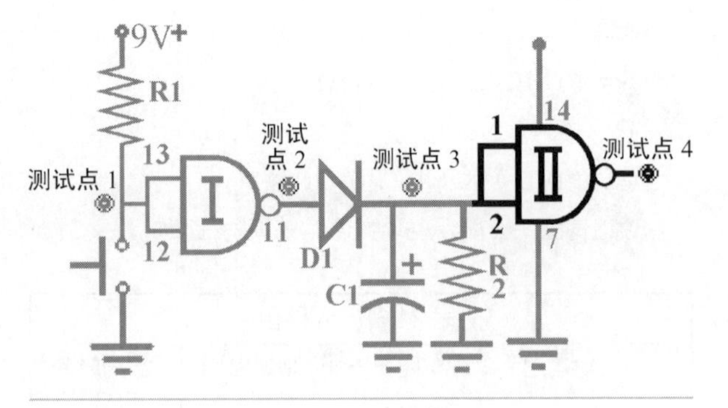

图22-1

看看发生了什么?

通过图22-2，我们可以清楚地了解，当电路处于非工作状态时会发生什么。此时，不会有电压储存在C1中。并且，从第二个与非门的输入端引脚1和引脚2上输入的为低电平。

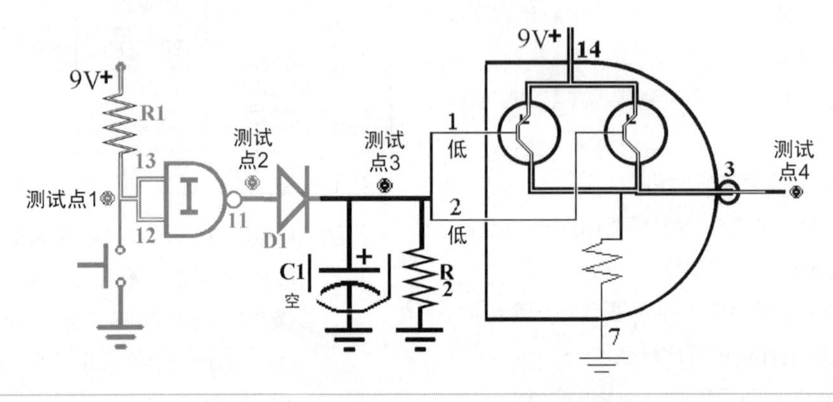

图22-2

如图22-3所示，当底部的开关被按下，处于闭合状态时，第一个与非门的输出为高电平，同时为电容C1充电。此时，第二个与非门得到的输入电压约等于电源电压V+。

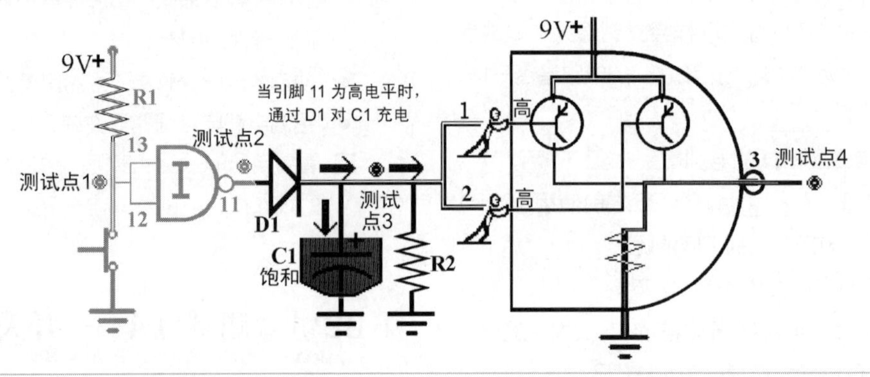

图22-3

如图22-4所示，当开关再次被打开时，电容器C1开始通过电阻R2放电。但是，只要从引脚1和引脚2输入的电压比电源电压的一半大时，我们在测试点4测到的都将是高电平。

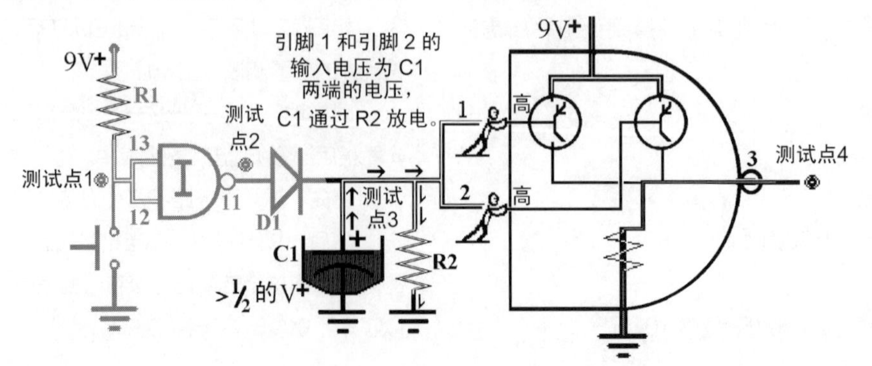

图22-4

如图22-5所示，当储存在C1中的电压下降到电源电压的一半以下时，测得的输入模拟电压为低电平，电路也随之立刻做出反应。也就是说，我们通过开关改变了第二个与非门的输出电压，使此时引脚3的输出结果为高电平。

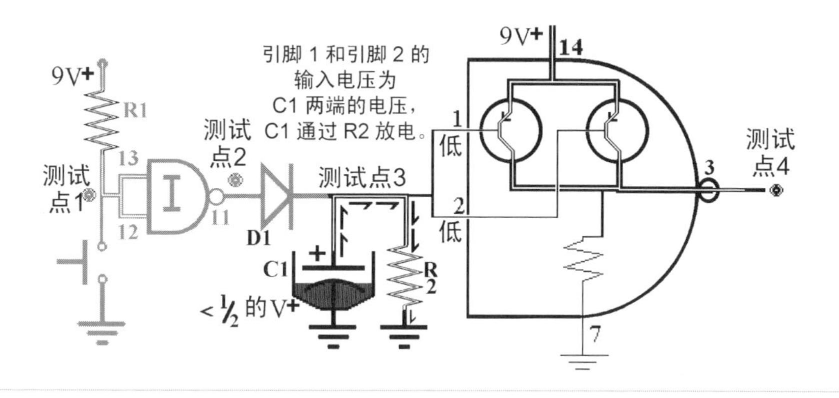

图22-5

现在我们可以将LED灯再次接入电路中，如图22-6所示。

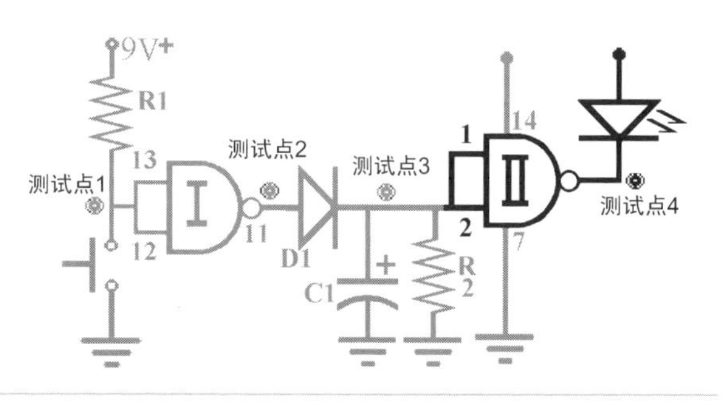

图22-6

在我们进行更深入地学习之前，首先要解决如下两部分提出的问题。

第1部分：为什么当第二个与非门的输出端引脚3的输出为高电平时，LED灯会熄灭？

想要回答这个问题，我们首先来做个小实验：

1. 起立。
2. 双手合十，放于胸前。
3. 开始等力按压。

为什么的你手掌并没有向任何一边移动？因为每只手掌受到两个方向相反但相同大小的力，这两个力相互抵消，所以没有发生移动。如图22-7所示，两个方向相反但大小一样的电压，也会相互抵消。

因此，当引脚3的输出电压和电源电压V+一样时，LED灯将会熄灭。这就像将LED灯的两只引脚上接入相同的电压一样，LED灯根本不会被点亮。

第2部分：记住如下两个问题。

0V的低电平输出如何才能点亮LED灯？

我们来仔细地看一下图22-4的元件示意图。不难发现，开关控制着输入电压。它们依据不同情况，控制输出端的输出为高电平或者低电平。当输出端接地时，电压从电源电压V+开始，通过LED以及整个电路，到达引脚7，然后直接接地。

想象一下这个电路的巧妙之处：

- 当数字输出端是高电平时，它其实相当于一个电源。
- 而当这个数字输出端为低电平时，它可以被看作是接地状态。图22-8所示为著名的《思想者》雕塑。

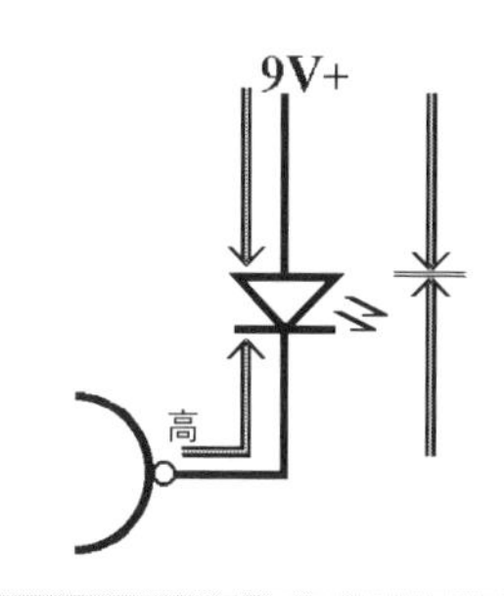

图22-7

图22-8

习题

通过测试点4了解开关的输入端

表22-1是一个详细的电路处于非工作状态时的信息表。根据表中列出的提纲，制作一个与此相对应的电路工作状态时的信息表。

表22-1 电路系统状态描述

输入	在非工作状态下，第一个与非门的输入端引脚12和引脚13通过电阻R1接到电源电压V+上。
处理	1. 由于第一个与非门的两个输入端都为高电平，所以门的输出为低。
	2. 由于电容器通过电阻R2放电，所以电容器两端电压不会保持。
	3. 第二个与非门的两个输入端都为低电平。它们是通过电阻R2接地的。
	4. 由于第二个与非门的两个输入端都为低电平，所以门的输出为高。
输出	由于在电源电压V+和第二个与非门的输出端之间没有电压差，因此不会形成电流。LED灯保持熄灭的状态。

1 列出一个记录电路工作状态信息的详细提纲。
输入
处理器
输出

2 在图22-9所示位置连接一个LED灯。
a. 注明当电路处于非工作状态时的情况。
b. 注明当电路处于工作状态时的情况。
c. 看看以上两种状态下电路有哪些不同，特别要注意第二个与非门的输出端引脚3的变化情况。

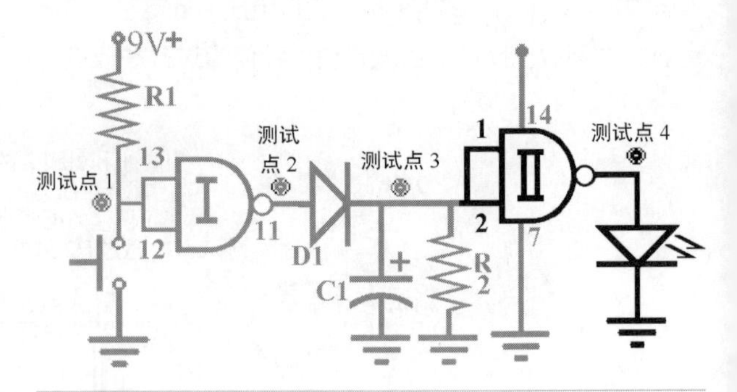

图22-9

第6章的数据表格

在数据表22-2中记录本章练习的所有结果。这些详尽的信息可以作为你以后试验时的参考指南，你可以随时方便地进行复习。

表22-2 数据表

	非工作状态	工作状态	
	按钮开关释放1分钟	**按钮开关按下**	**按钮按下后立刻释放**
测试点1			
测试点2			
测试点3*			
测试点4A（无LED）			
测试点4B（有LED）			

*当第二个与非门的两个输入端由高到低变化时，LED灯被熄灭，与非门的输入端的电压是多少？

第7章　数字电路的模拟开关

彩虹的尽头真的能找到黄金吗？答案是否定的。但它却是一种信仰，信仰给人以力量。其实，知识就像信仰一样会带来改变命运的力量。就像我们这章中将学习的分压器的使用，掌握了它就拥有了控制电路的工作力量。学习电子学的过程实际上就是在学习一种控制电的能力。

第23讲　分压器原理

在电路中使用电位器和定值电阻时，我们可以通过调节电位器的阻值，来改变接在电位器中间引脚的电压值。我们可以充分利用这种提供可变电压的灵活性，但是，我们首先必须了解其工作原理才能游刃有余地控制电压的变化。

显而易见，当电压通过负载电阻时，电阻两端会产生压降。电阻阻值越高，两端的电压降就越大。对于整个电路而言，电压是从最高V+到地的。因此，我们可以同时使用两个电阻，在它们中间某点得到在电源电压范围内我们想要的任意电压值。在分配电压时，我们可以用一个简单的数学公式进行计算。

接下来，我们要运用所学的知识来制作一些能够控制电路的开关。这些开关有的是活动的，有的则不是。你将要制作的电路可能会用到许多种不同的开关，比如下面这几种。

图23-1所示是一个简单的运动检测器。你可以制作许多物理开关，其工作原理类似于按钮。

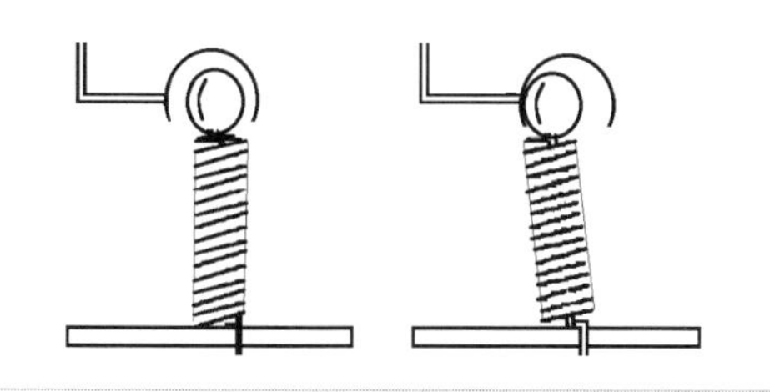

图23-1

- 它应该做得足够小，以便能够放在小盒子或罐子里。
- 它应该有足够的敏感度，甚至能够感应到人在木地板上走动时的微小震动而触发开关。

图23-2所示为一个光束检测器，这个传感器的工作原理其实就是一个暗检测器。它需要一个光源使光敏电阻保持在低阻抗的状态。如果这个光消失了，阻抗就会升高，导致电压变化，从而触发电路的输入端。

与刚才的电路相反，我们可以通过交换电阻和LDR的位置得到一个亮检测器。这样的一个电路可以用在你的汽车上。当夜晚开车时，一辆车迎面开进了你的车道，对方的汽车灯光将会触发这个电路启动，及时提醒你有危险。

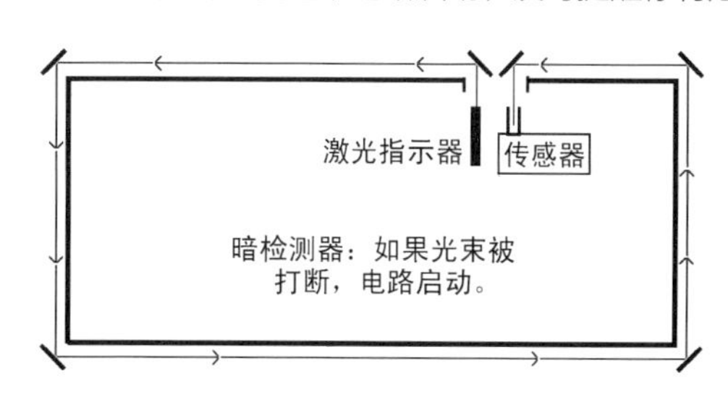

图23-2

用什么电压去判断数字输入信号的状态是高电平还是低电平呢？通常情况下，最常用的还是通过与系统电源电压V+的一半进行比较而得出。

这意味着如果电源电压V+是9V，那么当输入信号电压由V+下降到4.5V以下时，将输入判断为由高电平到低电平的变化。

我们如何使第一门的输入端的电压发生从高到低的变化呢？如图23-3所示，我们可以通过按下常开式按钮开关并将输入端直接接地的方式，来实现这个变化过程。

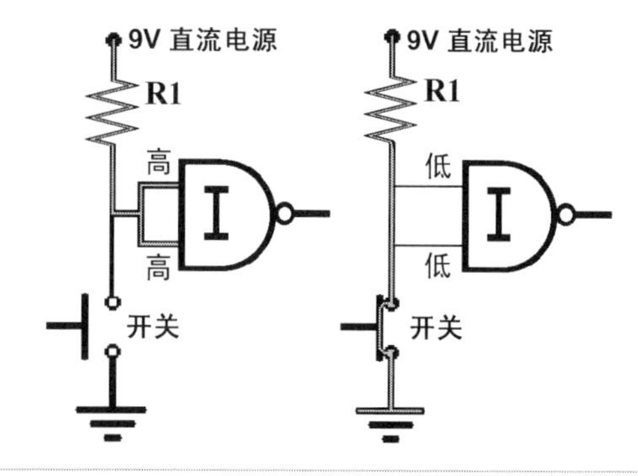

图23-3

修改电路

在调整电路时，一定要记得先断开电源。

如图23-4所示，我们来对这个面包板电路进行三处修改。

1. 用电位器替换开关。
2. 用39kΩ 的电阻替换电阻R1。

3. 移除电容器C1。去掉电容器的目的是使电路反应更加快速。

现在，调节接入电路的电位器，直到LED灯熄灭。取下电位器，测量它的电阻值。实际上，测得的阻值将远小于39kΩ。这就是分压器的一个简单应用。

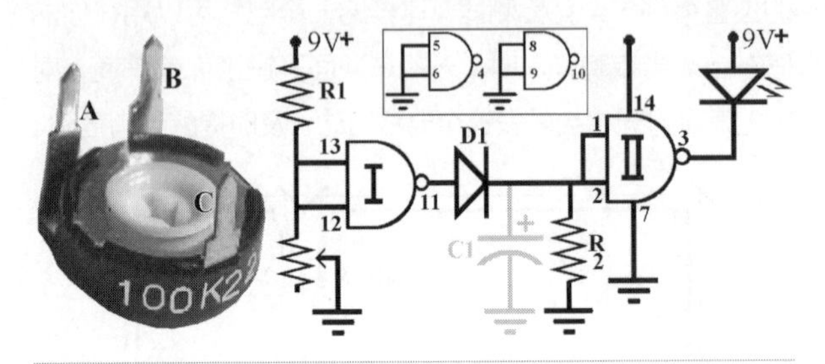

图23-4

预期效果

1. 调节电位器至满阻抗。
2. 测量A点和中心点之间的阻值（B点未连接）。
3. 阻值约为100 000Ω。
4. 接上电源。
5. LED灯熄灭。
6. 调节电位器直到LED灯亮起，并且保持点亮状态。
7. 断开电源，移除电位器。
8. 测量并记录下A点和中心点之间的阻值。

工作原理

我们可以使用不同的电阻和可变电阻来改变电压，就像在夜灯电路制作中的一样。

还记得夜灯电路吗？它只是作为参考使用。我们不需要再重新制作一次。

参考电路示意图见图23-5，思考一下夜灯是如何工作的。

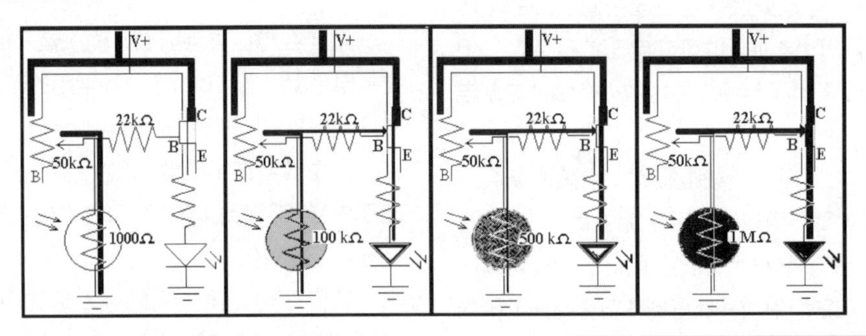

图23-5

- 加到NPN型晶体管基极的正电压使晶体管导通。
- 调节电位器改变加到22 kΩ 电阻和LDR上的电压。
- 在光照下，LDR具有较低的阻值，使所有的电压经过LDR接地。由于VT1的基极上没有电压，因此C与E之间没有电流，晶体管关闭。此时，LED灯不工作。
- 光线变暗使LDR的阻值增加，因此提供给晶体管基极更高的电压，使晶体管导通。
- 当晶体管导通时，电流通过晶体管流入LED，LED灯被点亮。

我们能够将上述的方法应用到数字电路的输入上，图23-6所示为电路的工作原理。

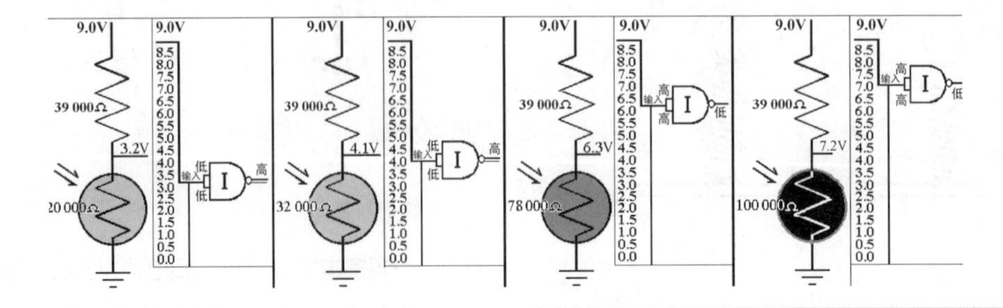

图23-6

记住一个简单道理，一个电路将消耗掉从电源到地之间所有的电压。

1. 接在电源和地之间的两个电阻将消耗掉所有的电压。

2. 第一个电阻占用部分电压，第二个电阻占用剩余的电压。
3. 如果你知道每个电阻的阻值，你就可以用电阻比值计算出电阻所占用的电压，就是用部分负载比上全部负载所得出的值。

图23-7说明了电阻分压的基本原理。此处：R1=R2。

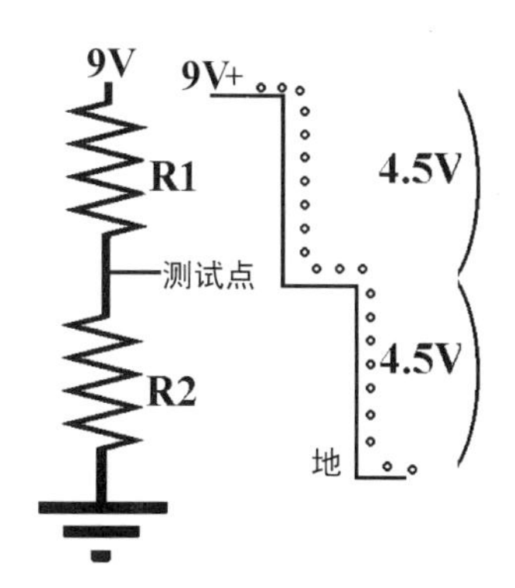

图23-7

R1=10kΩ

R2=10kΩ

当R1=R2时，每个电阻各占用电源电压的一半，因此，在中心点的电压正好是V+的一半。

$$V\left(\frac{R1}{R1+R2}\right)=\text{占用电压}$$

$$9V\left(\frac{10k\Omega}{10k\Omega+10k\Omega}\right)=4.5V$$

通过公式计算得到电压值为4.5V。

为什么会如此分压呢？

原理其实很简单，因为电阻是一个负载。单个负载在全部负载中所占的比重越大，占用的电压就越多。如果两个负载相等，那么它们将占用相同的电压。

搭建面包板电路，使R1=R2

先不要拆除你之前搭建的数字电路。

在面包板上剩余的地方搭一个有两个电阻的电路。

R1=10 kΩ

R2=10 kΩ

测量并记录下面这些测试点的电压值。

从V+到地的电压值________=总电压。

R1两端的电压，从V+到中心点______=R1的电压。

R2两端的电压，从测试点到地______=R2的电压。

加在R1、R2上的电压应该是相等的，并且都等于V+的一半。当然这也可能会有一点误差，主要有以下几点原因：

1. 用电压表测量时，其作为第三个负载接入到电路，会影响到整个电路电压的分配。
2. 电阻的阻值一般会允许有±5%的误差。这意味着10 kΩ电阻的实际阻值可能在9 500~10 500Ω的范围内，实际的阻值决定实际的电压。

理想情况下，当R1=R2时，在中心点处的电压应该是电源电压的一半。

每个负载占用的电压之间的比例，和其对全部负载的比值是完全对应的。

搭建面包板电路，使R1>R2

当用两个不相等的电阻构成分压器时，会发生什么情况？

当R1的阻值是R2的10倍时，会发生什么情况？如图23-8所示，用1 kΩ的电阻替换电阻R2。

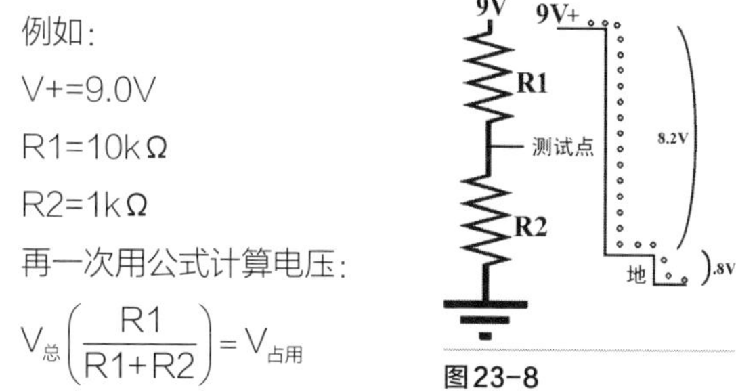

图23-8

例如：

V+=9.0V

R1=10kΩ

R2=1kΩ

再一次用公式计算电压：

$$V_{总}\left(\frac{R1}{R1+R2}\right)=V_{占用}$$

9V[10kΩ/(10kΩ+1kΩ)]=8.2V

记住公式里的重要信息，就是剩余电压值。

R1用掉了总电压的10/11，恰好为8.2V。在中心点处的剩余电压应为总电压的1/11，因为：

总电压 − 占用电压 = 剩余电压

能够正确地估计出中心点的电压值是很重要的。

借此你可以自己设计并制作开关去触发一个数字电路。

习题

分压器原理

如果你有9V的电源，估计出分压器的电压值。

不需要再搭建分压器电路，我们可以直接使用公式进行计算。不要忘记公式是：

总电压 − 占用电压 = 剩余电压，使用公式计算出如下的中心点电压值。

1. R1=1 kΩ
   R2=10 kΩ
   中心点 V=________
2. R1=100 Ω

R2=1 kΩ

中心点 V=_______

3. R1=1 kΩ

   R2=100 Ω

   中心点 V=_______

4. R1=39 kΩ

   R2=100 kΩ

   中心点 V=_______

5. R1=39 kΩ

   R2=2.2 MΩ

   中心点 V=_______

6. R1=2.2 MΩ

   R2=100 kΩ

   中心点 V=_______

7. R1=100 kΩ

   R2=20 MΩ

   中心点 V=_______

第24讲　制作光敏开关

在本讲中，我们用光敏电阻LDR替换掉刚才那个电路中的电位器，这样就可以制作出一个光敏开关来触发与非门工作。这个光敏电阻作为分压器，起到负载部分电源电压的作用。

将上一讲面包板电路中的两个电阻构成的分压器拿掉，因为本讲的电路中已经不需要它们了。

第一个与非门的输入端通过接在电阻R1上而被置高。电路处在不工作的状态，而不是关闭的状态。通常只有在断开电源时，电路才处于关闭的状态（见表24-1）。

表24-1　与非门逻辑表

输入端A	输入端B	输出端
高	高	低
高	低	高
低	高	高
低	低	高

注意

当你修改面包板电路时，务必要先断开电源。

参考图24-1的图示说明，我们能够很快地理解电位器作为一个开关的工作原理。

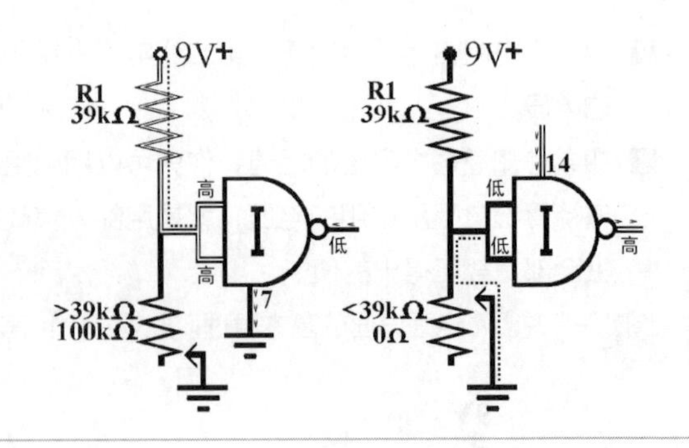

图24-1

在电路中，用一个阻值可变的100 kΩ电位器替换常开式的按钮开关。当改变电位器的阻值时，分压器电压分配比也相应的改变。仔细观察在来回调节电位器时，电路的输出有什么变化。

- **当你提高阻值时，第一个与非门输入端的电压也会相应提高。由于电位器阻值的增加，电压将很难达到低电位。**
- **如果将与非门的输入端接到电源电压上，那么与非门的输出为低电平。**
- **将第一个门的输入端接高电平，这个电路系统将处于不工作的状态。**

修改电路：亮检测器

在做这个练习时，要先将电容器开路（断开电容的连接）。如果还保持电容的连接，它将会延迟输出端信号的改变，给我们观察和分析电路带来干扰。现在，在电路里试一试另外一种可变电阻吧，就是光敏电阻LDR。

1. 移除电路中的电位器。
2. 将光敏电阻LDR按照图24-2所示的位置接入到电路中。

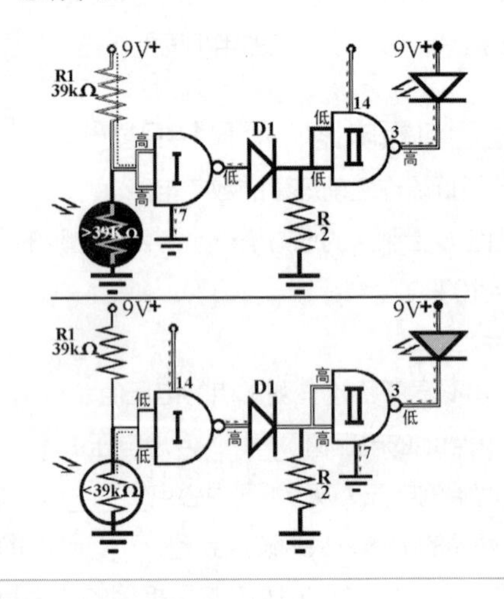

图24-2

预期效果

1. 当你接通电源的时候，LED灯应该立刻被点亮。

这是因为这个电路是一个亮检测器，只有在黑暗中，电路才处在不工作状态。

2 由于这个电路在光照条件下是处在工作状态，所以你需要将它放到黑暗环境里，让它处于不工作状态。

3 在光照条件下，LDR的阻值将会下降，从而使第一个与非门的输入电压降低。当电压下降到电源电压的一半以下时，与非门的输入端为低电平。

修改电路：暗检测器

我们可以在两检测器电路的基础上，做一个简单的调整，将电路中的R1和LDR的位置调换过来，如图24-3所示。这样，我们就方便地搭建出了一个暗检测器电路。它在光照条件下处在不工作的状态，只有在黑暗环境中，当LDR的阻值提高到39kΩ以上，电路才被激活工作。

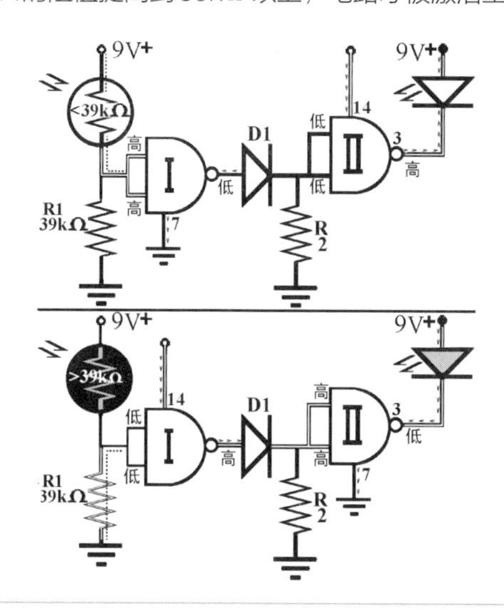

图24-3

这个电路需要有持续的光照，才能保持电路处在不工作的状态。因此，它可以用于检测光束是否被打断。如果你将此电路放置在一个光照环境中，然后用一个物体挡住光源对光敏电阻LDR的照射，电路将被启动。一般情况下，我们可以把它应用在玩具汽车中。当汽车钻到暗处时，它的头灯就会自动亮起。

第25讲　接触式开关

通常你的皮肤具有100kΩ ~ 2MΩ的电阻值，这个阻值的大小取决于你身体上汗液的多少。我们在这一讲中制作的这种控制开关就是通过你皮肤的阻值来实现的。我们利用人体电阻可变的特性，把它当作一个可变电阻使用于分压器中。

1 将你的数字万用表设置到电阻的挡位上。

2 每只手抓住一个表笔的笔头。

在万用表上显示出的阻值会不停的变化，但是应该保持在一个稳定范围内——在100 000Ω（100kΩ）和1 000 000Ω（1MΩ）之间。

接下来，我们按照图25-1所示的原理图，来修改电路最开始的部分。

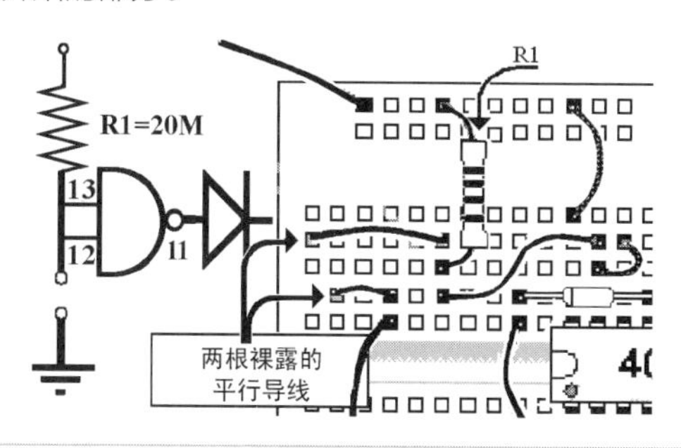

图25-1

预期效果

1 接上电池。

2 用你的手指同时接触两根导线。

当你的手指接触到两根导线时，如同开启了接触式的开关，LED灯就会被点亮。

工作原理

图25-2演示了当你成为电路的一部分时，手指阻值对电路的影响。当手指触摸到电路时，输入引脚12和引脚13的输入电压低于V+的一半，被判断为低电平。当电路中有两个电阻时才能构成分压器。所以思考一下：当你没有接触电路的触点时，电路中是否能够构成分压器？

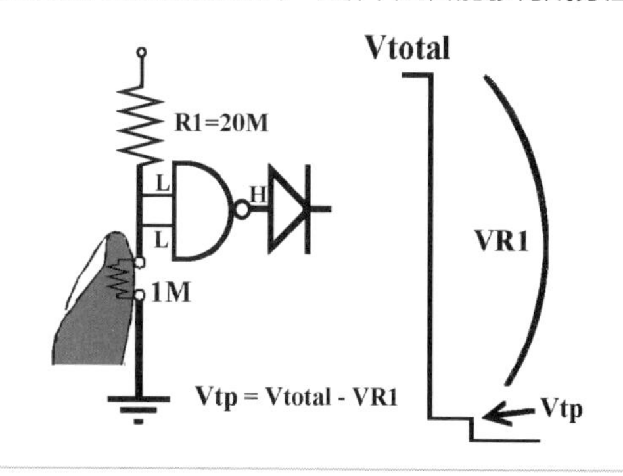

图25-2

现在我们来计算一下，当手指接触到电路时，第一个与非门的输入端的实际工作电压是多少。假设你的手指很干燥，其阻值大约为1MΩ，用下面的公式算一下吧。

$$V_{占用} = V_{点} \times \left(\frac{R1}{R1+R2}\right)$$

$$V_{点} - V_{占用} = V_{中点}$$

难，只不过是有很多你还不了解的新知识而已。

第8章　与非门振荡器

你看过《绿野仙踪》吗？不用害怕，也不要“忽略幕布后面的人”。事实上，当人们对一项技术不了解时，通常会觉得它无比神奇。

知识，设计，控制

当你开始着手去学习如何控制数字电路的输入时，实际上就已经开始去理解你身边一些电子设备是怎样工作的了。如果你喜欢看一些电子学方面的杂志，那么你将会了解到更多这方面的知识。之后，你会发现电子学并不难，只不过是有很多你还不了解的新知识而已。

第26讲　制作与非门振荡器

现在，你将会使用前面曾介绍过的电路中没有用到的4011芯片中另外两个与非门来扩展原有的电路。这种扩展，将会收到一个不同寻常的效果。

不用拆除之前的面包板电路，你只需将与非门接入面包板上已有的电路中即可。

然后，增加3个基本元件，并改变其他两个与非门的布线。过后，你将看到一些惊人的改变。

看清图26-1和元件清单中标示的所需元器件。

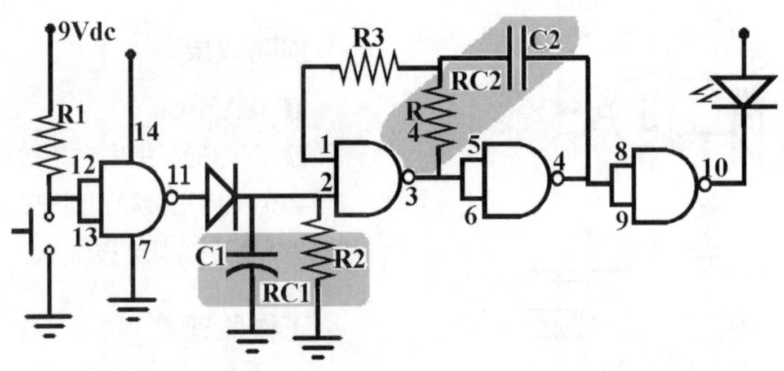

RC1 和 RC2 在图中被标记出来。

图26-1

元件清单

- R1——100 kΩ
- R2——10 MΩ
- R3——470 kΩ（新的）
- R4——2.2 MΩ（新的）
- C1——1 μF
- C2——1 μF（新的）
- D1——4148信号二极管
- LED——5 mm红色
- IC1——4011四组双输入端与非门集成芯片
- PB——开启式按钮开关

现在电路中只有4个端口接地，确保引脚5和6、引脚8和9不再接地。

预期效果

按下开关，电路开始工作，LED灯每秒闪烁一次。8秒之后，它将自动回复到初始状态。

问题分析和故障排除

以下故障排除方法将帮助你解决电路板上可能会出现的一些问题，使你更好地完成电路制作。

需要说明的是，故障排除指南的首要目的是帮助你找出电路出现异常的原因。故障排除最困难的部分是如何找到问题的源头，一旦你找到问题源头，解决它就不再困难了。因此，我不会在这里告诉你具体的解决方法。当你仔细观察出现问题的部分时，解决方法就显而易见了。

还有一些你需要知道的常识：如果LED闪烁的速度超过每秒24下，看起来就像是一直亮着的。这是由于人眼的视觉暂留效应，因此，如果LED闪烁的频率是24Hz或者更快，人眼就感觉不到它在闪动，而觉得它是一直亮着的。顺便提一下，电影以每秒25帧的速度播放也是由于这个原因。而早期默片在制作过程中是每秒少于24帧的，所以我们看默片的时候会觉得它在不断地闪动。

电路中经常会出现以下4种常见问题。

1. 加上电源后，LED一直亮着。这时请按照下面查错表的第1步开始检查。
2. 加上电源后，LED就开始闪动。那么也按照查错表的第1步开始检查，但需要特别注意检查第一个与非门的引脚12和13是否已有触发信号。
3. 接通电源，LED不亮或者一直亮着而不闪烁。这时，问题一般出在RC2电路上。检查R3、R4、C2的接线情况和元件数值，然后从第10步开始检查。如果你测得的值不到V+的一半，就需要从第1步开始。
4. 如果LED灯始终不亮，首先要检查你的电源供电是否正常。排除之后，从第一步开始检查。不要盲目地更换新的4011芯片，如果电路中存在着一些物理上的连接错误，这种错误将会不断地烧毁芯片，电路的问题却始终得不到解决。

故障排除

按照下面的要求逐步检查电路可能出现的问题。

1. 检查线路连接
   - 4011芯片的引脚必须全部连接到电路中。仔细检查一下是否有没有连接的引脚。
   - 在这个电路中，需要拔除之前练习中连接引脚1和2之间的导线，检查一下这根导线是不是已经拔除。
   - 引脚5和6应连接在一起，移除之前这两个引脚接地的导线。
   - 引脚8和9应连接在一起，移除之前这两个引脚接地的导线。
   - 确保交叉导线的裸露部分没有接触到，若有接触会造成短路。
2. 检查电路，确保以下元器件按正确的极性接入电路。
   - 1μF电容器
   - 芯片
   - LED
   - 晶体管（见第32讲）
   - 二极管
   - 扬声器（见第29讲）
3. 检查IC芯片是否正常供电
   - 注意引脚14上的供电电压是否为V+。同时，检查电路板上电源线的电压是否为V+。
   - 检查是否有导线连接引脚14与V+电源线。
4. 注意只有以下4个引脚接地，同时，检查一下电池负极是否接地。
   - 引脚7
   - R2
   - C1
   - 开关的触点
5. 检查布线是否存在短路，这往往是由于焊接时不细心造成的。
   - 切断电源，把芯片从芯片座上移除。
   - 使用万用表，逐个检查下表（见表26-1和表26-2）中注明的各点。在移除芯片后，若测量值是无限大或超出量程，则说明两点之间出现断路。
   - 若测量值是0，则说明是短路。

表26-1　测量芯片每个引脚的阻值，将黑色探头接地

红色探头接在	黑色探头接在	预期的阻值
引脚1	引脚7	无穷大
引脚2	引脚7	R2的值
引脚3	引脚7	无穷大
引脚4	引脚7	无穷大
引脚5	引脚7	无穷大
引脚6	引脚7	无穷大
引脚8	引脚7	无穷大
引脚9	引脚7	无穷大
引脚10	引脚7	与输出有关，断开输出端，阻值应为无穷大
引脚11	引脚7	无穷大
引脚12	引脚7	无穷大
引脚13	引脚7	无穷大
引脚14	引脚7	无穷大

表26-2　测量芯片每个引脚之间的阻值；图中表示已经安装了RC2振荡器电路

红色探头接在	黑色探头接在	预期的阻值
引脚1	引脚2	无穷大
引脚2	引脚3	无穷大
引脚3	引脚4	无穷大
引脚4	引脚5	无穷大
引脚5	引脚6	0Ω
引脚6	引脚7	无穷大

续表

红色探头接在	黑色探头接在	预期的阻值
引脚 7	引脚 8	无穷大
引脚 8	引脚 9	0Ω
引脚 9	引脚 10	无穷大
引脚 10	引脚 11	无穷大
引脚 11	引脚 12	无穷大
引脚 12	引脚 13	0Ω
引脚 13	引脚 14	R1 的值
引脚 14	引脚 1	无穷大

6 用一个阻值为100 kΩ的电阻代替电阻R1(20 MΩ太大，并且会触发电路)。
- 接通电源，当开关为断开状态时，测试引脚12与引脚13之间的电压是否超过电源电压值的一半。
- 当开关为闭合状态时，测试引脚12和引脚13之间的电压是否小于电源电压值的一半。

7 连接电源，开关处于断开状态，测量引脚11的电压，万用表读数应该是0.0V(低)。
- 闭合开关，再次测量引脚11上的电压，此时它的值应该是电源电压V+(高)。
- 如果引脚11的响应不正确，可能是某一与非门被烧坏，或者是引脚11误接地或接到了其他地方。

8 接通电源，开关处于断开状态，测量引脚2(RC1)的电压，读值应该为0V。
- 当开关闭合后，测量引脚2(RC1)的电压值应该为最大值。
- 若RC1电路没充电，检查电阻R2的阻值。同时，检查二极管D1是否以正确的方式连接。然后，用1N4005替换二极管D1，以确认二极管是否被烧毁，并且检查其导线是否接地或接在其他地方。

9 当引脚2的值为低时，则引脚3的值为高。反过来，若引脚2的值为高，则引脚3值就应该是振荡的。
- 使用万用表检查振荡器引脚3处的工作状态。
- 如果RC2设置为慢脉冲2Hz或更慢，显示的值将会从V+降到0V。
- 如果RC2设置为更快的频率，读数最终会停在V+的一半处。
- 例如，若V+是9V，则示数读取为4.5V，这是因为它取从9到0V之间的电压波动的平均值。

10 引脚3是与引脚5和6相连接的，所以在引脚3的读数应该与引脚5、6的读数相同。

11 引脚5和引脚6对应的输出端是引脚4。检查该门是否正常工作。

12 第4个与非门的输入端引脚8和引脚9直接与引脚4连接，检查该门是否能正常工作。

13 检查你的输出设备。
- 将LED单独接于一个具有470Ω阻值9V的电路系统中，检查该LED是否烧坏。
- 检测扬声器。检查扬声器电线的连续性。
- 测试晶体管。看它是否烧坏，表51-2将指导你完成测试工作。

第27讲　了解与非门振荡器

表27-1说明了现在这个电路的工作状态，你可以通过该表近距离地观察与非门是如何工作的。与非门振荡器之所以被广泛地应用，是由于它可以用RC电路来轻松地进行调谐。与非门振荡器的原理可以被理解成控制与被控制的关系，控制者有的时候也会变成被控制一方，且反过来又会制约对方。也就是我们常说的主从关系会相互转换、循环反复、形成振荡。

表27-1　系统功能表

输入	处理	输出
按下开关	RC1电路开通/延时关闭每秒10次	LED每秒亮一下
	RC2电路同与非门构成RCM振荡器	
	每秒闪一下	

我们来回忆一下与非门的逻辑表(表27-2)。

表27-2　与非门逻辑表

输入A(引脚2)	输入B(引脚1)	输出(引脚3)
高	高	低
高	低	高
低	高	高
低	低	高

然后，我们再来梳理一下RC1是怎样工作的。首先，第一个与非门启动RC1，RC1中的电容C1的充放电会经过电阻R2，这些过程会控制着电路的暂停时间。

- 第一个与非门输出为高电平。
- 二极管D1阻止RC1侧电压。
- 电容C1充电。
- 电阻R2分压。

  RC电路的工作原理始终是一样的，唯一的区别就是电容充放电的速率。图27-1回顾了RC电路的基本过程。

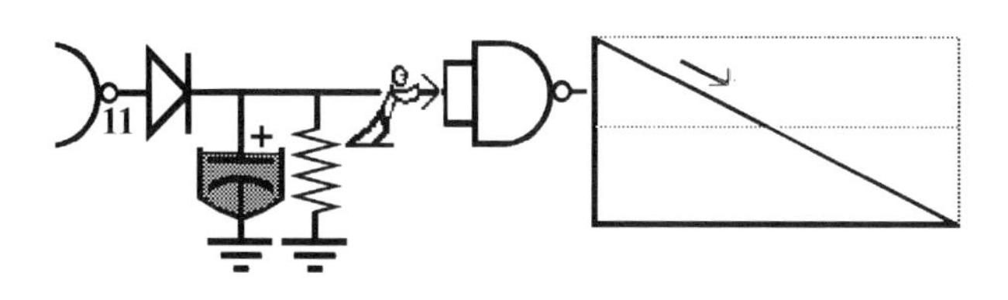

图27-1

但是我们现在所关心的是RC2。RC2是由电容C2和电阻R4组成的。它们利用第二个与非门制作一个振荡器，故振荡过程发生在门2处。

观察第二个门的结构，如图27-2所示。其中引脚3与引脚1之间存在一个主从关系。

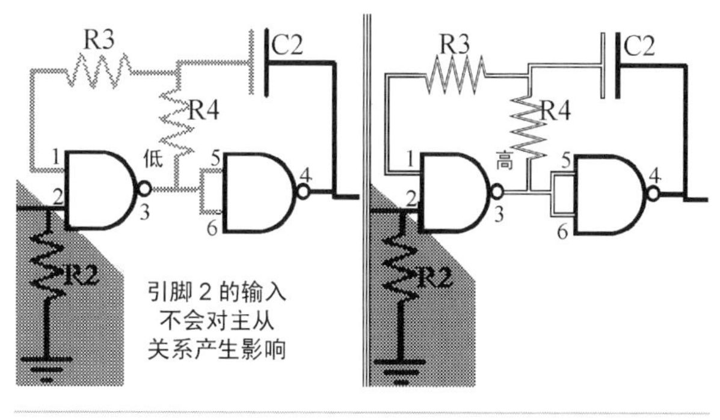

图27-2

如表27-3所示，电路系统在没有工作的情况下，也没有任何的电压变化。

表27-3　电路没有工作的情况

时间（秒）	在引脚2的输入端A	在引脚1的输入端B	在引脚3的输出端
当RC1电路充电时，引脚2的状态改变，系统开始启动。		从属于引脚3	当输入端为低时，输出端为高。
1	低		高
2	低	高	高
3	低	高	高
4	低	高	高

所以，我们可以通过引脚3来控制引脚1。当系统不工作时，电容C1的数值不到V+的一半。这是因为引脚2是低输入，引脚3是高输出。然后，回头看看与非门的逻辑表（表27-2）。事实上，如果任一引脚的输入是低，则其输出将会是高，图27-3将这些关系很清楚地显示出来了。

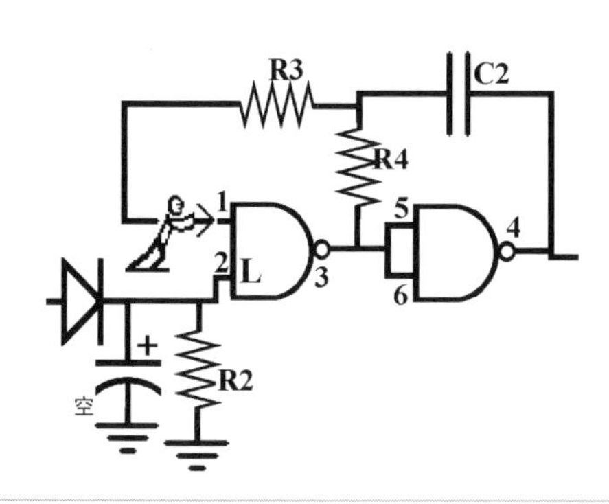

图27-3

但是，当电路工作起来时，将会是怎样的一种情况呢？如图27-4所示，它清晰地表明了当引脚2输入高电压时，又因为电容带电，故引脚3输出低值。

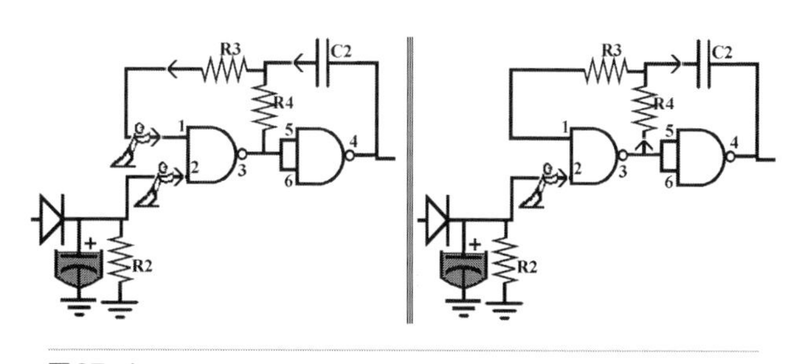

图27-4

因为电容C2需要放电，所以引脚1需要一点时间作出响应。一旦电容C2放电完毕，引脚1的电压会与引脚3的输出电压相匹配。现在引脚3是低电平，那么引脚1就一定也是低电平，但是引脚2为高电平。然而，只要有一个输入为低电平，引脚3输出就会变高。

上述情况，可以在表27-4中很清晰地看到。

表27-4 系统工作状态

RC1的电压	系统状态	时间	在引脚2的输入端A	在引脚1的输入端B	在引脚3的输出端
0	不工作	0	低		高
0	不工作	0	低	高	高
0	不工作	0	低	高	高
9	激活	1	高	高	低
8.5	激活	2	高	低	高
8.0	激活	3	高	高	低
7.5	激活	4	高	低	高
7.0	激活	5	高	高	低
6.5	激活	6	高	低	高
6.0	激活	7	高	高	低
5.5	激活	8	高	低	高
5.0	激活	9	高	高	低
4.5	激活	10	高	低	高
4.0	不工作	11	低	高	高
3.5	不工作	12	低	高	高
3.0	不工作	13	低	高	高

因此，系统不开始工作则已，一旦开始工作，振荡也就随之开始。

此表的动画版可以在www.mhprofessional.com/computingdownload上找到。正如你所看到的，反馈循环在门2处创建了电路振荡。所有的动画图像在网上都是可以找到的，并列举在附录C中。

第9章　如何理解未知事物?

在我们的生活中，经常会遇到一些以前没有接触过并且完全不了解的事物。这并不要紧，即使无法亲眼目睹其发生经过，我们也可以通过预测、测量等手段使其重现在我们眼前，并为我们所用。

第28讲　控制闪烁频率

本讲中将阐述如何控制LED的闪烁频率，并指导你一步一步地实现预期效果。你将学习到RC电路中所用元件的参数和输出频率之间的关系。

在RC2电路中电容C2和电阻R4的数值决定着振荡频率的高低。振荡频率的单位是Hz，它表明了该振荡信号的幅度在1秒内重复变化的次数，是一个标准计量单位。

工作原理

首先，我们来看看第二个电阻/电容电路（RC2电路）的工作过程。对电路来说，这可能不是一个精确的表述，但是它能帮助你更好地了解在这个电路中到底发生了什么。

图28-1显示的是一个原始的RC2电路，其中C2=0.1μF，R4=2.2MΩ，图中输入到电容的通道代表电阻R4。

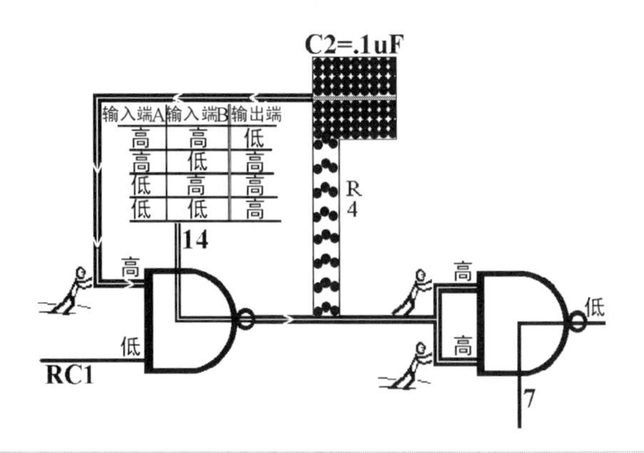

图28-1

当引脚2为低电平时，整个系统处于不工作的稳定状态。

此时，与非门电路的输入决定此时引脚3的输出为高电平，并对电容C2进行充电。由于引脚1的输入为高电平，因此电容无放电回路。

当RC1开始充电时，系统将被激活。你会看到引脚1和引脚2的高输入产生了一个低输出。然而，引脚1的低输出会使电容C2开始放电。当然，C2的放电速度取决于电阻R4的阻值。图28-2显示了电容C2的放电过程。一旦C2两端的电压值下降到标记值（即V+的一半），引脚1又将会从低电平变为高电平。

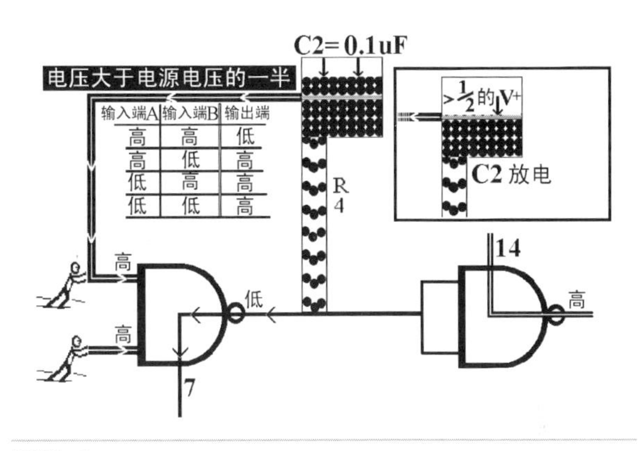

图28-2

在电容C2的放电过程中，当C2的电量下降到一定程度时，引脚1的输入将判断为低电平，但引脚2的输入仍为高电平。这就导致与非门的输出端引脚3为高电平，继续给C2充电（见图28-3）。

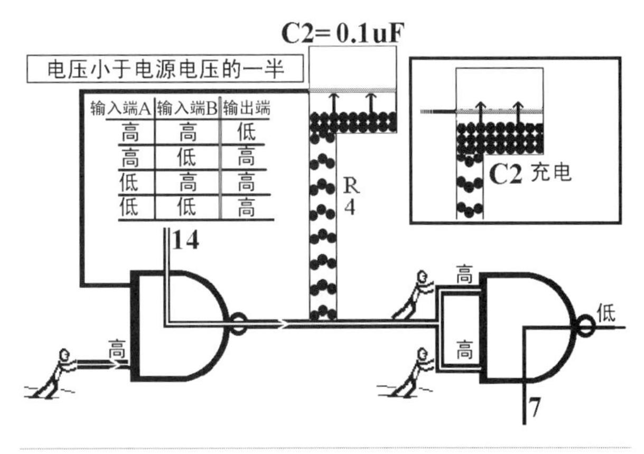

图28-3

当然，上述过程将会继续进行下去，直到电压值超过上文提及的标记值。之后，过程就会发生逆转。我们可以将RC1电路的周期设置为10秒，将RC2电路的频率设定为1Hz。那么当引脚2再次变为低电平时，RC2已经完成了10次的充放电过程。

RC2的充放电频率与电压值的关系如图28-4所示。

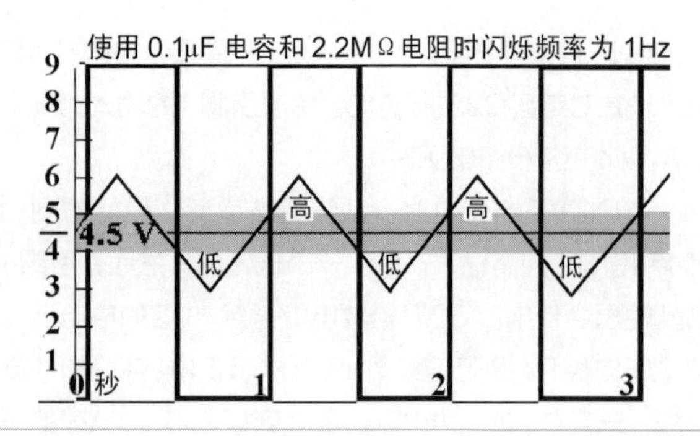

图28-4

电容C2的充电和放电过程，将会使引脚1获得起伏变化的模拟输入电压。这种或上升或下降的输入信号会使输出端产生一个方波的输出信号。

我们假设电源电压为9V，那么标记值为电源电压的一半，就是4.5V，注意图28-4中标记值上下的灰色区域。简而言之，就是这里的标记值不是一个恒定值，而是有一个变化的范围。若电源电压升高，则标记值很可能接近5V；反之，若电源电压降低，则4V可能就会作为标记值。

修改电路

接下来，我们开始使用一些不同规格的元件来修改电路。注意，在修改之前，首先要确定的是电源开关一定要保持断开状态。

现在用0.01μF的电容器代替C2，使用数字万用表来检查电容值。理想情况下，你手上的这枚电容可能是按照图28-5所示的瓷片电容的标记方法来标记。然而，实际上并没有一种固定的标准来标记电容。目前有几种被人们普遍接受的标记方法。例如你看到标记103Z的电容。这代表10后面跟着3个零，也就是10 000。瓷片电容是以pF作为单位的，相当于1μF的百万分之一、1nF的千分之一。10 000pF等于10nF，还等于0.01μF。

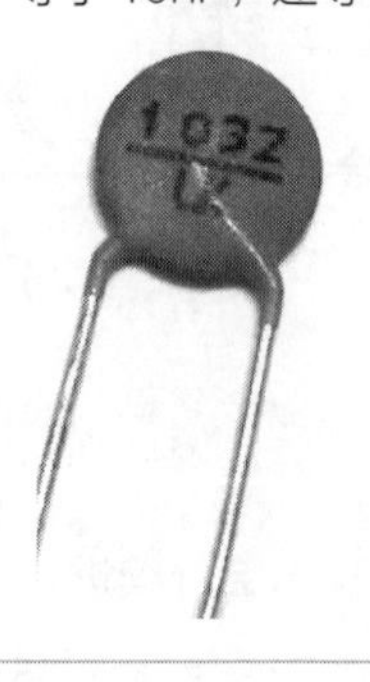

图28-5

也可能你的电容是用0.01μF或是μ01来标记的，但都是指0.01μF。标记的μ01采用的也是十进制标记法。因为，电容器表面比较小，没有多少空间来用作标记。

替换后的电容器容量比你之前电路中使用的电容器要小，只有原来的1/10。并且，这个电容器是没有正负极性之分的。保持电阻R4的阻值不变，仍为2.2MΩ。

接通电源。注意图28-6中的新电路的工作原理图。

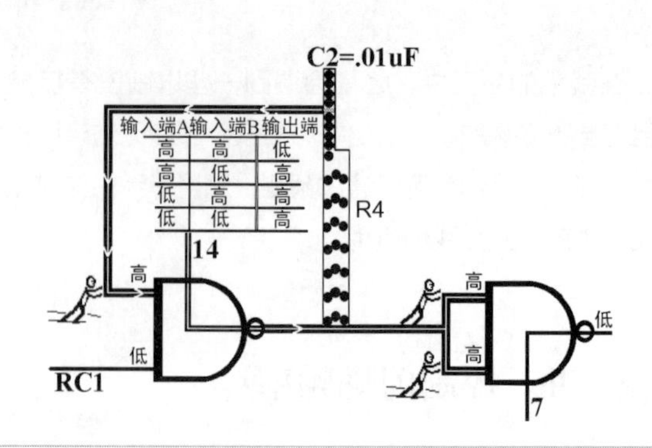

图28-6

现在，系统处在不工作的状态，而且电容C2的容值只有原来的1/10。想一想接下来将会发生什么？

LED闪烁的速度非常快，大概每秒10次，这由你的RC1电路的延时时间来决定。图28-7显示了与非门中引脚1处电压的变化情况。

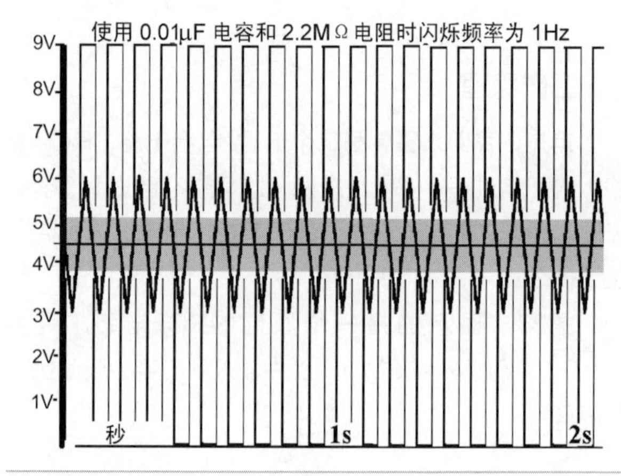

图28-7

理想状态下，因为电容器的容值减小为原来的1/10，因此它的闪烁频率应该是之前的10倍。

练习

控制闪烁频率

我们暂时移除RC1电路中的电阻R2。这样，你在计次过程中就不用担心由于电路超时而出错。

移除电阻之后，我们可以按照下表28-1中提供的元件规格，来修改你面包板上RC2电路中的元器件，并在表格的相应位置记录该状态下的结果。

表28-1　记录表						
			10秒闪烁的次数			平均值
R4	C2	注释	1	2	3	
1 MΩ	0.1 μF					
2.2 MΩ	0.1 μF	阻值增大2倍 预期结果是频率减半				
4.7 MΩ	0.1 μF	阻值增大2倍 预期结果是频率减半				
10 MΩ	0.1 μF	阻值增大2倍 预期结果是频率减半				
10 MΩ	0.01 μF	电容增大10倍 预期结果是闪烁频率增大10倍				
4.7 MΩ	0.01 μF	阻值减小1/2 预期结果是频率增大2倍				
2.2 MΩ	0.01 μF	阻值减小1/2 预期结果是频率增大2倍				
1 MΩ	0.01 μF	阻值减小1/2 预期结果是频率增大2倍				

考虑一下，有没有一种组合模式能够比使用0.1 μF的电容器时振荡周期增大10倍?

第29讲　制造一个“扰民”噪声

继续上一讲的讨论，当你调整RC2的频率到一个合适的值，这时候LED的闪烁频率足够快，人眼将会完全看不出来它在闪动。这是因为当静帧图片以每秒24帧的频率播放时，人们看到的将是一个连续运动画面。电影胶片的放映速度遵循的就是这样的规则，同时这也是我们用扬声器来代替LED的原因。当LED以每秒24下或者更快的频率闪烁，它看起来可能会变得暗一点，却不会看到它在闪动。那么它为什么变暗呢? 因为在一半的周期内，LED是处于关闭状态的。你一定意识不到，当你坐在电影院看电影时，有一半的时间，你看到的屏幕上其实什么都没有。

修改电路

先不要拆除电路，我们在原先的电路上直接进行修改。图29-1显示了你将要用到元器件（见下列元件清单）。仅需要将LED替换为扬声器并按照下列元件清单更改一些元件的值。

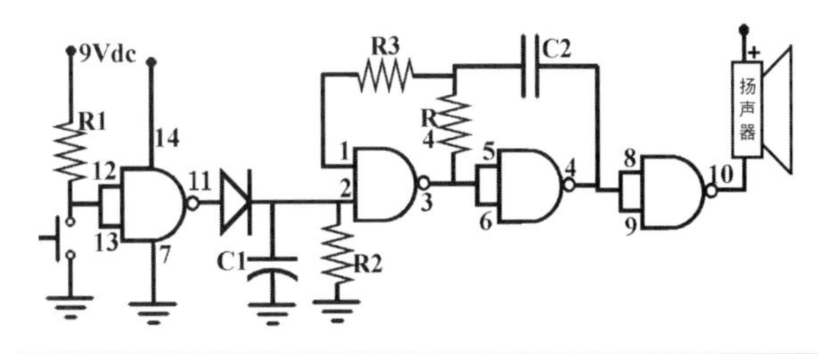

图29-1

元件清单

- R1——20 MΩ
- R2——10 MΩ
- R3——470 kΩ
- R4——2.2 MΩ
- C1——1 μF电解电容
- C2——0.1 μF
- D1——4148信号二极管
- 扬声器——8Ω
- IC——4011四双输入端与非门集成芯片

此外，将你在第28讲最后的练习中移除的R1再次连入电路中。

切记，在你对电路做这些修改时，务必先切断电源。

我们从左至右仔细观察一下上面的原理图，你会发现:

1. 首先，你有一个触摸开关来激活电路。
2. 同时，由电阻R2和电容C1组成了一个电路RC1。电路保持动态的时间是由R2、C1决定的。
3. 而这个电路的振荡频率则是取决于电容C2和电阻R4，也就是第二个电路RC2。
4. 引脚10的电压从V+（高）到0（低）的频率是由RC2决定的。

   注意，不要将你的扬声器直接连接到电源上。小型扬声器的导线都很细。如果电流太大，可能热化这些细导线，从而导致扬声器损坏。
5. 扬声器的音量大小只受电压控制。要使扬声器发出噪声，只有一个电源是不够的。还需要增加一个蜂鸣器，这样就能产生一个扰人的声响。所以当我们接通或切断电源时，都会听到一种“噼啪”声。有关扬声器的工作原理你可以去以下网址了解：www.howstuffworks.com/speaker1.htm。
6. 用一个阻抗为8Ω的扬声器替换电路上的LED。注意，接入电路时要看清扬声器的极性。

   这时，扬声器会发出平缓而安静的“咔哒”声。你可以用你的手指去感触它的振动，大概是每秒3~4下。

   接通电流时，扬声器的脉冲幅度由低走高；断开电流时，则由高走低。这是由于RC2电路的振荡周期在改变而引起的。这一变化在之前的练习中以LED灯不同的闪动速度来表现。

如果试验成功，你得出的结果应与下表中的情况相一致（见表29-1）。

表29-1 练习题结果

电阻值	电容值	10秒内闪烁次数	速度
10 MΩ	0.1 μF	1	非常慢
4.7 MΩ	0.1 μF	2	为10MΩ的2倍
2.2 MΩ	0.1 μF	4	为10MΩ的4倍
1 MΩ	0.1 μF	10	为10MΩ的10倍

降低电阻可以延长放电周期。表29-1中的数据显示出电阻值减小，电容器的充放电时间减短，从而导致振荡速度增大。

练习

搭建一噪声输出电路

简而言之，Hz就是一个频率的单位，用来衡量每秒跳动的次数。例如，一个以每秒512次速度振荡的系统，可以简单地描述成512Hz。

按照表29-2的元件组合修改你的电路，并记录下你的观察值。每次对面包板上的电路进行修改时，记住一定要断开电源。

表29-2 观察

电阻值R4	电容值C2	描述
4.7 MΩ	0.01 μF	
2.2 MΩ	0.01 μF	
1.0 MΩ	0.01 μF	
470 kΩ	0.01 μF	
220 kΩ	0.01 μF	
100 kΩ	0.01 μF	
47 kΩ	0.01 μF	500 Hz
再加一组值。将你的耳朵贴近扬声器，听听它的声音。		
22 kΩ	0.01 μF	1 000 Hz

通过一系列练习我们会发现，尽管通过搭建本讲中的电路会制造出一些噪声，但是它发出的音量却很小。这是因为4011 IC芯片本身提供的功率不大，电压值也不高，所以音量也不会大。而图29-2给出了解决方法。

想要提高音量吗？
首先，学会使用示波器测量振荡信号。
然后学完这些你就知道
如何来放大信号

图29-2

第30讲 介绍示波器

这一讲的主要内容：

- 介绍电子学中最重要的工具之一
- 介绍示波器的功能
- 演示如何制作Soundcard Scope示波器所使用的测试探头
- 介绍如何使用免费的Soundcard Scope软件

如果你的工作台上有一台示波器，恭喜你，你很幸运。如果你会使用示波器，你将更加特别。

一般人很少会拥有一台自己的示波器，但是没关系，在这里，我将推荐你使用Soundcard Scope。这个软件你可以从 http://www.zeitnitz.de/Christian/scope_en上下载到，它是由德国Wuppertal大学物理系教授Christian Zeitnitz开发的。

我们可以将Soundcard Scope看作是基于声卡的特定应用程序，就好比计算机里的音乐播放器，只不过界面不同。而且，它进一步利用声卡的功能，针对“话筒”与“线性”输入信号进行处理。

在现实生活中，我们总是希望贵的东西具有好的品质和强大的功能。然而在这里，Soundcard Scope软件是免费的。但它拥有示波器的全部功能及一些其他的附加功能，完全能够满足我们目前的需要。但它的局限性之一是不能测量直流电压，它的测量范围限制在40 ~ 15 000Hz音频范围之内。

免责声明

使用Soundcard Scope和Soundcard Scope探头的安全措施：

Soundcard Scope只适用于你的9V电源系统及合适探头。确保你在使用前，已经按照步骤测试过它了。如何制作探头也会在本节讲明。

Soundcard Scope软件不会损坏你的硬件，但是当你研究未知振幅或直流电压的信号时，声卡是非常容易被烧坏的。

因此，你必须小心谨慎地建立计算机与外部设备之间的连接。你最好使用传统的万用表或真实的示波器来检测信号是否符合你的声卡标准。

在本书中关于除电路之外的制作元件连入电路中，应使用标准的电缆和插座来连接你的视音频设备以确保其安全性。考虑到你要使用显示器探头，那需要降低输入电压值。确保你有一个手动控制信号水平的稳定的信号源。

为了避免人身伤害，请按照安全规则正确使用电路。

Soundcard Scope只是提供给你一个工作软件，若有个人损伤、硬件和数据损坏、财产损失或利润亏损、示波器软件无法使用等情况，开发者对此一概不负任何责任。

Soundcard Scope的设计者并不保证使用者具有任何特定的目的，但是声卡观测器不具有任何工业或商业用途。

一般来讲，使用Soundcard Scope软件和连接的探头需要你自担风险。如何连接外部设备的详情请你查询声卡手册。

注意

对于特定的示波器软件，信号的输入是由Windows的“主音量”混音器决定的，故Soundcard Scope这款软件与声卡不是直接相接通的。因此，所有Soundcard Scope的问题将通过Windows自带的声卡系统解决。检查过程请参照声卡手册。

随着数字技术的发展，示波器也发生着变化。质量最好的示波器很昂贵，大约花费20 000美元。两通道Velman手持或者有外部USB接口的入门级示波器最少也要150美元。虽然示波器并不便宜，但对于教学而言，花费2 000美元来购买一台质量好的示波器完全是值得的。当然，一般人往往会忽略一种性价比非常高的选择——翻新模拟设备。它跟现在的设备相比，其顶尖设备性能好、价格低，是明智的选择。

相对于示波器而言，数字万用表虽然可以用来测量电压，但是它没有时间轴，无法直观显示数值之间的关系。

而示波器则能即时显示时间-电压的关系图。其中X轴表示时间，Y轴表示电压幅度，还可以调节各种不同挡位。

示波器专门显示时间与电压的坐标图，能直观地看到电压幅度随时间改变而变化。质量好的示波器能够显示短时间内产生的动态波形或者静态波形，可以帮助我们更好地分析和了解电路。

初始化

说得已经够多了，我们开始进入正题吧。如果你没有可替代的硬件——示波器，那现在就去下载、安装和启动声卡观测仪。启动后，声卡观测仪的显示屏如图30-1所示。

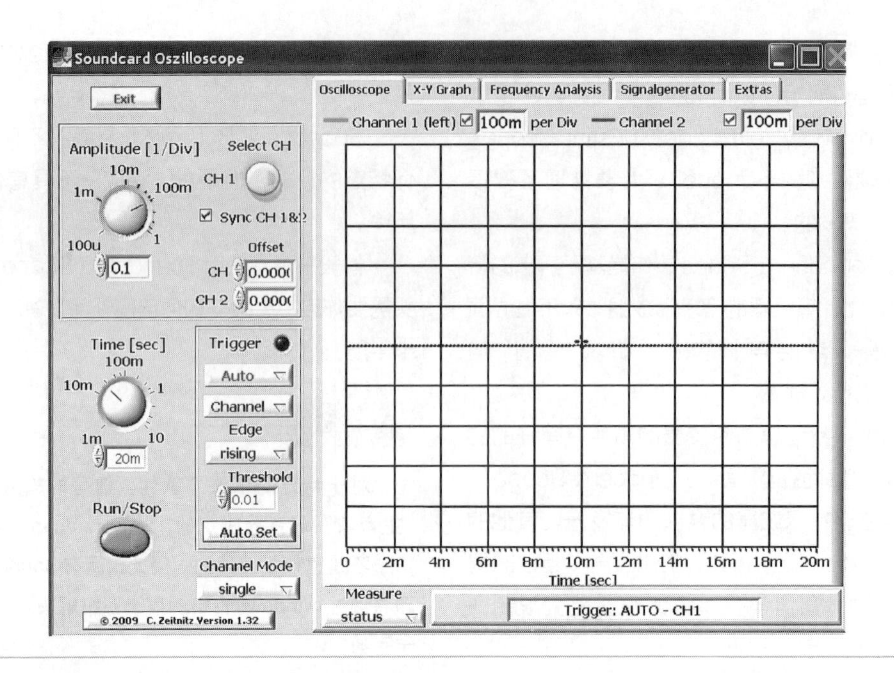

图30-1

这时，你需要一个信号源来帮你入门，我们马上要用到声卡观测器的一些主要功能。

打开你的主音量控制窗口，按照图30-2进行调节，然后将其关闭。

打开你的信号发生器选项卡按图30-3调整频率。

接下来，我们对示波器显示屏进行分析。图30-4左边显示的是预计结果图。它是要关闭的，所以不要担心你在示波器上看到的会跟它不一样。信号可能会太大，而导致显示屏幕无法显示完全。不要通过调整主音量的方式来改变信号大小。调整在图中#1显示的位置，输入数字0.2来改变图形比例。同时，你也可以通过鼠标点击这些旋钮来调整比例。现在你的显示波形应该和图30-4右侧的图像类似，#1中显示的数据值将是之前的2倍。

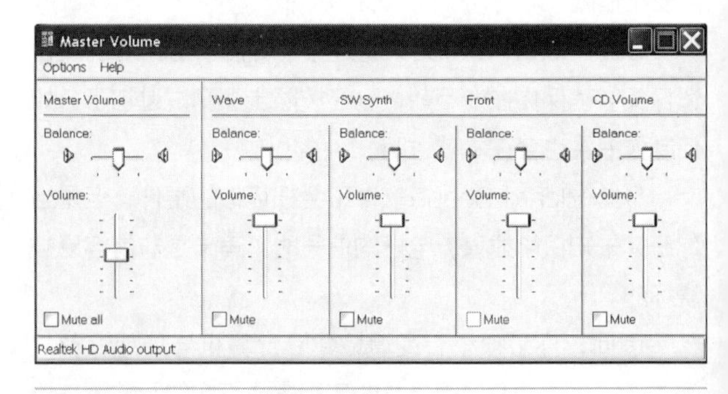

图30-2

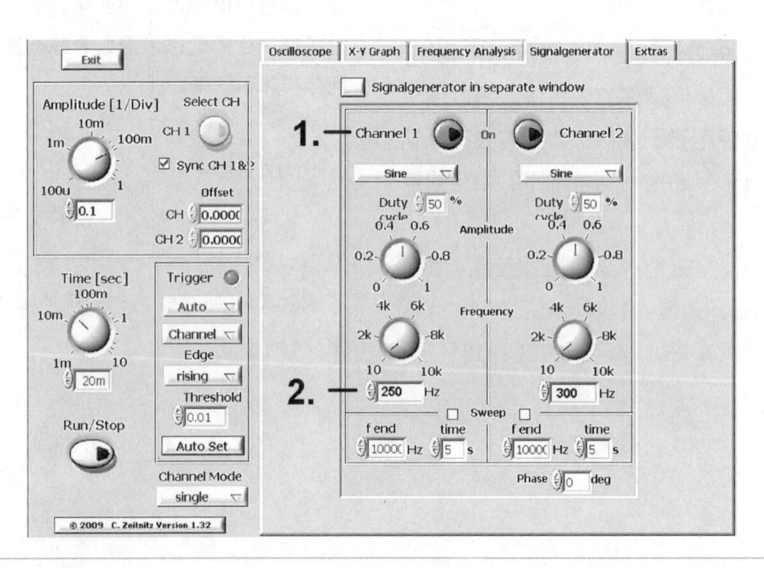

图30-3

通道1设置为250Hz，通道2设置为300Hz

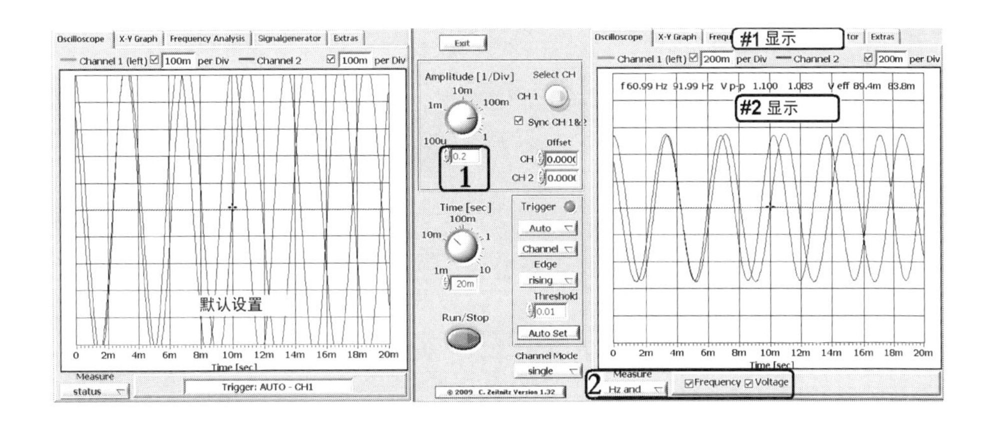

图30-4

你知道的信息越多，你就越能理解电路的工作原理。图30-4所显示的#2区域，点击Measure下的STATUS按钮。选择Hz and Volts选项。选中Frequency和Voltage选框，然后将在#2显示区弹出一个信息栏。实际读数也许是250和300，但这并不重要。因显示区限制第1个数将会被删掉，示数将会大大减小，也并不影响。

如果我们想一次只观察一个信号，也很好实现，只要你进行如下操作。在图30-5中，如1处显示的，取消掉Sync CH 1&2选框。然后在2处，点击Select CH旋钮，只激活通道CH1的信号。再在3处，输入0.4，调整Channel 1的幅度比例，来进一步区分Channel 2的信号。过后你将会得到图30-5中左边屏幕中的波形。

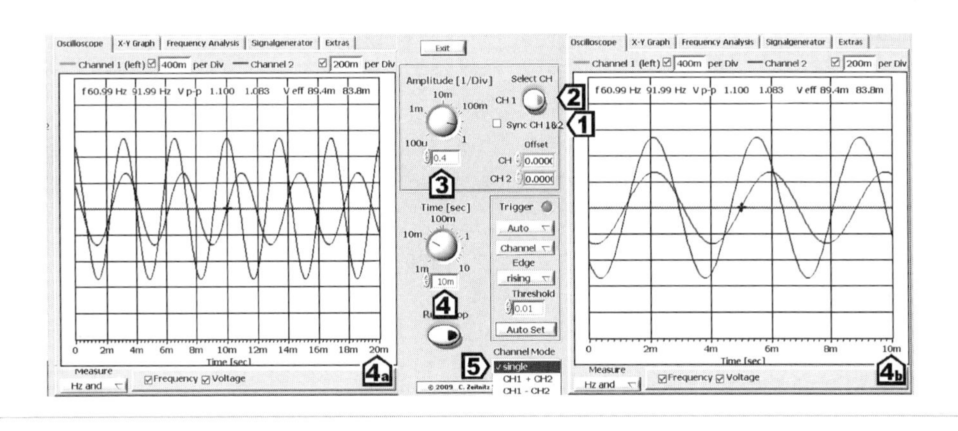

图30-5

再观察一下幅度，你注意到Y轴没有单位，尽管我们知道是V。为什么不显示出0.1V/div或0.4V/div？而仅仅显示0.1 或 0.4呢？因为，作为一般程序来说，设计简单明了是为了方便软硬件的应用。对于精读来讲，并没有太严格的要求。示波器主要是用来显示电压随时间变化的波形和对比信号之间的幅度差。若你想要得到精确值，使用DMM就够了。

然而，我们看到X轴上却有一个确定的单位，因为它会根据你的设置不同而改变。在图30-5中，在左边显示屏的4a处只显示20ms以内的波形。如果你想要看得更细致点，可以在4处将数值改成每格10ms。这样，信号将在时间轴上展宽。现在在4b处显示屏上就显示了10ms以内的波形变化情况。

示波器的功能是多样的，我们将显示它的另外一个功能。在5处，点击Channel Mode下边的Single 旋钮。

按照下列设置，你将会得到图30-6所示的波形：

- 将Amplitude设置为.2/division
- 选中Synchronize CH1 and CH2
- 将Time设置为100ms
- Channel Mode 设置为 CH1 × CH2

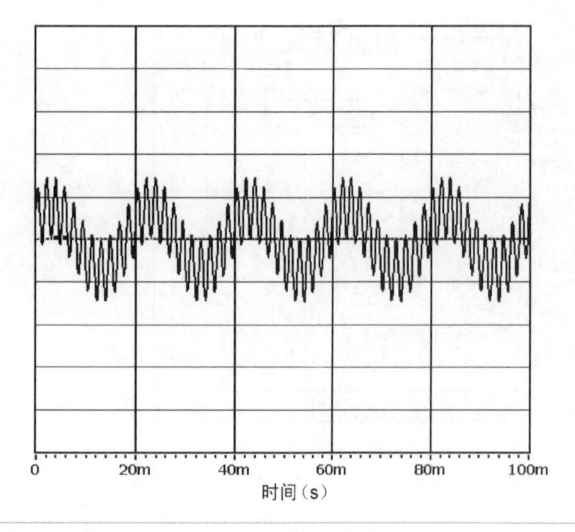

图30-6

当你设置完，切换到Frequency Analysis 页面，你的显示屏将会显示出一个和图30-7所示一样的图形。

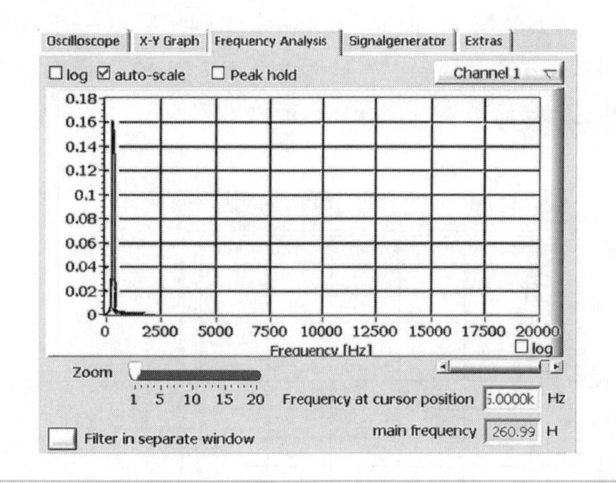

图30-7

Frequency Analysis的功能是用频率分析法来处理信号。它一次只能对一个通道进行分析，只有先分别分析显示单个的信号，才能再进行比较。

制作示波器探头

若你有现成的探头，就不用再制作了。我们只是需要这一工具而已。

探头的功能

探头用来采集电路中的信号，并将1/11的分压器分出的小信号传输到你的声卡中。然后通过Soundcard Scope软件来处理进入声卡的信号，并将处理结果显示在你的显示屏上。

切记任何声卡的输入电压不能超过2V。若输入电压高于2V，将会烧毁你的声卡。所以若你的输出电压是9V，那么只能将其转换成0.8V，才能传送给你的声卡。

图30-8所示的是探头的3个部分。

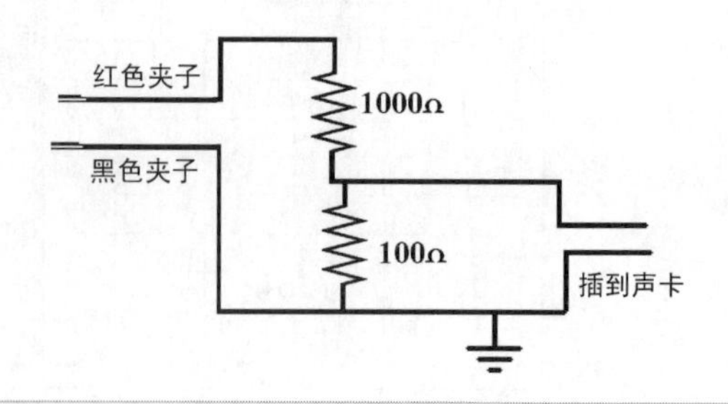

图30-8

更为详细的实物照片，可以在www.mhprofessional.com/computingdownload上找到。

线夹

1. 你需要3英尺长的电线。剥掉两端的外皮。
2. 取一根线，将其两端做相同的处理，作为地线。
3. 拆掉夹子，在电线上套上胶皮套。
4. 将每根线的末端都拧成一缕，塞进夹子的小孔中，如图30-9所示。

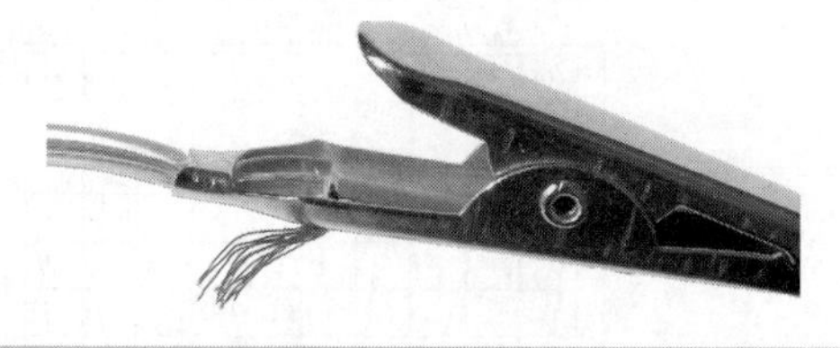

图30-9

5. 将电线及其外皮插进凹槽，用钳子将凹槽夹紧，使电线固定在夹子上。
6. 将电线焊接在夹子底部，并减去多余的部分。过后你将得到如图30-10所示的东西。
7. 移动胶皮套，使其套在线夹的后部。这样线夹夹在一个大物体上也会相对轻松。

这就完成了线夹的制作过程。

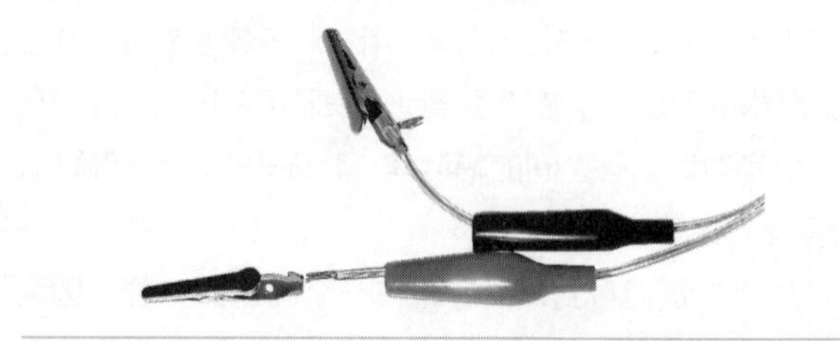

图30-10

分压器

分压器是探头的核心部分。它不是一个常规的连接器，而是将输入电压缩小11倍再传送出来。

按照下列操作，将分压器组装在探头上：

1 将双绞线没有线夹的一端剪掉6英寸。

2 将线夹的4端都剥开至少1/4英寸（0.5cm）。

3 将地线的两端都做上标记，它是用来连接黑夹子的。

4 图30-11显示了如何在焊接前将导线缠绕在电阻腿上。这不是关键的，但绝对是有效的。

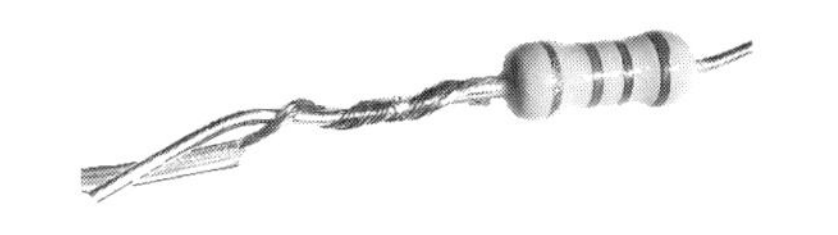

图30-11

5 在每根电线的焊接口之前先套入一个小热塑管。热塑管比绝缘带好用。如图30-12所示。

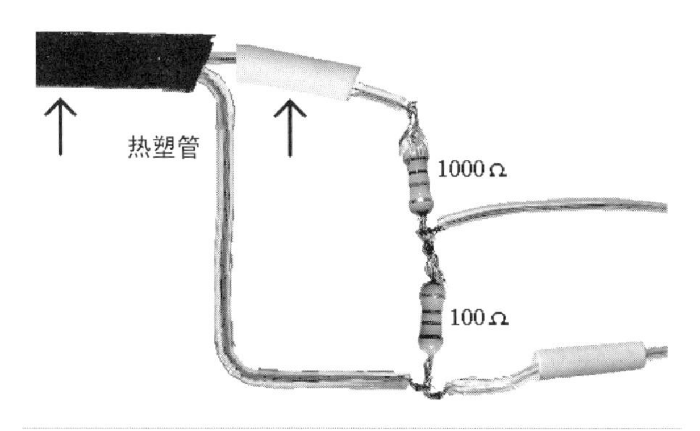

图30-12

6 当焊接点冷却之后，将热塑管移动并包裹住焊接处。完成焊接之后，测试你制作的分压器的效果。按照图30-12的电路原理图检查你制作的示波器探头是否正确（见表30-1）。

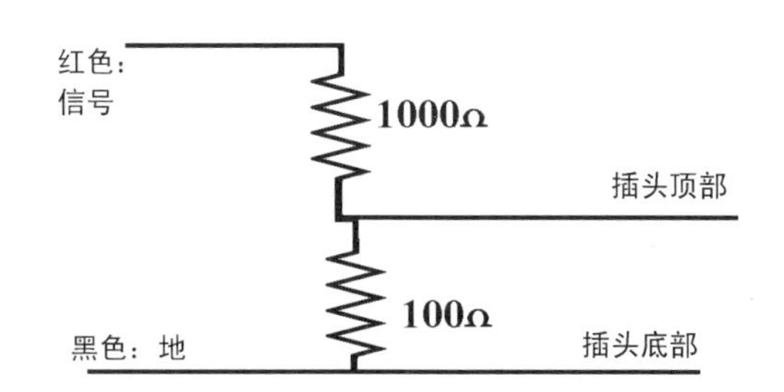

图30-13

如图30-14所示，移动你的热塑管。

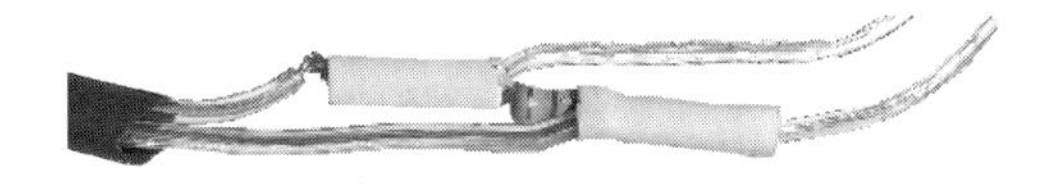

图30-14

7 你可以用吹风机或者焊枪来加热热塑管，使其收缩。

8 将热塑管套在分压器的焊接点上，然后再将其加热收缩到位。

这就大功告成了。

插头

插头和尖嘴线夹是用导线连接在一起的。所以，记得首先要将热塑管套到导线上。

1 如图30-15所示，用钳子将地线夹在金属杆上，然后焊接好。金属杆是连接在插头的底座上的。现在，将地线的连接端也套上热塑管，确保没有裸露的电线。

图30-15

2 连接导线，将两个接头都与声卡相连，并将输入信号线焊接在两个接头上，不需要用热塑管将最后的连接端套上。

3 再将胶皮套滑回去，拧在后面。

现在，你需要的探头已经完成了，再次核对一下你的读数与表30-1所示是否相同，然后再使用在你的电路中。任何一个错误的连接都将导致你的电路损失惨重。

表30-1 探头核对表

探头参照点	
红色线夹到插头顶部	1 kΩ
插头顶部到插头底部	100 Ω
地线到插头顶部	100 Ω
信号线到地线	1.1 kΩ
地线到插头底部	0 Ω

你将会在第31讲中用到这个示波器探头。

第31讲　用示波器测试电路

提示：当你测试电路的时候，不要将你的电源放置在电脑附近。电源发出的电磁干扰会影响你的读数。

我们先来解释一下会在Soundcard Scope上显示的预期效果。第一，这是一个低能耗的电路。虽然电路的工作电压是9V，但是它的输出功率仅为0.2W。即使是这么低的功率，9V的电压还是会损坏声卡。第二，示波器探头将会降低9成的信号电压。然而功率只降低了不到0.002W。第三，小功率信号不会损坏声卡。所以不管你的音量有多高，你还是不会在测试点1或2观察到信号。即使你能得到一个信号，也是严重失真的。

在测试点1或2不会观察到信号有以下几点原因：

1. 在这些测试点的输出功率
2. 示波器探头（增加问题）
3. 声卡
4. 音量控制
5. Soundcard Scope

我们从图31-1 所示的基本电路开始着手，以下工作全都是针对这些测试点的。修改地方如下：

1. 电阻R4等于47kΩ，电容器C2等于10nF。
2. 移除引脚10的连接，这样就有一个很好的输出了。
3. 将引脚12/13接地，使电路持续工作。
4. 打开软件Soundcard Scope，不再做任何的调整。
5. 将插头插入电脑的话筒（线性）插口中。若你的电脑询问你将这输入定为“线性”或“话筒”，请选择话筒，因为它更加敏感。

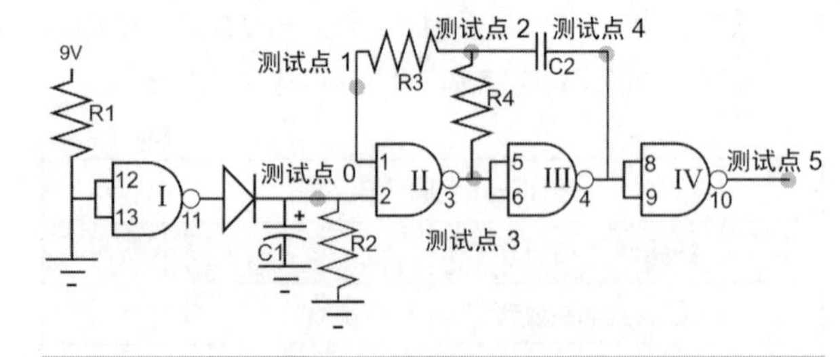

图31-1

将你的示波器探头按照如下提示连接：

- 将黑色的线夹接地。
- 用红色的线夹夹住一段导线，然后用它来接触信号源。

你将会看到一个近似于图31-2所示的波形。

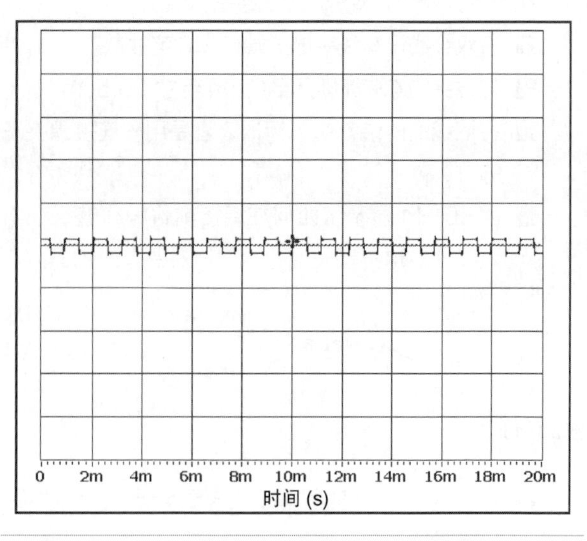

图31-2

6. 现在直接进入Signal Generator页面。按图31-3所示来调整设置。
   - 设置通道信号为1 000Hz。
   - 将幅度旋钮调为0.1。

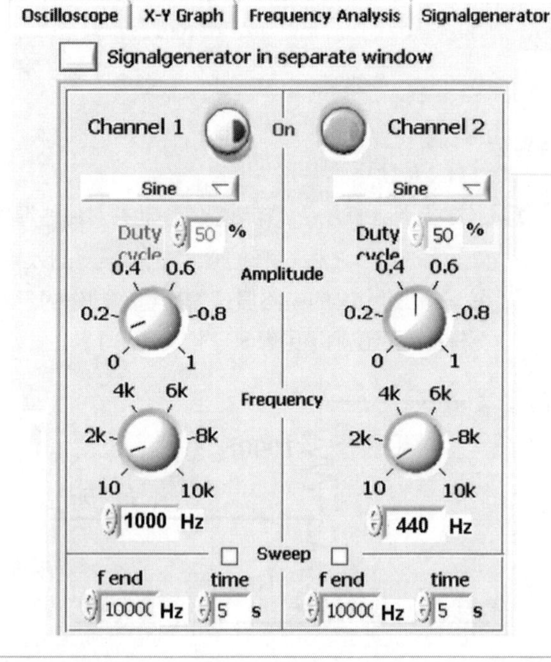

图31-3

7. 转到Frequency Analysis界面
   - 放大倍率从5增加到10。
   - 将左边的频率滚动到降低值。
   - 图31-4是对从电路生成的信号和信号发生器输出的1kHz的信号进行比较后得出的波

形图。

- 记住示波器探头降低了9成的电路信号幅度。

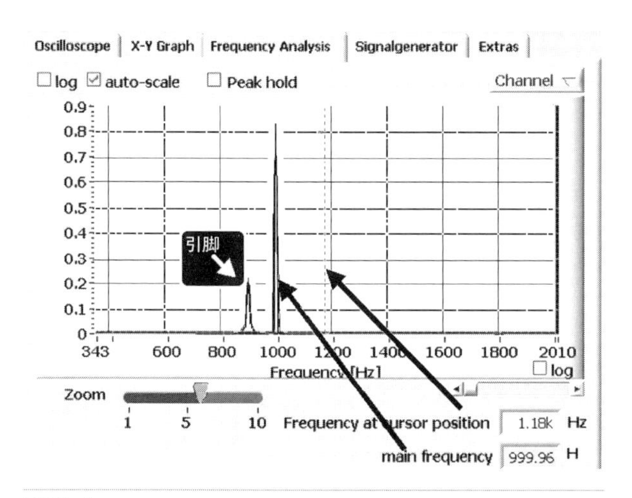

图31-4

8 返回到示波器界面，进行如下的调整，会得到如图31-5中所显示的波形：

- 将20ms/格改为2ms/格，拓宽10倍的时间比例（X轴）。
- 扩大10倍的幅度范围。

9 现在，你对电路输出有了一个科学的了解，而示波器能够帮助你获得一些电路的辅助信息，以便你更好地理解和学习电路。

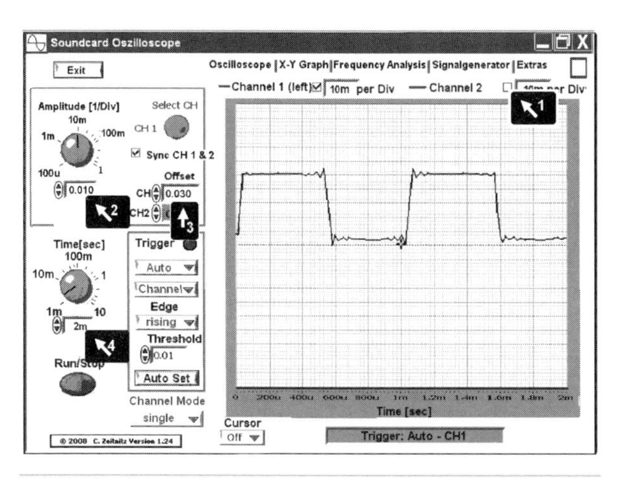

图31-5

测试点0

知道测试点0的读数是非常重要的。首先，用你的万用表来测量它的电压，测得的值应该稳定在8 ~ 9V。当你第一次用示波器探头接触测试点0时，信号会发生跳动，然后又落回到中间，最后保持稳定。

这是为什么呢？其实很好理解。因为Soundcard Scope只能显示音频范围内的电信号。

测试点0的信号是否改变？它是一个直流信号。那信号为什么会发生跳跃呢？很明显，未连接的探头上没有实际电压。一旦将它们连接，输入电压就会发生跳跃。而且，示波器反映的是电压的变化。但是若没有更多的活动，就没有更多的信号。

测试点1

我们知道引脚1的振荡输入会改变引脚3的门输出。引脚1作为输入端，同电源电压进行比较来判断高低。在图31-6中我们看到的就是与非门门输入信号的变化图。

图中A1段的斜率攀升表明电容正在充电，电压从1/2 V+处开始增大。B1段的下降斜坡则显示电容此时在放电，电压返回到1/2 V+处。当信号小于1/2 V+标记时，引脚1判断为低输入，引脚3的电压则从低升到高。C3开始充电，信号电压升高直到穿过1/2 V+标记。如此循环往复。

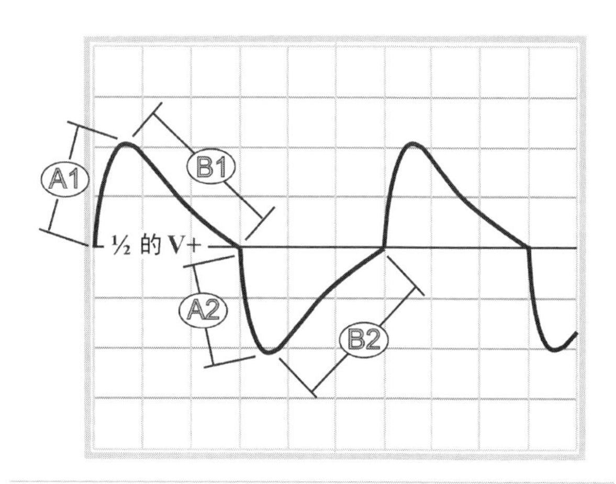

图31-6

测试点2

测试点2是电阻R3、R4和电容器C2的连接点。虽然在图31-7中看起来波形的变化是骤降的，尽管它具有更大的幅度，但是它的变化过程跟测试点1是一样的。每个信号单元持续的时间相同，但是充电周期会快得多，而放电周期就占用剩下的时间。实际完整的充放电过程所占用的时间是相同的。这是因为电阻R3的阻值为R4的10倍，充电过程则慢10倍，而且信号幅度更小。

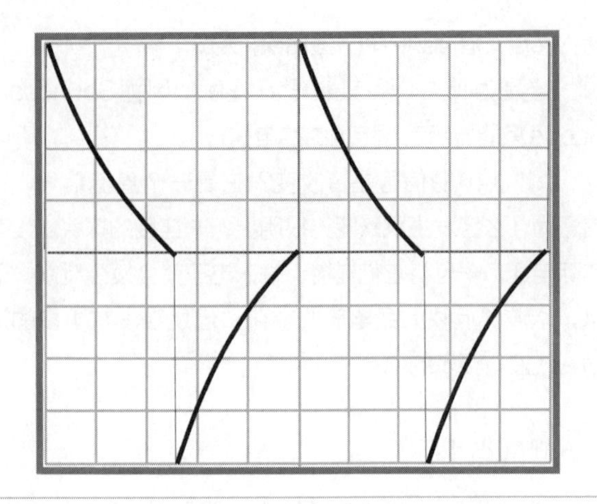

图31-7

我们把这些测试点中的信号都绘制在图31-8中，便于看出信号之间的相互关系。

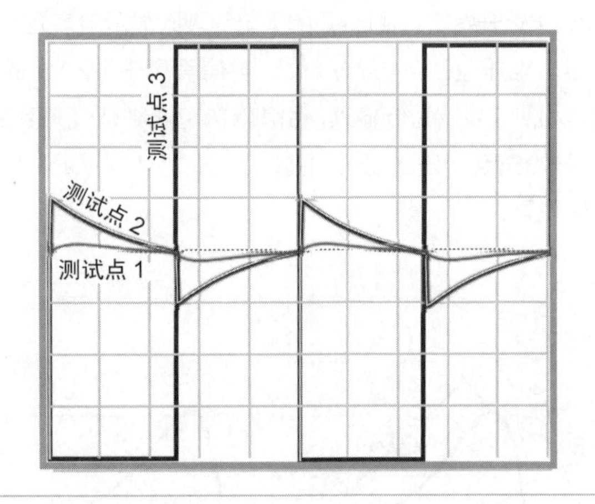

图31-8

注意引脚1的输入信号达到V+的一半时电路的变化。当引脚1（可看作电压比较器的输入端）为低电平时，与非门的输出端（引脚3）为高电平。

测试点4

由于受RC2电路的影响，测试点4的信号微弱并抖动。注意测试点4既是第三个与非门的输出端，又是第四个与非门的输入端。图31-9是测试点4和测试点5（前一个与非门的输出端）的信号对比图。

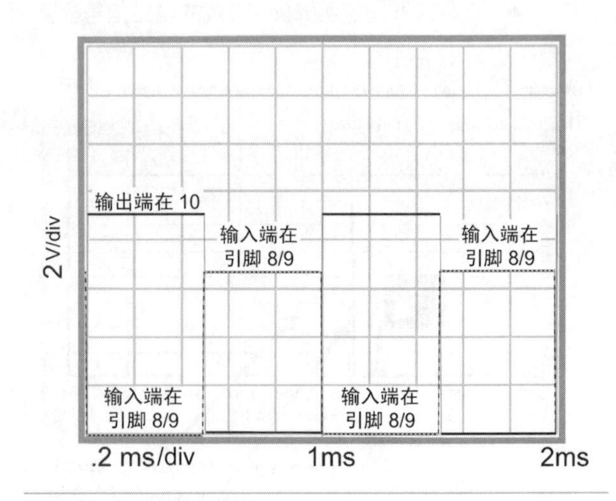

图31-9

由于输入信号的不同，输出信号发生两个显著变化：

- 输出信号发生了上下翻转。
- 微弱的输入信号在输出时被显著放大。

现在，就让我们继续制造些噪声吧。

第32讲　使用晶体管放大信号

通常，晶体管被用作放大器件来使用。前文介绍了晶体管的特性和基本应用。由于PNP型晶体管的良好特性，在多种晶体管中被选中完成此次设计。完成之后，你就可以得到一个能把狗吵得“汪汪”叫的1 000Hz的声音信号。

现在，你仅仅完成了一个安静的警报器。4011与非门芯片的输出功率只够点亮一支发光二极管，无法直接使小型扬声器发声，但是它能够使三极管导通工作，从而驱动扬声器。

修改电路

将PNP型3906晶体管正确插入图32-1所示位置。

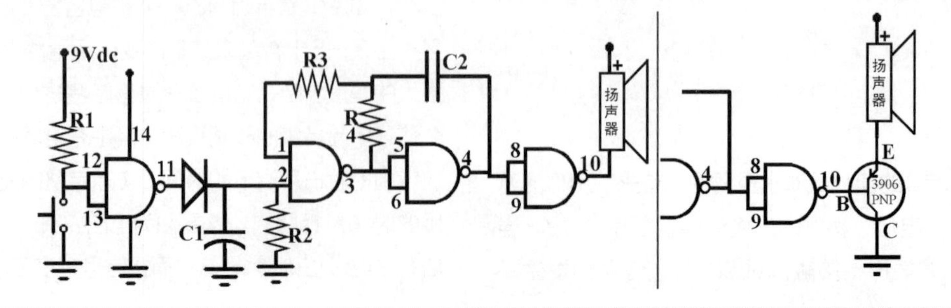

图32-1

想一想为什么选择PNP型3906晶体三极管呢？图32-2为我们演示了当电路不工作时，引脚10为高电平。此时，两个方向电压阻止电流通过，导致发光二极管不亮。也就是说，引脚10输出的高电平使3906晶体三极管截止，从而阻止电源电压通过，减少电池的损耗。

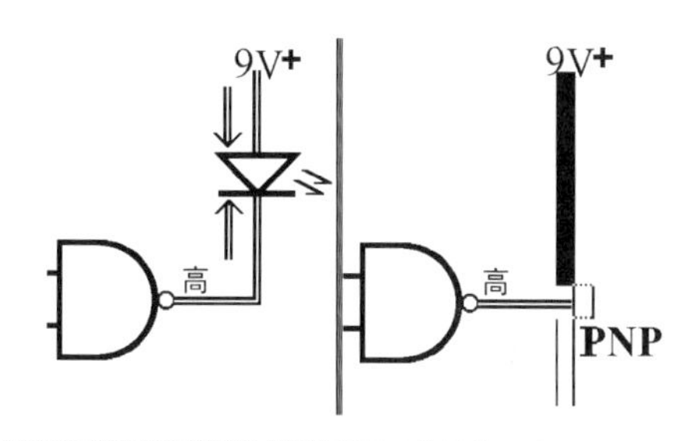

图32-2

预期效果

当电路接上电源时，扬声器不应发出声音（偶尔的瞬间噪声除外）。如噪声持续，则应切断电源检查电路。

之后，打开开关接通电路，就能听见明显的噪声。但是，只要关断电路，扬声器就“哑”了。

工作原理

引脚10的低电平使晶体管导通，之后：

1. 晶体管输出的电压和电流升高。
2. 扬声器线圈的功率升高。
3. 线圈产生的磁力变大。
4. 加剧扬声器震动，从而提高其输出音量。

如果改用NPN型3904晶体三极管，如图32-3所示。当电路不工作时，引脚10的高电平使三极管导通，电源电压经过扬声器线圈直接接地。那么，电池电量将会很快耗尽。

现在我们就开始吵闹别人吧。

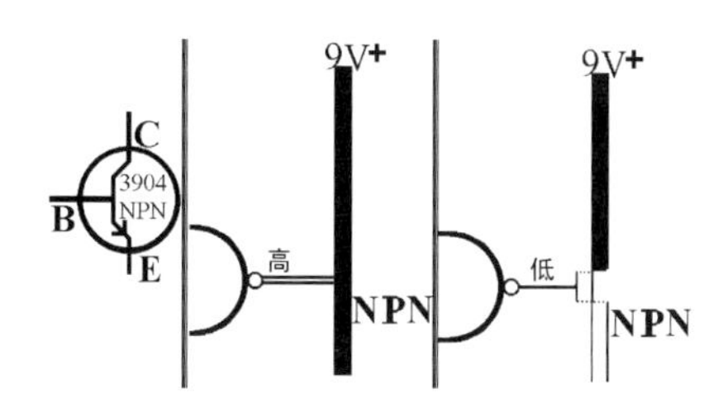

图32-3

第33讲　光电晶体管——而不是光敏电阻

接下来，让我们更进一步地了解光电晶体管并体验其特有的魅力。光电晶体管可应用于多种数据传输系统，如无线及光纤通信。

我们只需要对电路进行如图33-1所示的简单置换，就能使扬声器电路变成红外发光二极管电路。和第31讲一样采用相同的RC2，并将引脚12和引脚13直接接地，就能够产生一个不间断的1kHz频率信号。

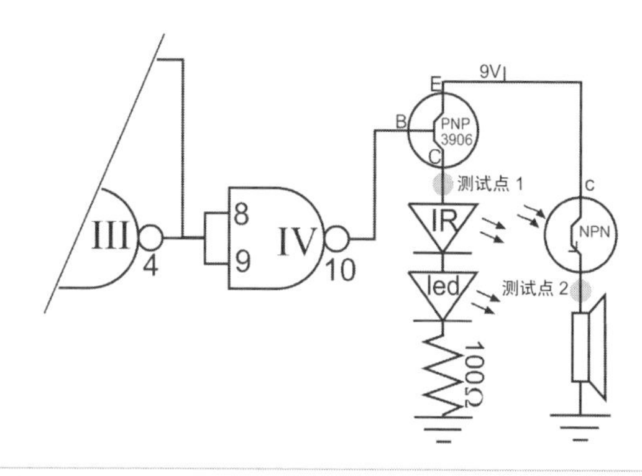

图33-1

提示：记住光电晶体管的短腿/扁平端用“C”表示。

扬声器或光电晶体管电路单独位于面包板的一端，图33-2显示了两个电路（红外发光二极管电路与光电晶体管电路）之间的实际距离。

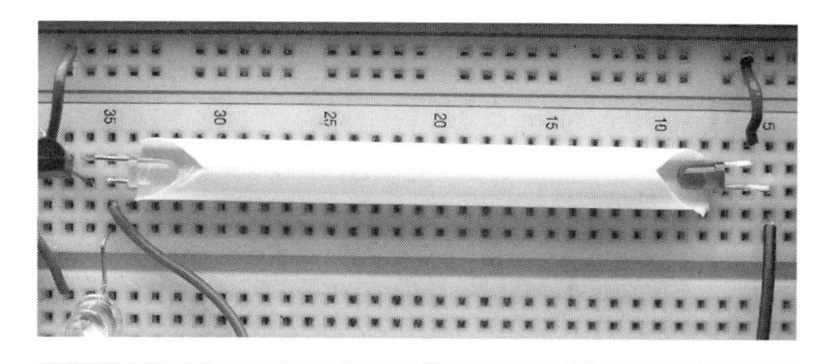

图33-2

我们想通过晶体三极管的输出功率使得红外发光二极管尽可能的“亮”，但是这样可能会烧坏它。所以，我们用另一个发光二极管的亮度来显示实际功率大小。并且可以采用串联接入三个普通或红外发光二极管的方式进行分压，使每个发光二极管分担1.7V的电压。最后，串联一个100Ω的电阻消耗剩余的电压。

当通过数码相机去观察电视遥控器的红外发射器时，我们就能直观地看到红外发光二极管是如何工作的。按住遥控器的按键，就可以在相机里看到红外发光二极管一直亮着红光或不停地闪烁。

1. 务必使红外发光二极管和光电晶体管相对排成一排，如能用一根塑料管将元件对接将能达到最好的试验效果。
2. 打开Soundcard Scope示波器，并接上探头。
3. 将探头接在如图33-1所示的测试点1端。
4. 当电路供电的时候，你应该能够听到有声音输出，同时示波器窗口也有信号显示。

将Soundcard Scope切换到Frequency Analysis界面下，你能够看到与图33-3接近的图像显示。

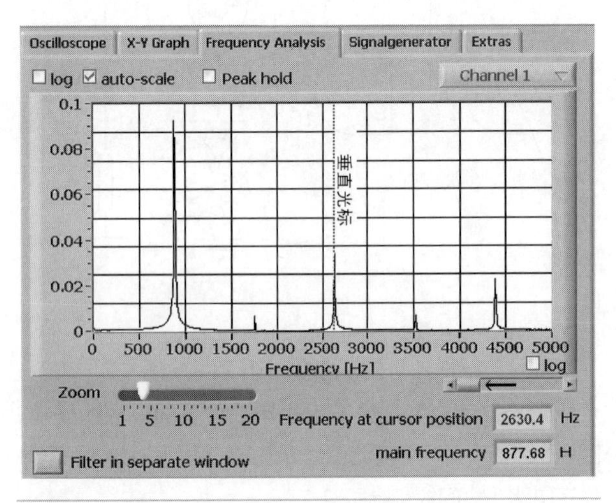

图33-3

以下两项数据对于你来说是非常重要的：

1. 幅度，标记在左侧。
2. 频率。我的电路产生了878Hz的信号，这个值是在误差允许范围内的。

将探头移动到测试点2处，它处于光敏晶体管和扬声器之间。声音还在继续，但这时你却可能测不到信号。但是，真正的示波器更为敏感，你将会看到信号。为了显示更多的信号，我们将会用10kΩ的电阻来代替扬声器，其原理图如图33-4所示。

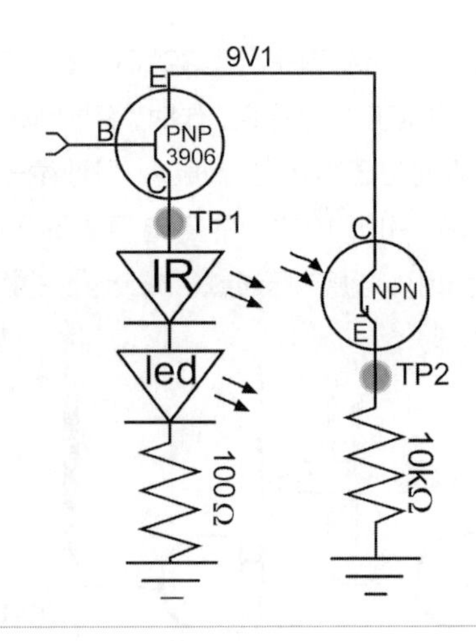

图33-4

我们再来看一下幅度和频率的变化。

1. 幅度将会显著下降，可以从声音大致判断扬声器的阻值。
2. 但是频率则与4011芯片的输出相匹配。

将你的手指放在IR LED和光敏晶体管之间，幅度会减弱，而频率不会变。

你是否注意到在显示界面上有不止一个频率信号？其他的频率来自哪里呢？我已经将图中一个频率分量高亮选中。这些频率分量是主频所产生的谐波成分。当这些谐波成分信号强度足够大时，就能够被示波器采集到。

用鼠标移动垂直的虚线，移到第1个谐波的位置。

垂直游标的读数同垂直游标的位置是对应的。这个频率的数值为2 630Hz。

其实就是将基波频率乘以3得到的，即878×3=2 634。

接下来再对第二高的谐波作相同的操作。它的频率的数值是多少？是否符合上述规律呢？

基波及其谐波都是由4011电路产生的。该信号是由红外LED发射的。而光敏晶体管接收红外信号，并且精确地重新生成该信号。

任何模拟的晶体管将会对基极的输入作出精确地响应。频率保持不变，信号的放大倍数为常数。输出信号就是对原始信号的放大。

我建议你不要使用这个元件作为4011电路的一部分。可以在第4部分用它来制作一个放大器，实现声音和数据信号的传输。

第10章　制作数字逻辑电路

如果给你一个电路板，并且告诉你电路的组成部分以及焊接点，那么搭建一个电路将是非常简单的一件事。实际上，如果你将自己的人生目标仅仅定位于一个不发达国家的焊接技工那你大可以通过以上方法来学习电路。然而，这类工种因被机器取代而渐渐消失。

第34讲　电路设计实例

在电子学中，最为有趣的部分就是"设计电路"这一环节。每一个特定的单元部分都是由不同的元器件组成的。现在，发挥出你的想象力开心地设计你心中的模板吧，就像搭建乐高积木一样，让每一个部分都配合得完美无缺。

1. 首先，读者需要通过定义不同的输入、输出来实现不同的应用部分。
2. 其次，通过探究正在处理的电路，对其做一些常规性调整。
3. 最后，查看一些书中所提供的以及读者自己探讨出的一些合理实例。

输入

在你设计制作的电路中，会涉及到四个主要的应用（见表34-1）。

表34-1　四个主要应用

输入	处理器		输出
	RC1	RC2	
接触式开关	开启/延时关闭	无振荡	低功率LED灯和音乐芯片
亮检测器	延时点亮	控制振荡频率	
暗检测器	关闭		功率放大
触摸/湿度	关闭/延时开启		蜂鸣器、扬声器、电机、继电器

接触式开关

任何一个接触式的机械装置都可以用图34-1所示的按钮来代替，图中的电阻R1为100kΩ。

图34-2所示为一个常用开关的实物图。虽然讨论这个有点无聊，但你不可否认的是，除了用手指去操控这个按钮，还真的很难用其他东西代替。

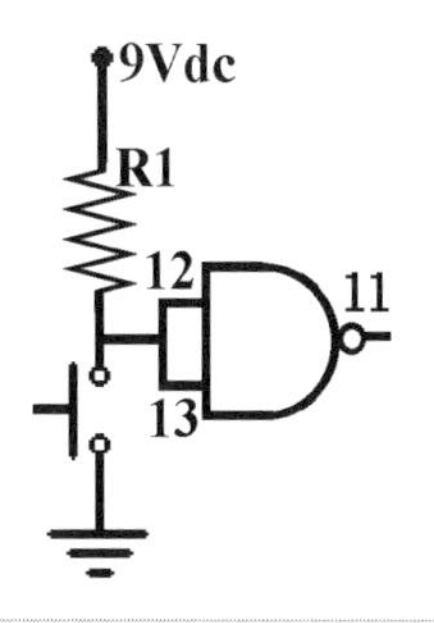

图34-1

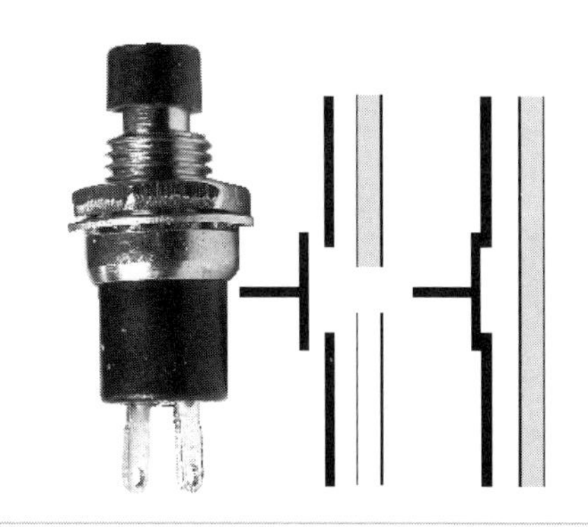

图34-2

图34-3所示为一个动作检测器，它的原理是通过焊接在弹簧末端的一个重力小球来感应动作。大多数的金属小球都可以作为装置中的重力球使用，但是弹簧部分一定是易形变的。为了达到这一目的，你可以就地取材，最合适的弹簧材料是我们常用的自动铅笔里的弹簧。如果你的铅笔里是不锈钢弹簧的话，就无法用了，因为我们没法焊接。我们将连接着重力球的一端向一边拨动，直到它与上方的装置接触。而对于弹簧末端，用一根铜线将其固定于底座，最后将这个线焊在PCB上，这种类型的开关有着惊人的灵敏度。

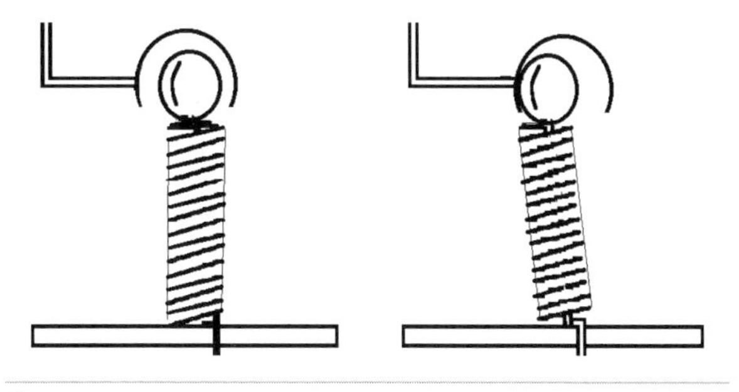

图34-3

将这个弹簧装置倒置过来，如图34-4所示。这样放置并不能让装置拥有像正置那样的敏锐性，但两者都具有相同的原理。

两个弹簧可以同时固定在同一个非金属的支架上，两个弹簧之间用一个金属条相连，如图34-5中所示。

如果我们使弹簧支撑和金属棒都是可以滑动，这就完成了一个用于门或抽屉的设置装置。

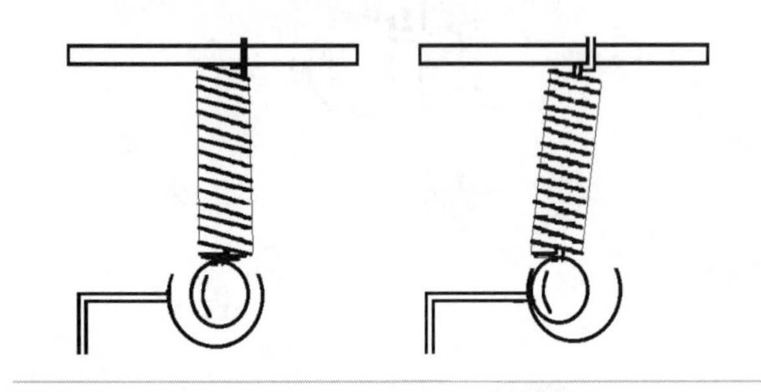

图34-4

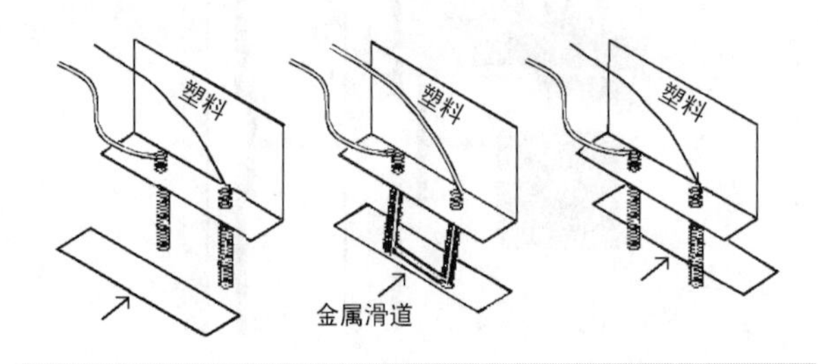

图34-5

微型开关具有如下特点：他们一般很小，也很容易免费获得，我们在任何一个坏了的鼠标上都可以找到两个微型开关。当然，你也可以去购买新的微型开关，它们每一个的售价大概在4美元以上。每一个开关都有三个接触点，我们来仔细观察一下图34-6中的示意图：由于中间的接触点被其他两个所共用，所以被称为共用点。根据你的选择，这个装置可以像一个按钮那样扮演开关的角色。

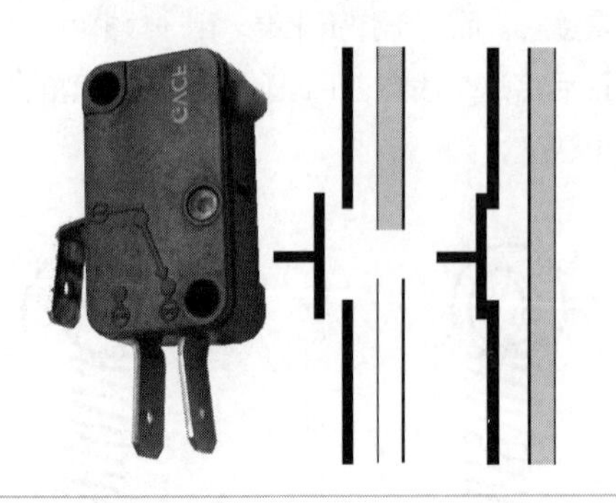

图34-6

自动接收硬币的开关相比之下制作起来更有技巧性。自动售货机一般会用一个杠杆作用于微型开关上来控制这个装置。硬币将杠杆下压，杠杆再将与其接触的开关下压从而达到运行装置的目的。该种开关的简化原理图见图34-7。

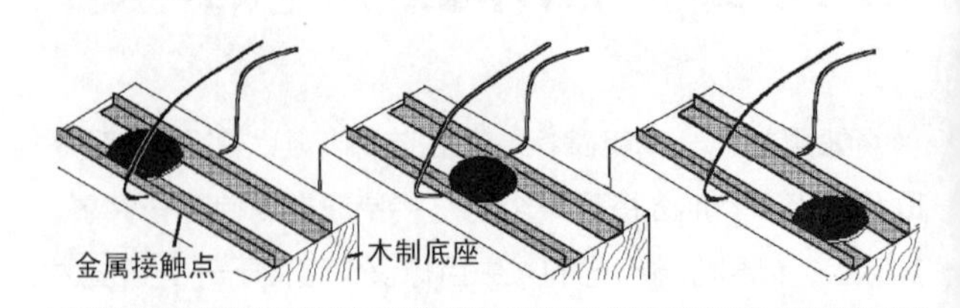

— 图34-7 —

这种装置很容易制作，并且也很有用。我们可以在一个简单的木质或者塑料材质的底座上安装两个金属条，就能得到我们想要的效果。

光敏电阻

LDR很容易被光的有无来触发，因此也是依据这个原理而发明的。

光检测器

LDR是组成光敏开关的基础部分。图34-8所示为一个光检测器，在有光的环境下，LDR将会被激发工作。

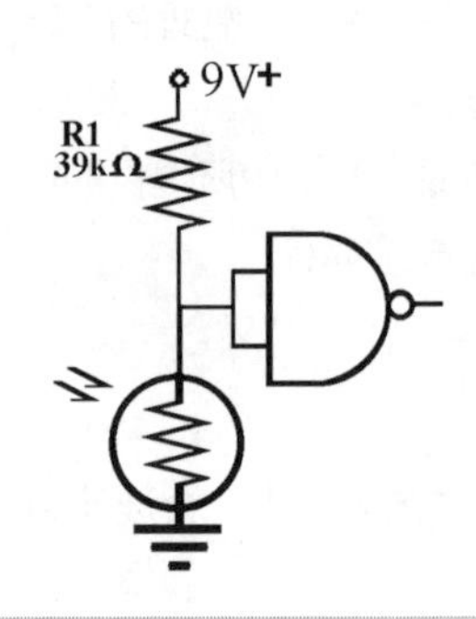

图34-8

有时干扰的光源也会启动这个装置，但这并不是你想要的结果。如果LDR被广泛地用于光照充足的地方，最好像图34-9所示的那样，在它的外部安装一个灯罩。

根据光能的情况，也可能有必要在LDR上装一面透镜，用于聚光。就像图34-10所示的那样。

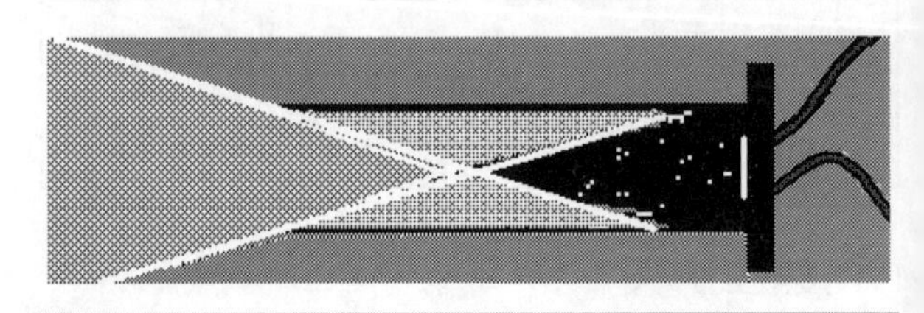

图34-9

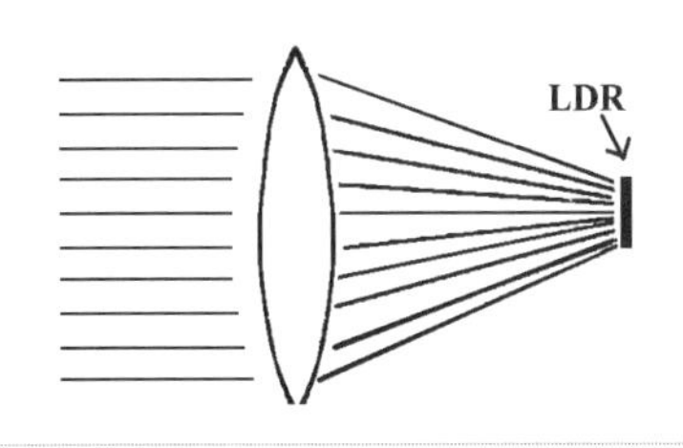

图34-10

不过要注意的是，这个透镜只能针对一定的预设光源进行聚焦，并不能聚焦环境中的散射光。

暗检测器

图34-11所示的电路为一个暗检测器，它与图34-8所示的亮检测器电路相比除了两个元件交换了位置以外，其余的部分是一样的。

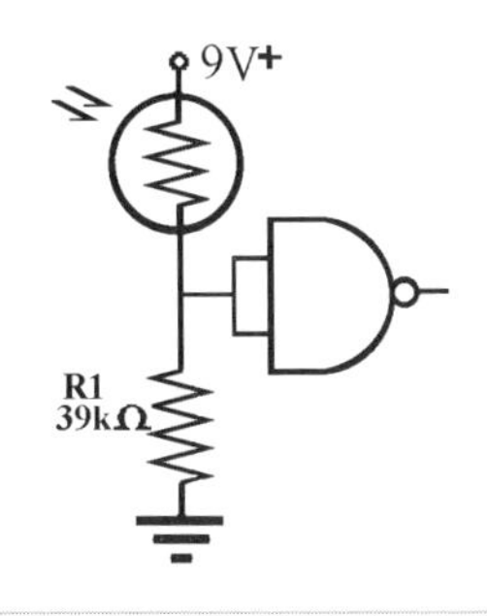

图34-11

随着阻值为39kΩ的LDR阻值的改变，其分压比也在随之改变。图34-9所示的灯罩在这里就起到了非常重要的作用，该电路只有当稳定的光照作用于LDR上面才会形成通路。

如果你准备用一个类似于激光指示器的稳定光源，那么灯罩电路会对光源的中断做出反应。

对于长距离的作用光源来讲比较理想的仪器是激光笔，在镜子的辅助下，光线可以实现转弯。装置如图34-12所示。激光笔可以被墙式转接器以电池一般驱动所需的电功率来进行驱动。激光笔中的每一个电池电压都为1.5V，举例来说，如果每个激光笔中装有3节电池，那么你需要寻找一个可以提供4.5V电压的墙式转接器。

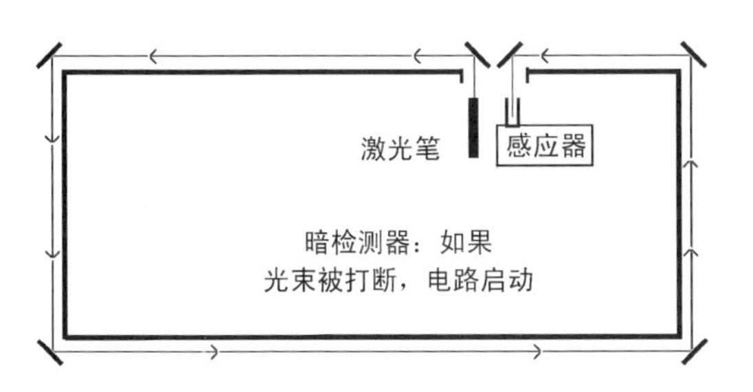

图34-12

图34-12中，暗盒里的光束从一个开口射出，并在镜子的反射作用下绕暗盒一圈，最终又回到盒内。

注意

虽然很多激光笔都有相应的安全使用说明书，但是如果你长时间将自己的视线直接与激光笔接触，可能会对你的眼睛造成损伤。

触碰式开关

图34-13所示的就是触碰式开关工作原理图，它所需要的所有元件就是两个靠得很近但是并不接触的螺线。需注意，因为水也是导体，如果有水溅到电路上也会启动这个开关。

你可以通过非常简单的方法制作一个看上去很专业的触碰式开关。把两个用导线连接的平底图钉穿过一个黑色的塑料底座，在底座上露出的部分就是两个接触点，通过触碰这两个接触点就可以导通开关，如图34-14所示。

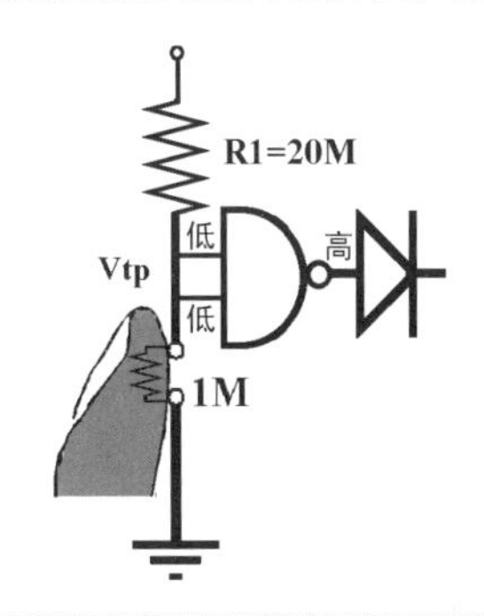

图34-13

图34-14

处理器

你有几种电路修改的方案可供选择，比如对RC延时电路的元件参数进行修改，或者完全移除RC电路。

第一个RC电路——RC1修改的可能性

图34-15所示为RC1电路的原理图。

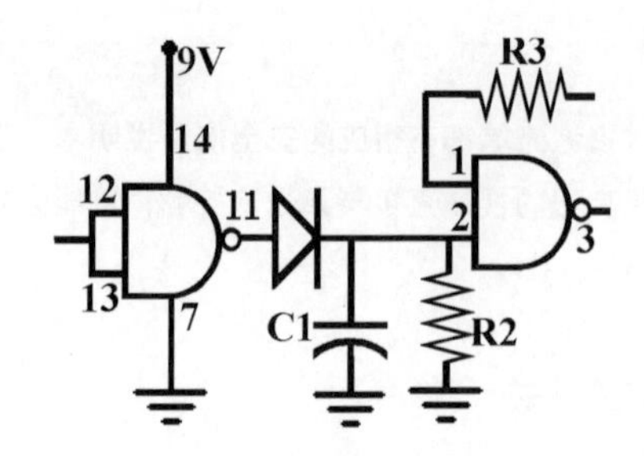

图34-15

表34-2为RC1电路延时的调整提供了一个粗略的指导，注意这只是个近似而非精确的延时数值。

表34-2　RC1延时

R2	C1	时间
20 MΩ	10 μF	120
10 MΩ	10 μF	60
4.7 MΩ	10 μF	30
20 MΩ	1 μF	12
10 MΩ	1 μF	6
4.7 MΩ	1 μF	3

图34-16为示意图，显示了如何以手动方式加快定时关闭，可以通过触摸触碰式开关接头来实现。你的手指就相当于一个1MΩ电阻，如果R2是10MΩ，它会使电容C1的放电速度加快10倍。或者你可以使用PBNO来实现电容 C1的瞬间放电。

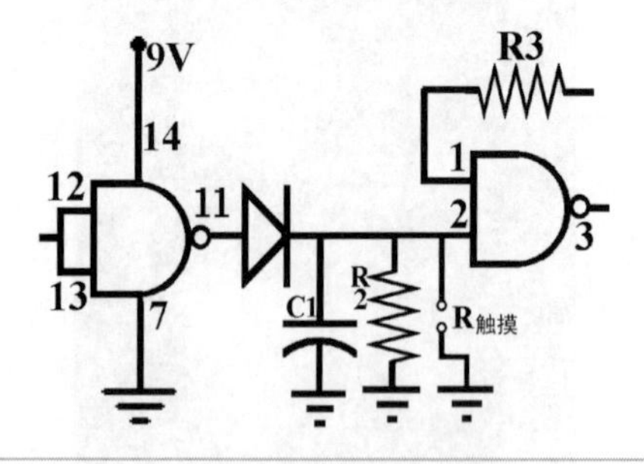

图34-16

接下来的电路与上一个相似，正如你从图34-17的原理图中所看到的那样，一些简单的修改可能会导致输出结果的不同。这些报警装置会一直持续，直到你将它们关闭。电容C1会一直放电保证第二与非门的输入电压，直到你触碰图中的R点，使电容C1通过接地放电。你的手指是唯一的耗能。实现这个功能，你只需要一个触碰式开关或者按钮（通常是一个开启式按钮）。如果你在这个电路中使用的是0.1μF电容，一旦你的手指触碰到这两个接触点，马上就会停止报警。

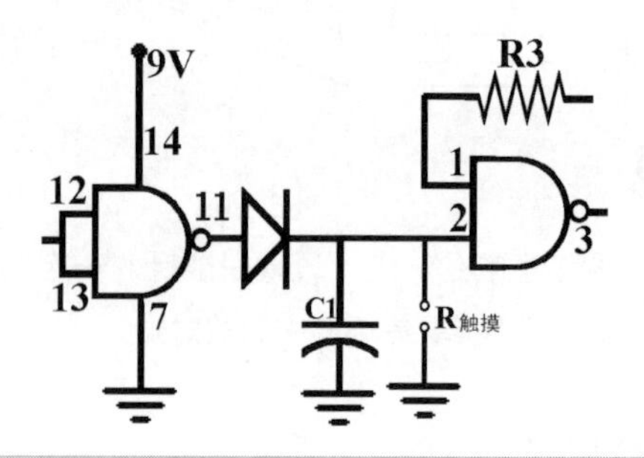

图34-17

图34-18所示的原理图也是值得研究的。这是一个延时装置，它可以被有效地应用于光敏开关中，用来延长开关响应的速度。

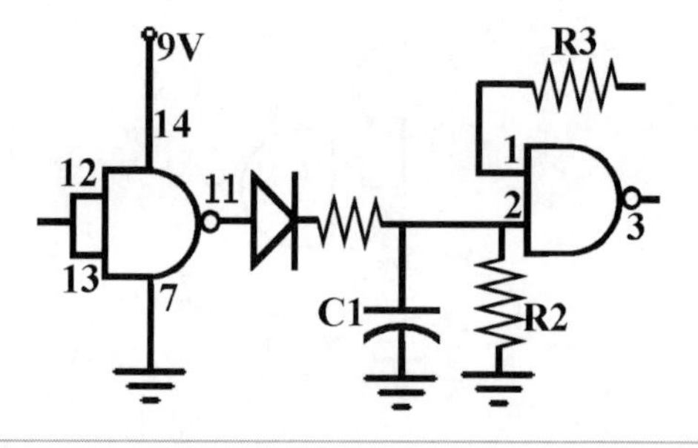

图34-18

经过这样的修改，可以有效延长电路的被激活时间。比如它可以使你的汽车报警装置有足够长的报警时间，从而让你有足够的时间去关门。

由于新加的电阻与电阻R2会共同形成一个分压器，所以这个新加电阻的阻值最大只能为R2的1/5。引脚2的输入电压必须在所标记的一半电压以上，为了延长时间，可以用一个大电容。

如果你移动图34-19中的电容C1，RC1电路将会停止工作。如果在引脚12和13上输入电压为低电平，电路会正常运行。相反，当输入高电平的时候，电路会马上停止工作。

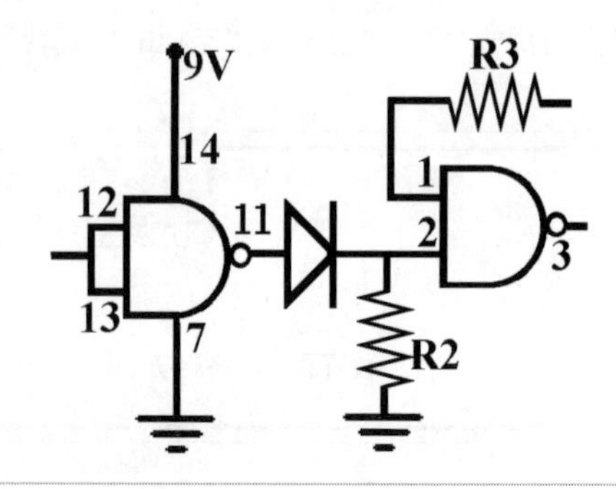

图34-19

修改第二个RC电路改变延时

如图34-20所示，对RC2电路修改的可能性很有限。要么在图中所示位置置入RC2，产生预期频率的振荡信号，要么将RC2从电路中移除。

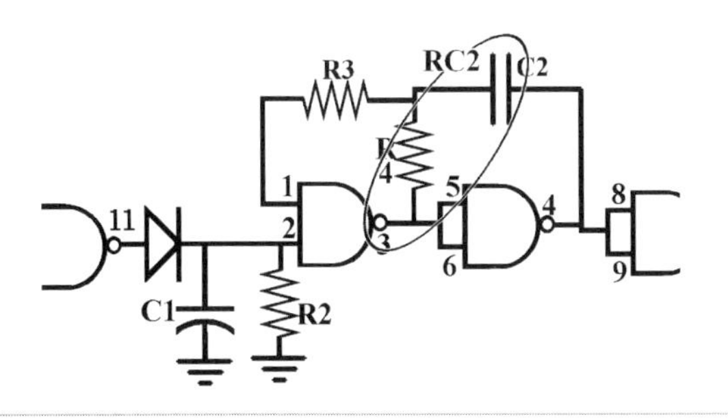

图34-20

表34-3提供了在不同参数的电阻、电容组合下产生的不同频率。这并不是个确切的数据，你不能把它作为实验的参照值。

表34-3　RC2相关参数

R4	C2	频率
2.2 MΩ	0.1 μF	1 Hz
2 MΩ	0.1 μF	2 Hz
470 kΩ	0.1 μF	4 Hz
220 kΩ	0.1 μF	10 Hz
100 kΩ	0.1 μF	20 Hz*
47 kΩ	0.1 μF	40 Hz
22 kΩ	0.1 μF	100 Hz
1 MΩ	0.01 μF	20 Hz
470 kΩ	0.01 μF	40 Hz
220 kΩ	0.01 μF	100 Hz
100 kΩ	0.01 μF	200 Hz
47 kΩ	0.01 μF	400 Hz
22 kΩ	0.01 μF	1 000 Hz
10 kΩ	0.01 μF	2 000 Hz
4.7 kΩ	0.01 μF	4 000 Hz
2.2 kΩ	0.01 μF	10 000 Hz

*当任何闪烁的画面以超过每秒24帧的速度被输出时，人眼将会把它判断为一个连续的画面

很显然，对于某些应用而言，你会很想移除RC2电路，因为你需要直截了当地得出结果，而不需要振荡。举例来说，你并不想听到这样的一句话“祝你生日”，直到两秒后才等待到下文。“祝你生日”就好像使用RC2时激活电路的样子，需要先等待两秒，并且还需要两秒才能关闭。图34-21中标出了两处可以断开RC2电路的细节。

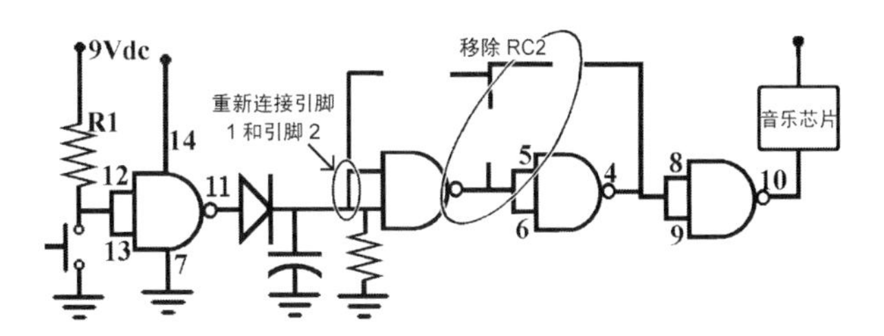

图34-21

对于第一处，需要将引脚1和引脚2两处重新连接。第二处，移除电阻R3、R4和电容C2，这样就可以避免电路连接错误。

输出

表34-4描述了芯片对振荡以及功率的要求。

表34-4　有无振荡条件下的功率对比

	低功率输出	需要晶体管提供高功率输出
有振荡	缓慢闪烁	警报器的扬声器（1 000Hz）
	LEDs	蜂鸣器（1Hz脉冲）
		继电器（1Hz脉冲）
无振荡	音乐芯片	汽车警报器
		继电器（无脉冲）
		低功率直流电机

低电压

低功率的输出只适用于一些低功率的应用装置。

LED

一个4011芯片的输出功率可以驱动10个以上LED灯的工作，但是也不会太多。即便如此，也有两种方式将它们联系起来：正确的方式和错误的方式。图34-22所示即为连接LED的正确方式。

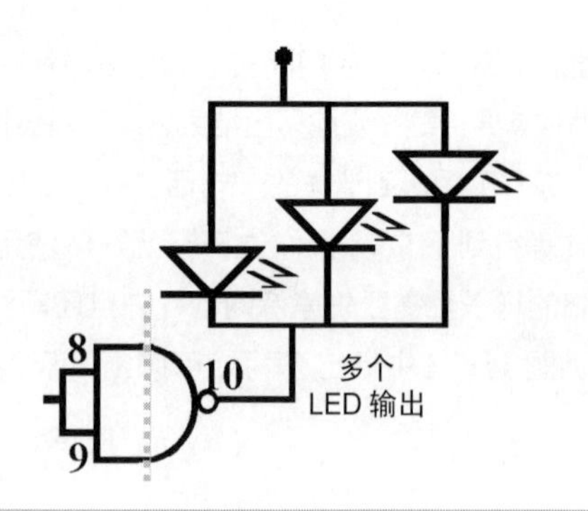

图34-22

音乐芯片

请小心翼翼地从音乐贺卡上取下一个音乐芯片，不要破坏任何一根连线，然后对它进行测试。

- 将扬声器上的电线置于合适位置，不要使其弯曲。
- 记下电路中连接电池正极的一端。
- 将电池从音乐芯片上取下。将不锈钢电池座放在适当的地方。
- 将正负极的两根线分别焊接起来。
- 将引脚10接地。
- 将电路连接电源电压V+。
- 如果声音中掺有“擦擦”的杂声，可以将两三个LED排成一条直线放在音乐芯片上，如图34-23所示。音乐芯片的工作电压需要1.5V，太大的电压将会使其烧毁。我们需要在电路合适的位置加入LED灯来消耗过剩的电压，以保护音乐芯片，使其正常工作。

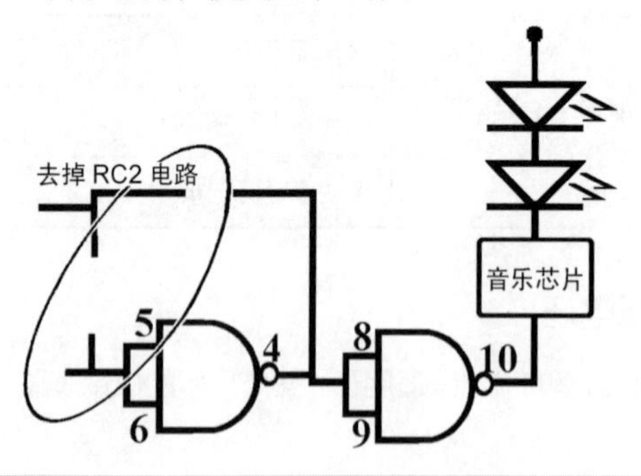

图34-23

高功率输出

在电路上增加一个晶体管来放大电路的输出是非常容易的。

蜂鸣器

蜂鸣器和扬声器对于电路的输出需求是不同的。蜂鸣器只需要电压驱动，就可以自己产生信号。如果你想让蜂鸣器开或关，就使用一个1Hz的低频振荡器来控制，它会自动开关，发出间隔一秒的声响。然而，如果你用一个10Hz以上的信号作用其上，它将不会发出声音，就算有声响也只是杂声。图34-24所示为该套装置的原理图。

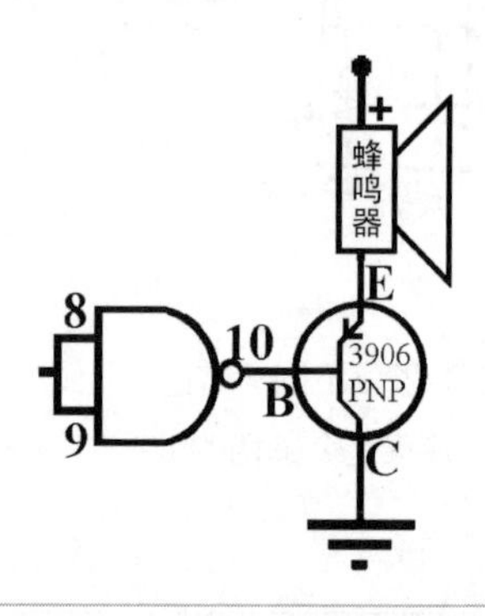

图34-24

经过放大之后输出到蜂鸣器的电压振荡范围应该保持在1Hz上下，这种频率可以通过阻值为2 200kΩ 电阻和0.1μF的电容组合来实现（见表34-3）。

扬声器

扬声器需要一个信号源作为激励。如果没有信号源，你只是在扬声器上作用了一个电压，那么当你将电源打开之后只会听到“噼啪噼啪”的噪声。因此，扬声器需要一个由RC2电路产生的信号源。我们用一个0.01mF的电容以及一个22kΩ 的电阻组合就会产生一个非常清晰的声音信号。如图34-25所示，PNP晶体管会将所产生的信号源放大输出给扬声器。

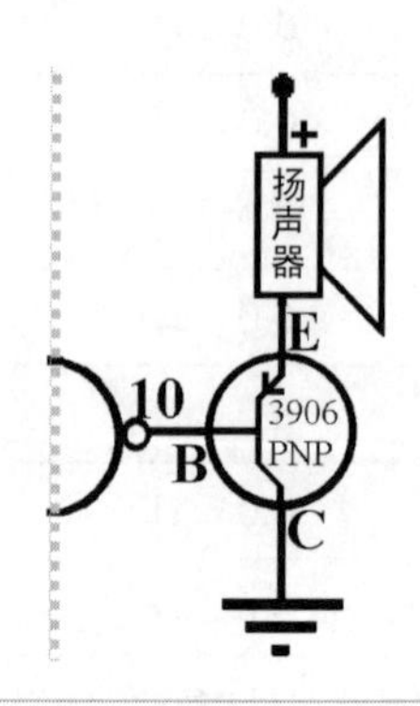

图34-25

继电器

继电器是一种可以用一个9V的电路去控制另一个电路的装置。控制次级电路的开关是和继电器相连的。

继电器可以应用于许多领域，但它的最佳应用体现在以下几处：

- 汽车上的警报器：与继电器相连的喇叭将会产生一种异于其他普通汽车警报器发出的声音，从而引起我们的警觉。
- 操控120V功率的电路：这可以被应用于控制圣诞灯。当太阳落山的时候，这些灯就会自动亮起。
- 若不直接将引脚10连接起来，将会得到一个非振荡型的电机电路。若用一个单独的电源为其供电将会产生好的效果，但是电源一定要在9V以上，否则电机将不会正常工作。

以上几种装置的布线可以随意修改从而改变继电器的作用，只要保证能够用继电器控制电机的开关即可。

以下是对继电器如何工作的大致描述：当电流流向地，将会产生一个由近及远传播的磁场，同时也会产生一个使开关关闭的电场。图34-26所示的二极管在电场和磁场中扮演着非常关键的角色。当不再供电时，将会产生一个阻止电流变化的磁场。反向的二极管通过继电器控制电压的激增以及阻止电路参量变化磁场的电流。如果它的位置没有放对，晶体管将立刻被烧毁。

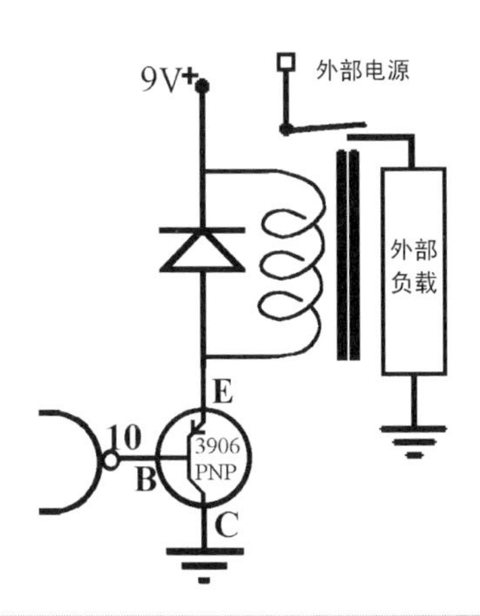

图34-26

电机

根据你的需要，你可以选择一个图34-27所示的和晶体管直接相连的电机。最适合这种条件的电机就是手机中安装的振动器。你可以通过网上查询在旧货交易市场上淘到。

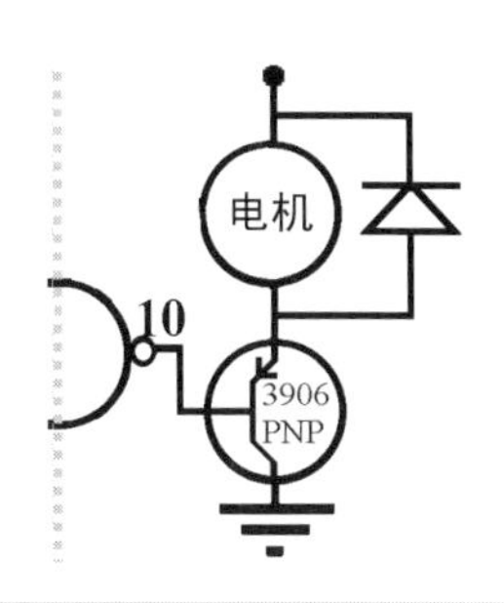

图34-27

对于大多数小型电机而言，配合继电器的使用往往会产生更好的效果。

电动电机很奇妙的地方在于，使用过程中它既会耗电也会发电。如果你对此感兴趣，不妨尝试一下实验电路以外的电机。

将数字万用表与电机相连，然后依次旋转电机上的旋转轴，电机将通过电磁效应产生运动。

小型电机中的反向二极管将会帮助控制电机产生电压的阻力，如果在电路中它的位置没有放对，晶体管将立刻被烧毁。

应用举例

每一个装置的设计方法和灵感构思都是建立在你对电子技术了解和学习的基础之上。

易拉罐动作感应器

易拉罐动作感应器是一个通过感应动作而触发的装置。安装在弹簧上的重物反应必须足够灵敏，一旦有人从放置这个感应器的桌子边路过时，便触发它开始工作。当人们听见响动停下脚步来寻找声音是从哪发出时，易拉罐动作感应器便又会停止发声。这时候它们看上去与一个普通的易拉罐没什么区别，你可以用它来捉弄别人。

具体制作方法是在距离易拉罐顶部一段距离的位置，沿着罐子的外围，将其剪开。然后将剪下来的部分完整取下来并将边缘外翻磨平保留，如图34-28所示。电路原理图见图34-29（同时请参照表34-5）。

图34-28

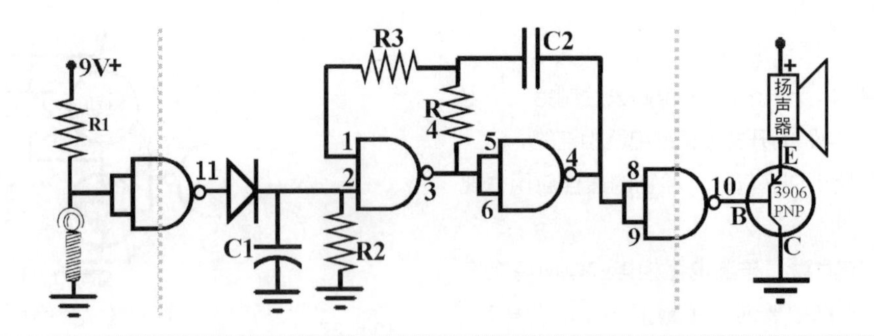

图34-29

表34-5　电路原理图如图34-29所示		
输入	处理器	输出
运动检测器	RC1 = 5 s	扬声器（放大的）
	RC2 = 1 000 Hz	

神气牛

这绝对是来自于一个年轻人的搞怪创意。你可以在以下网站的MPG文件中查看控制这个有趣玩具的电路原理图（www.mhprofessional.com/computingdownload）。你都想象不到，其实它这么的简单。图34-30展示了这个玩具的实际样子，相关的原理图见图34-31（同时请参照表34-6）。

图34-30

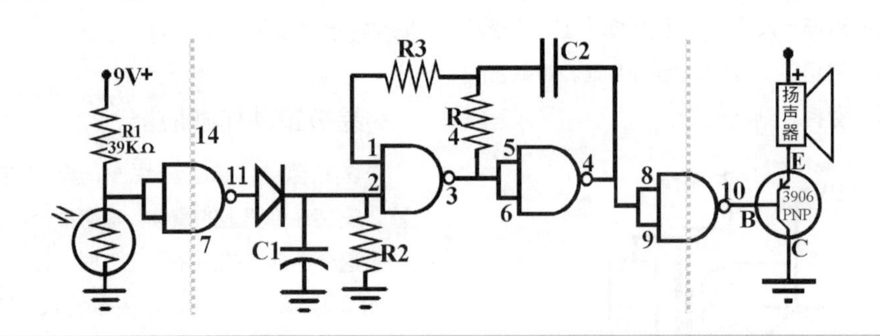

图34-31

表34-6　电路原理图如图34-31所示		
输入	处理器	输出
亮检测器	瞬时开/关	扬声器（放大的）
	RC2 = 80 Hz	

幽灵赛车

网　站www.mhprofessional.com/computing-download的MPG文件中展示了这个赛车的工作原理。挥动你的手，它就会开启。虽然车身装有启动开关，但是它也可以开整整一个晚上。图34-32所示为该赛车的实物图，相关的原理图见图34-33（同时请参照表34-7）。

图34-32

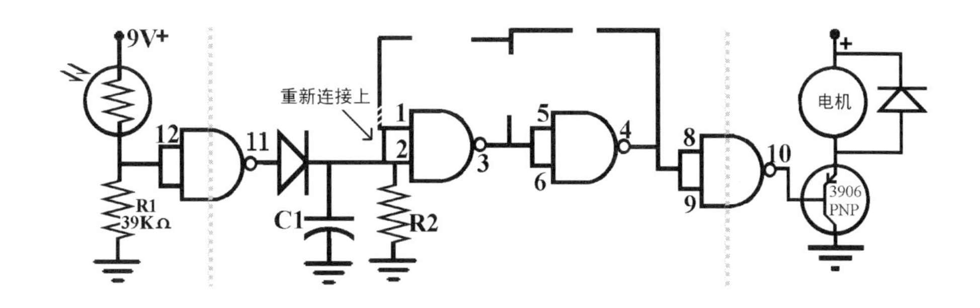

图34-33

表34-7 电路原理图如图34-33所示		
输入	**处理器**	**输出**
暗检测器	RC1 = 10 s	小电机
	RC2 = 禁用	

图34-34

摇摆泰迪熊

这并不是一个多么伟大的天才创意，但它的确是一个很受市场欢迎的畅销产品。其外形如图34-34所示。其内部产生摇摆的特殊电机工作原理如图34-35所示。相关的原理图见图34-36（同时请参照表34-8）。

在泰迪熊的内部有两个胶片罐，而动作检测器就是圈内的弹簧，电机上有一个焊在轴上的重物。弹簧和重物都被封装在了胶片罐中，防止其与其他东西接触而损坏。

图34-35

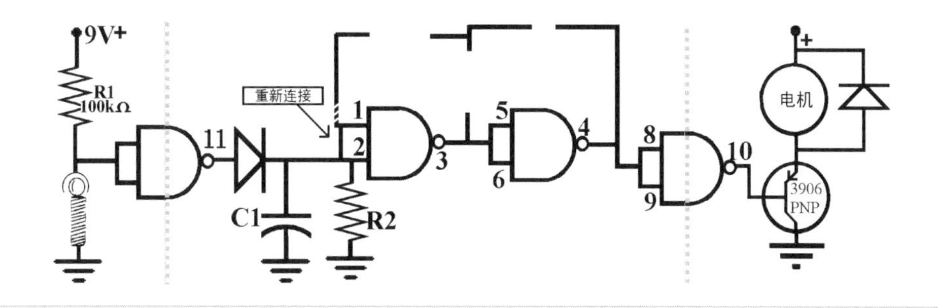

图34-36

表34-8 电路原理图如图34-36所示		
输入	**处理器**	**输出**
运动检测器	RC1 = 10 s	偏心轴电机
	RC2 = 禁用	

简易键盘

这是一个特别有挑战性的装置，关于这个装置工作原理的MPG示例在网站www.mhprofessional.com/computingdownload中有也所展示。

这个装置最初的输入是接触式开关，用于激活这个装置。

第二重输入是通过改变RC2电路中的R4的阻值从而改变输出的频率。RC2通过接入一个阻值为20MΩ的大电阻来为电路提供稳定性。图34-37所示为键盘的外形图，其相关的原理图见图34-38（同时请参照表34-9）。

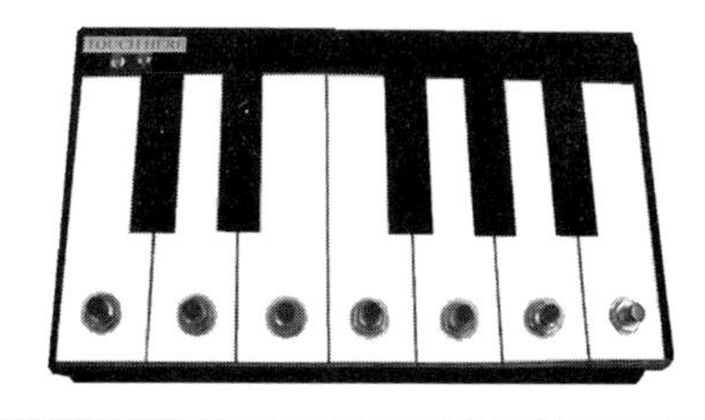

图34-37

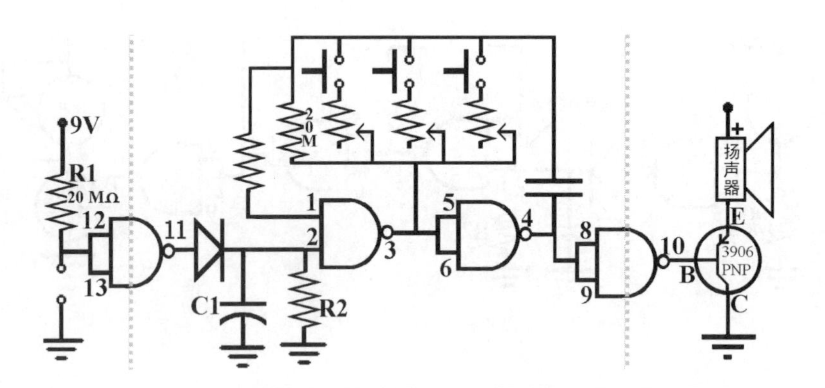

图34-38

表34-9　电路原理图如图34-38所示		
输入	处理器	输出
触摸开关和按钮（RC2）	瞬时开/关	扬声器（放大的）
	RC2＝各种	
	C2＝0.01 QF	
	R4＝各种	

桃心震动泰迪熊

这是一个非常基本的装置，但它作为一款受欢迎的儿童玩具仍然值得一提。可爱的外观和巧妙的创意使这款玩具一直畅销至今。只要你亲吻这只熊的鼻子，它的心就会随之而振动。其外形如图34-39所示，相关的原理图见图34-40（同时请参照表34-10）。

图34-39

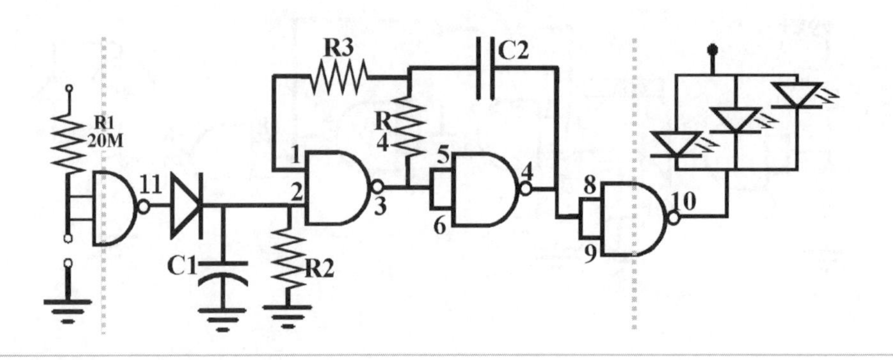

图34-40

表34-10　电路原理图如图34-40所示		
输入	处理器	输出
触摸开关（触点在鼻子上）	RC1＝10 s	LED灯
	RC2＝2次闪烁/s	

第35讲　可行性分析

完成一个简单的电路来实现某种功能，实际上不应该花费几个小时甚至更长的时间。你可以通过以下分析方法来优化你的设计，从而节约时间。

设计装置外壳

运用你身边一切可利用的资源，仔细观察本书实例中的提供方案。它们当中没有一个是要求读者自己制作外壳的。但这些装置都需要被设计将其电路装进一个事先构想好的现成外壳中。

KISS

谨记KISS法则：keep it simple，students！（简单至上。）问问自己，最初的构想足够简单吗？是可实现的吗？

这个电路可以实现你所希望达到的目的吗？要知道，你做的不是一个闹钟，也不是一个收音机。如果你想让自己的装置有两项输出，在有限的条件下，你能够很容易实现的只有让蜂鸣器发声同时让一个LED发光。但你若是想达到同时控制一个音乐芯片及电机的效果，那可就不是件容易的事情了。

简单至上，这是我对你在设计方案时最中肯的建议。

“局部”作用

仔细考虑一下，对你来说，哪些部分是必不可少的？

你可以通过网站www.abra-electronics.com购买电路中所需的一些元件，你会得到一些基本装备，如晶体管。如果你住在大城市，很可能在你的附近就会有专门出售电子元件的实体店。如果在你所居住的地方没有元件供应商，你可以通过查询黄页或者网上购物的方式来找到你所需要的元件。在网站www.abra-electronics.com上有海量元件，并且价位合理。

难度等级

当设计和组建你的电路时，往往需要考虑一下它的难度等级。

很多人追求难度，但是要知道，一个简单明了的方案往往要比一个难以实现的方案更加让人印象深刻。

什么叫“达不到预期”的设计方案？

例如，一个放置在玩具车中的动作检测器。当你振动它时，玩具车就开始启动。但因为在之后的运动过程中，它自己本身就会一直振动，使这个运动检测器毫无意义。这就好像是在潜水艇上装纱门，目的是为了将鱼拒之门外一样。

如果你发现材料很容易，那么现在就设计一个简单明了的方案吧，以便于你可以继续前行。

如果你发现材料对你来说很难，那么也设计一个简单易行的方案吧，这样你就不会陷在其中走不出来，可以继续研究接下来的课程。

时间问题

时间是有限的，我们需要合理地利用时间，以保证有充分的时间来完成我们的小实验。

以下是我们在生活中经常遇到的两种情景：

很多人都会很着急地做一件事。我要做，我马上得做！

我们总会有足够的时间去完成一件事，却没有足够的时间做好一件事。

关于LDR的一些注释

许多用到LDR的场合下都会需要一个开关。想象一下帮助你的弟弟或妹妹完成一个小心愿。当他们上床睡觉的时候，关上灯，洋娃娃的眼睛还在一闪一闪。这样他们就不会害怕黑暗了。或者，你也可以让他们的小台灯亮一整个晚上，伴他们入睡。

安全性

如果你想使用一个继电器控制一个120V的直流电路的开关，应该怎么做？我的答案是：

1. 找你认识的经常跟120V电压打交道的人，比如电工。向他寻求帮助。安全第一！
2. 如果你没有专业人士的协助，那么就修改你的方案，用继电器控制一个较小电压的开关。安全第一！
3. 以下这些你可能不知道的细节会伤害到你，熟知它们，因为安全第一！

   a. 对于120V的电压，你需要一个合适的继电器以及一个外壳。

   b. 将PCB放入外壳中，用9V电压供电，以防粗心碰到电路。

   c. 外壳需要满足负荷高电压要求的标准。

   d. 记得在焊接120V电压的电路时要十分小心，保持干净。可能你在焊接9V的电路时不用那么太注意，电路也能正常工作。但是120V的电路不能掉以轻心，总之注意安全。

   e. 在120V电压下的电路，如果焊接得不太注意，可能会造成重大事故。

练习设计电路

在表35-1和表35-2中描述了两个电路系统。

表35-1　音乐芯片是它自己的系统，由4011芯片的高输出供电			
输入	处理器1（RC1）	处理器2（RC2） 没有振荡器在这个系统中	将引脚10接到芯片V+端
开启式按钮开关（N.O.）	定时为音乐芯片调谐的时间长度		放大到扬声器要求的功率
	原理	原理	原理

表35-2　输出信号的功率被放大，驱动Squawker设计的警报器

输入	处理器1 RC1	处理器2 RC2	输出
描述	描述	描述	描述
原理	原理	原理	原理

试着用你现在没有的一些元件去制作以下这些电路：

1. 试着搭建一个音乐门铃工作电路，并说明一下这个装置的原理。
2. 用你的电路来制成一个汽车警报器，并画出它的原理图。
3. 许多汽车警报器会在倾斜20°的时候自动关闭，从而使牵引汽车时不会发出不必要的警报声。试想一下有没有其他自动输入装置会在这种情况下切断电源，说明一下它们的工作原理。
4. 不管你是如何运用这个电路，其原理是相似的，组件都是由输入、输出以及外壳组成的。

在这个设计中有5个部分的应用。仔细观察它们，做一个大概的图表对可行性进行比较。放弃其中三个可行性低的，然后再从所留的两个中选出一个，实现它。

第36讲　搭建你自己的电路

现在，你要做的就是将之前所准备的元件按照原理图焊接到印制电路板上。的确，PCB会被应用到很多方面。处理电路从本质上来说都是相同的，你可以通过设计不同的输入和输出实现不同的功能。同时，你也需要找到一个合适的外壳将你的电路放进其中。

本讲主要研究的问题就是如何将你所准备的元件在电路板上进行布局，仔细观察你所准备的输入端、处理器、输出端的不同。图36-1是从部底看到的PCB图，图36-2是PCB的顶视图。注意图中所示的电路线和地线是被不同的线所标注的。

图36-3是一个以低功率输出作为应用标准的部分布局图。注意芯片座也是被焊在PCB上的，这样4011芯片就可以根据你的需要即用即插。

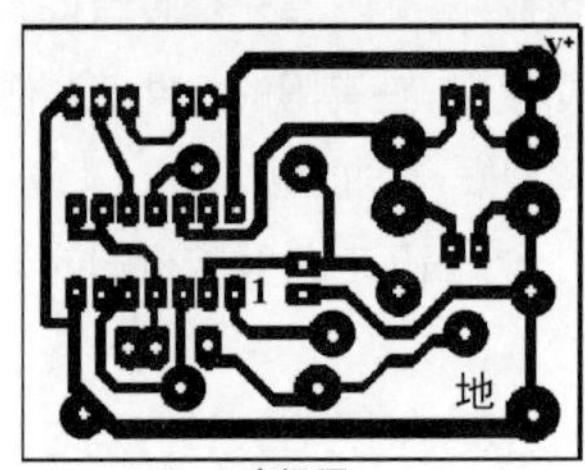

图36-1

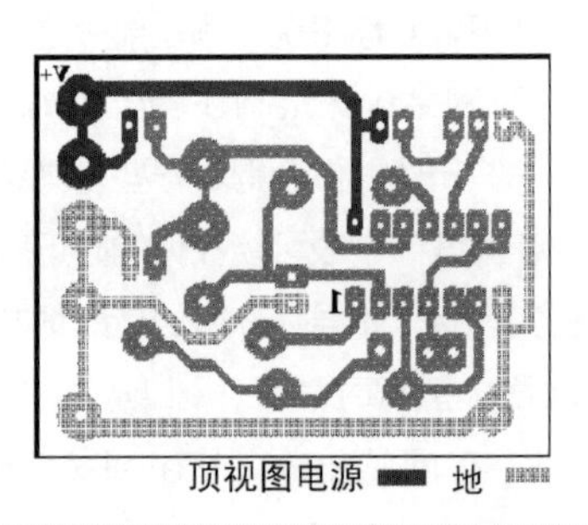

图36-2

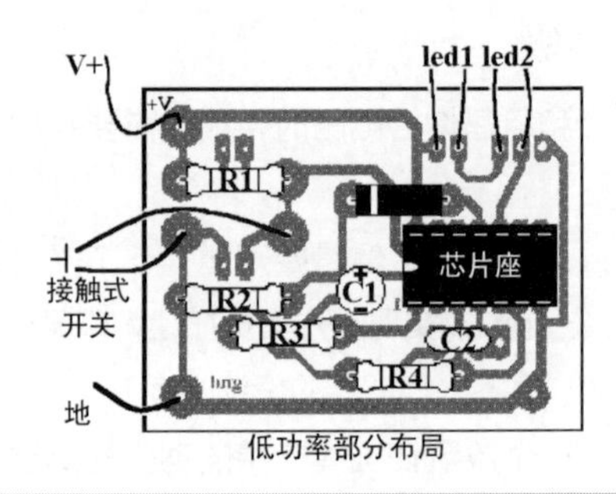

图36-3

以高功率输出的部分布局图如图36-4所示，同样这是一个以高功率作为输出的应用标准。

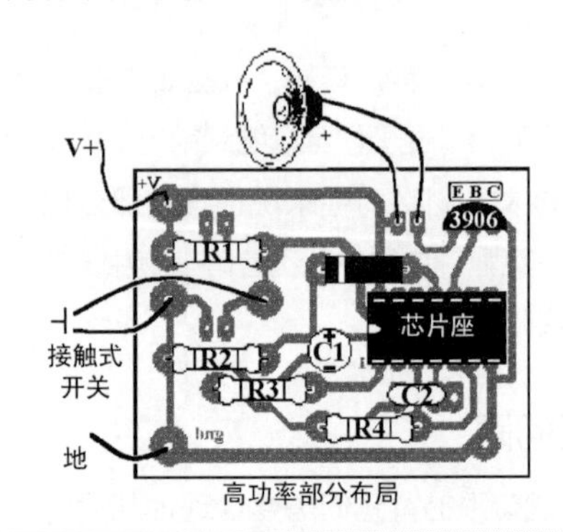

图36-4

输入：变动和电路布局

仔细观察图36-5中所示光检测器与暗检测器两者之间的细微差别。用同样的元件去实现如图36-6所示的接触性开关。

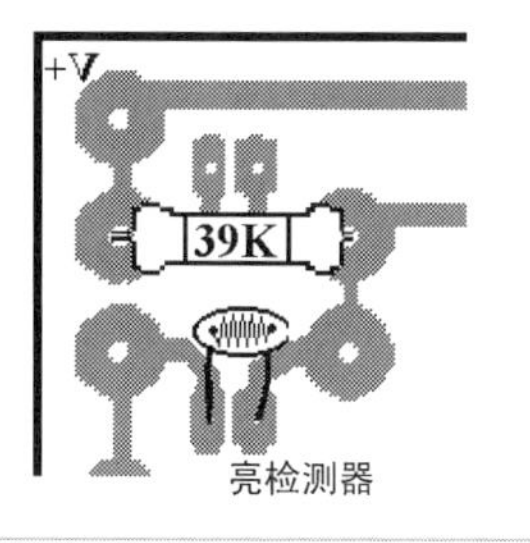

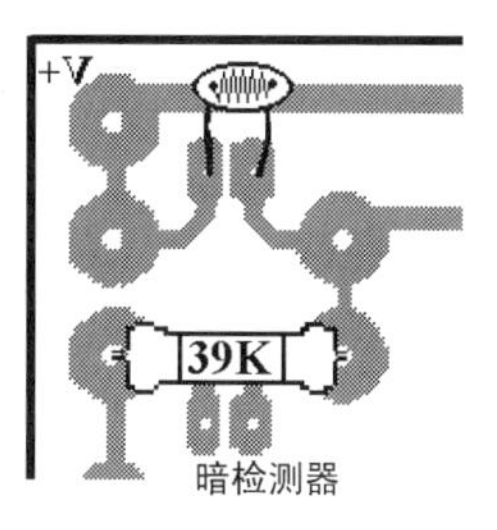

图36-5

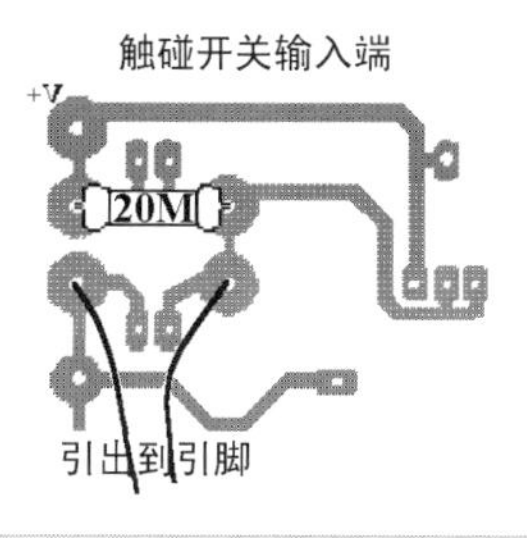

图36-6

RC1：变化，延时，电路布局

记住下表中的数据，这只是一个粗略的参考指导，时间并不是十分精确（参照表36-1）。

表36-1　参考指导

电阻	电容	输出时间
20 MΩ	10 μF	120 s
10 MΩ	10 μF	60 s
4.7 MΩ	10 μF	30 s
20 MΩ	1 μF	12 s
10 MΩ	1 μF	6 s
4.7 MΩ	1 μF	3 s

如果你想手动的为电路加入延时功能，图36-7显示了你应该如何连线才能实现你想达到的目的。

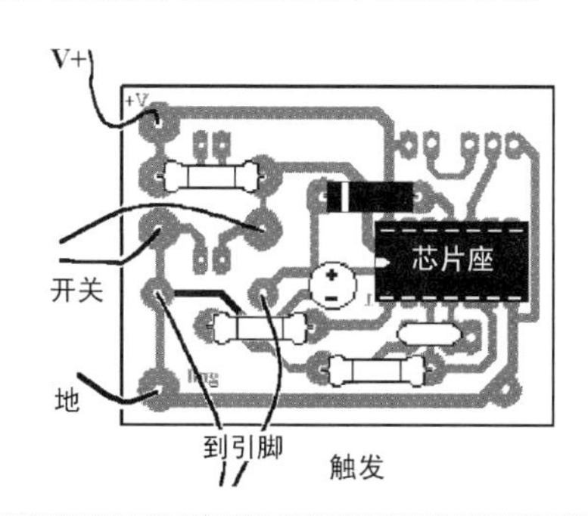

图36-7

RC2：变化，时间

下表也只是个粗略的参考指导（参照表36-2），基于4011芯片的振荡器并不是个精确的计时器。

表36-2　参考指导

电阻	电容	输出时间
2.2 MΩ	0.1 μF	1 Hz
1 MΩ	0.1 μF	2 Hz
470 kΩ	0.1 μF	4 Hz
220 kΩ	0.1 μF	10 Hz
100 kΩ	0.1 μF	20 Hz*
47 kΩ	0.1 μF	40 Hz
22 kΩ	0.1 μF	100 Hz
1 MΩ	0.01 μF	20 Hz*
470 kΩ	0.01 μF	40 Hz
220 kΩ	0.01 μF	100 Hz
100 kΩ	0.01 μF	200 Hz
47 kΩ	0.01 μF	400 Hz
22 kΩ	0.01 μF	1 000 Hz
10 kΩ	0.01 μF	2 000 Hz
4.7 kΩ	0.01 μF	4 000 Hz
2.2 kΩ	0.01 μF	10 000 Hz

*人眼对高于24Hz的图像会看作是连续的画面。

大多数时候人们会选择禁用RC2，最有效率的方式就是图36-8所示的那样将引脚1和引脚2连接起来。

如果最开始你的电路不能工作，那么就应该参照第26讲的方法对它进行检修。

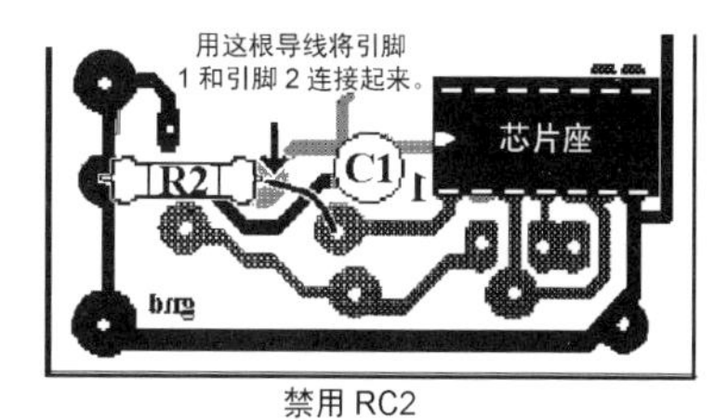

图36-8

系统中的系统

请记住这门课的着眼点在于加深你对电路系统的理解。而理解电路系统最好的方法就是将每一个电路系统视为几个小型电路系统的组合结果。

既有简单的系统，也有由多层复合的子系统构成的复杂系统。就像下面的举例一样：

1. 下图中可见的子系统包括：
   a. 小汽车、大卡车、公路
   b. 火车、轨道
2. 下图中不可见的子系统包括：
   a. 制造业
   b. 维修和护理
   c. 燃料的生产和运输
   d. 销售市场

接下来的篇幅将会对第三部分的每个内容进行详细的描述。

这可以和交通系统的一部分做一个形象的类比。

第三部分

电路中的计数系统

第三部分元件列表		
描述	类型	数量
1N4133(5.1z)	齐纳二极管	1
1N4005	功率二极管	5
2N-3904 NPN型晶体管	TO-92封装	1
发光二极管	5mm	15
七段数码管	七段数码管	1
100Ω	电阻	1
470Ω	电阻	15
1 000Ω	电阻	1
22 000Ω	电阻	1
47 000Ω	电阻	1
100 000Ω	电阻	15
220 000Ω	电阻	1
470 000Ω	电阻	1
1 000 000Ω	电阻	1
2 200 000Ω	电阻	1
10 000 000Ω	电阻	5
20 000 000Ω	电阻	4
0.1μF 瓷片式或薄膜式	电容	2
1μF 插件式 15V	电容	3
22μF 插件式 15V	电容	1
4017环形计数器	IC	1
4046压控振荡器（A-D）	IC	1
4511 7段数码管控制器	IC	1
4516（D-A）	IC	1
4011四双输入端与非门	硬件	1
振荡器输入	PCB	1
双端口输入	PCB	1
4046+定时电路	PCB	1
七段数码管显示	PCB	1
4017环形计数电路	PCB	1

续表

描述	类型	数量
PBNO	硬件	1
电池线夹	硬件	1
发光二极管（彩色）	硬件	10
14针DIP封装芯片座	硬件	1
16针DIP封装芯片座	硬件	4

第11章　模数转换器

先来对你即将应用第三部分知识做成的小模型进行一下预习。你也将会得到关于CMOS集成电路的一些相关知识。

第37讲　会计数的电路

如图37-1所示，DigiDice是你在设计自己的电路之前所需的一个基本模型系统。

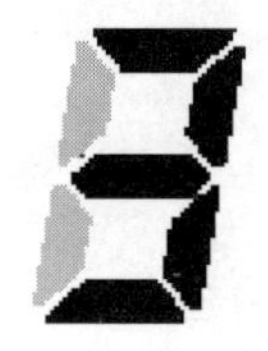

图37-1

参照表37-1，这是一个用来改变模拟电压的随机数字发生器。

表37-1　随机数字发生器

输入	处理器	输出
按下开关	1. 滚降时钟信号（4046 IC）控制引脚2和3	1. 驱动6个LED
	2. 6个LED构成计数环形（4017 IC）	2. 在数码管上显示0到9的数字
	3. 十-二进制转换器(4510 IC)	3. 停止信号发出后，灯会渐渐地熄灭
	4. 二-十进制转换器(4510 IC)；7段数码管	4. 停止信号发出后，数码管和LED经过20秒渐渐地熄灭，直到下一次触发开始

各种各样的应用装置都是从这些元件组合发展而来的，你在商场或者赌场肯定见过类似的装置。

类似的装置有老虎机、彩票机等。可能你也接触过这些装置，类似的这些应用的具体创意会在第47讲中进一步讲解。

你的着眼点应该放在这些元件之间是如何联系在一起工作的，正如图37-2中所示的各个小套件是如何联系形成一个大系统的。

系统中的每一个小部分都是大单元的组成部分，而每一个单元又是更大的系统的组成部分。

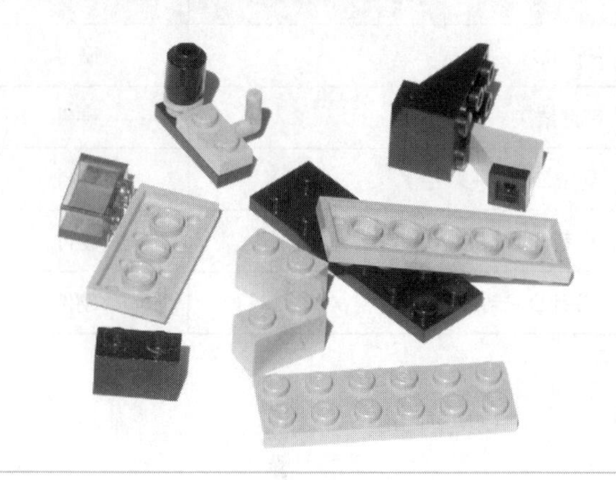

图37-2

根据Don Lancaster所著的《CMOS Cookbook》的第50页中所述：

“对于来源可靠的CMOS芯片，只需要简单的常识就能够判断芯片有没有损坏。基本上每100个芯片中会出现2个损坏的，若是从品质中等的货源中挑选，可能会有稍微低一点的损坏率，除非你故意从品质极差的货源中进行挑选。通常而言，IC芯片都是电路中最可靠和最不易被破坏的部分。”

“如果你的CMOS电路不能正常工作，那么导致这个结果的原因通常不是IC本身而是你的操作方法出现问题，一般包括如下原因：

1. 忘记加输入信号
2. 忘记对时钟信号去抖和整型
3. 电源连接错误，可能完全没接电源，或者可能电源接反
4. 把IC芯片放反了
5. 将PCB颠倒而导致整个电路接反
6. 忘记连接芯片座的引脚，或其引脚损坏，抑或引脚松动弯曲
7. 误读电阻的阻值（你能够分清15Ω和1MΩ的色环区别吗？）

“当然，对于电路板上各个焊点的开焊和虚焊也会导致电路不正常工作。”

“总之，要记住：先反思人为原因，再分析元件的问题。在给电路供电之前，要始终假设电路中可能还有错误。基本上，你的每一次假设都会被证实是正确的。事实上，如果你第一次实验就进行得无比顺利，那将意味着后边会有更大的隐患，而这隐患将是更难以解决的。通常所说的‘已然正确’实际上意味着‘错误’，而那些似是而非的显

示实际上是IC芯片在尽可能地完成自己的任务，而不是你自己的设计思路起着主要作用。”

谨记：那些看起来好像不可能的输出，实际上就是不可能的输出。

第38讲　RC1—实现开关

首先，先为你介绍一种用在RC电路中的元件：齐纳二极管（即稳压二极管），它用于改变4046 IC芯片的输入。

这个电路的开关就是一个RC电路。RC电路放电时提供的电压是由0 ~ 4V。但是我的供电电源不是只能提供9V的电压吗？那么如何获得4V的电压？对于这个问题，你就需要一个齐纳二极管来进行解决。图38-1以及表38-1为三种常用二极管的比较。

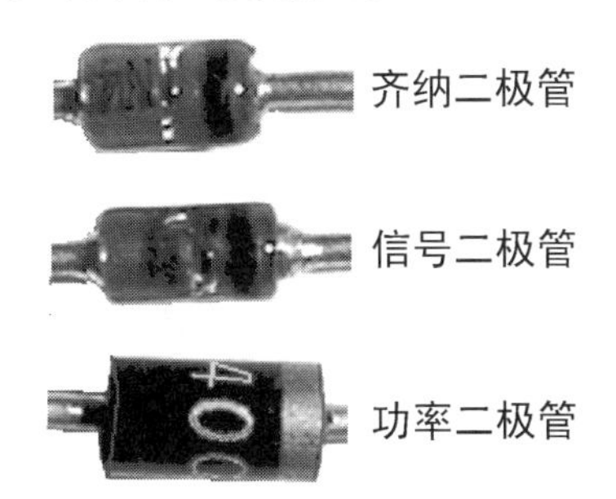

图38-1

表38-1　三种常用的二极管	
稳压二极管	就好像高峰时刻的单向车道，适用于交通情况比较清闲时
信号二极管	就好像控制单向车道的阀（缓慢，单向）
功率二极管	就好像适用于比较严重阻塞的交通情况时的单向车道（4车道高速公路）

只要有足够大的反向电压，齐纳二极管就能够双向导通。也就是说，只要有足够的电压加在阳极（正极），那么所有的电压都可以通过，如图38-2所示。

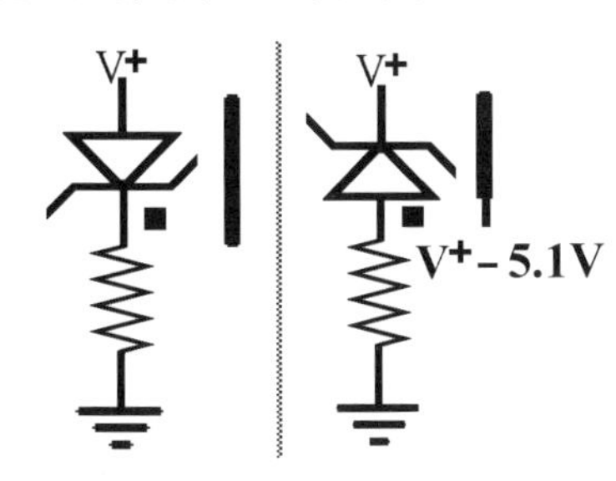

图38-2

但是在图38-2的右侧，电压是加到二极管阴极（负极）的。在这种情况下，只有达到一个特定的电压值，二极管才会反向导通，这个数值称为齐纳二极管的击穿电压。超过这个电压后，二极管单向导通的性质就会被破坏。我们通常使用的二极管的击穿电压是5.1V。

虽然标记齐纳二极管的方式同其他二极管是一样的，但它必须是被反向放置在电路中的。所以作为表示二极管阴极的黑线，如图38-3所示，在电路中是需要指向电路的正电压方向的。注意齐纳二极管的阴极条是弯曲的。

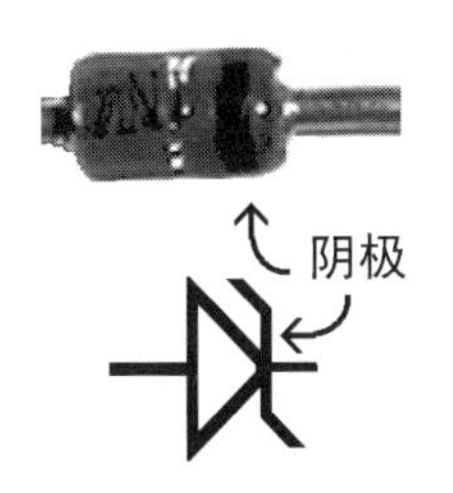

图38-3

齐纳二极管的工作电压是2 ~ 20V。

要注意你所提供的电压必须是7V或7V以上。如果你使用功率二极管作为保护装置，它的电压将会下降将近1V。7V减去1V只剩6V的有用电压，而齐纳二极管的击穿电压是5V，因此，6V减5V还剩1V，则电路上还有1V电压。你只能使用这1V的电压。

如果你用9V的电源作为供给，那么这就是一个需要特别注意的问题。

练习

RC1-实现开关

1. 对齐纳二极管的击穿电压进行测量。测量结果为5.1V。

图38-4为你提供了两种测试电路。

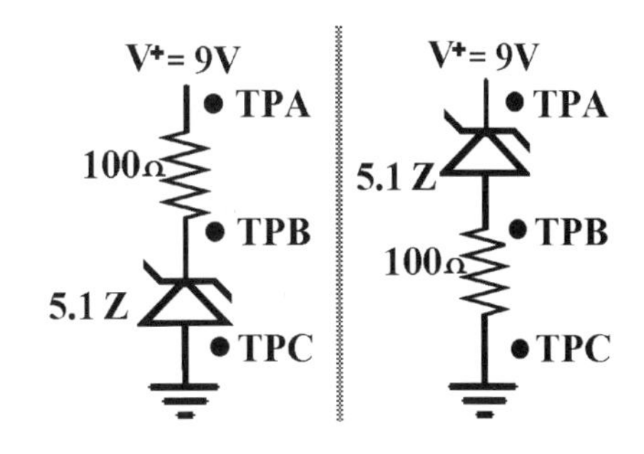

图38-4

电路中的各个元件所占用的电压都不会因为它在电路中的位置不同而改变（见表38-2）。

表38-2　两个不同的电路	
左边的电路	**右边的电路**
TPA到TPC的总电压=__________	TPA到 TPC的总电压= __________
TPA到TPB的分压=__________	TPA到TPB的分压= __________
通过齐纳二极管的电压=__________	通过二极管的电压= __________
额定误差=__________	额定误差= __________

2 现在参照表38-3检查齐纳二极管的实际作用。图38-4所示为两个电路。对每一个电路分别进行测量，并对每个LED灯的亮度进行标记。

表38-3　两个不同的电路	
左边的电路	**右边的电路**
TPA到TPD（电压接地）	TPA到TPD
TPA到TPB	TPA到TPB
TPB到TPC	在LED这个位置有多少电压可用?
LED在该点的电压是多少?	TPB到TPC
TPC到TPD	TPC到TPD
描述这个LED灯和另一个电路相比较的亮度。	描述这个LED灯的亮度。
	为什么两者LED灯的亮度不同?

3 简述“击穿电压”的定义。

____

4 如果一个齐纳二极管的击穿电压为7.9V，那么当电源电压V+为12V时，经过二极管后的剩余电压是多少? ______________________

搭建面包板电路

参照图38-5所示的电路原理图，在面包板上搭建电路（参照元件清单）。

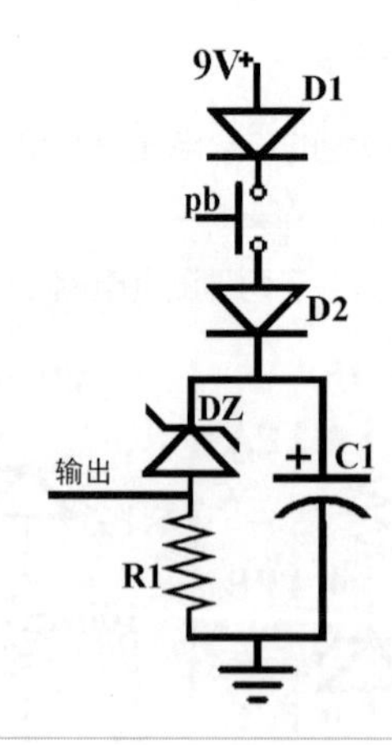

图38-5

元件清单

- PB——开启式按钮开关
- D1、D2——功率二极管
- R1——10 MΩ
- DZ——5.1齐纳二极管
- C1——1 μF电解电容

这将是一个用在更大的系统中的开关，但首先要对输出端的初始电压进行测量。测量项目包括以下几项:

1 峰值电压是多少?

2 当电压下降到0V时，所需要的时间是多少?

3 装置的敏感度如何?

a. 当你按下开关时，电路是否有电压通过?

b. 用LDR取代电路中的按钮开关，会发生什么?

4 改变R1、C1的数值，RC电路的反应变化和你所预期的一样吗?

5 将齐纳二极管从电路中去掉，用导线代替，重复上述的测量步骤。分析一下齐纳二极管在这个开关电路中的主要作用是什么?

第39讲　4046压控振荡器

4046芯片将从RC开关电路获得的模拟电压转换成数字时钟信号（见表39-1）。这就是“模拟到数字”转换器，以数字的形式计数——“0- 1- 0- 1- 0- 1- 0”。

表39-1　4046 IC芯片应用的系统功能表

来自RC1的引脚9的输入	VCO处理器	时钟信号输出
系统的放电速度是由RC1电路中R1和C1的值决定的	4046的VCO处理器是通过比较引脚9和引脚16的电压来工作的	下降沿所持续的时间由RC1控制
RC1电路的电压在0 ~ 4V之间变化	输出端引脚4的振荡频率和输入端的电压有着直接关系	输出端信号上升过程迅速，而下降过程缓慢
	输入端的电压越高，输出端的振荡频率越快。电路的最高振荡频率是由R2和C2的值决定的	补充：时钟信号在不到5 μs时间内从0V上升到V+ (1 μ = 1微 = 0.000 001)

在引脚9的输入电压决定了引脚4输出的时钟信号的频率。我们在面包板上来搭建该电路（参照下面的元件清单）。

注意图39-1的电路原理图，该芯片的顶部只有3个引脚是接到电路中的。不要在 4046的上面再搭其他的电路了。

元件清单

- R1——10 MΩ
- R2——220 kΩ
- C1——1 μF电解电容
- C2——0.1 μF薄膜电容或瓷片电容
- D1——1N400# 功率二极管
- D2——1N400# 功率二极管
- DZ——1N1N4733 5.1齐纳二极管
- PB——开启式按钮开关
- LED——直径5mm
- IC1——4046 CMOS

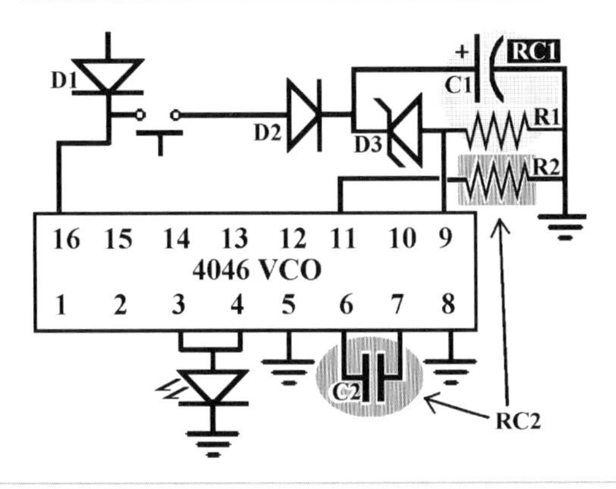

图39-1

还要注意必须压缩电路所占用的面包板的空间。如图39-2所示，你要将电路挤在面包板上最初的15行之内。

预期效果

电路的工作应该是下面描述的过程：在你按下或者释放按钮时，LED灯就会亮起来。当你等待的时候，你会观察到LED在闪烁，但是闪烁的频率快到以至于你无法确定它是否在闪烁。当你再耐心地观察时，随着频率减缓，闪烁的情况会越来越明显。在它停止闪烁之前会经历一个非常缓慢的过程。总之它最终会停止闪烁。最后LED灯可能会亮着，也可能会熄灭。在www.mhprofessional.com/computingdownload这个网站中有关于上述工作过程的动画演示。

图39-2

1. 我们仅仅使用了4046的压降振荡器的功能部分。
2. 在面包板上搭建该电路，并且简单测试一下是否可以正常工作。
3. 谨记图39-2中所示的那样节约面包板的空间，这个电路只能占面包板的前15行。

4. 所有的元件都应该按东西方向或者南北方向放置。
5. 导线不要在主要的元件上面跨过去。
6. 导线的长度应该尽量短，以你的小拇指不能够伸进导线下面为宜。

在这个电路原理图中，连接R2和引脚11的导线要跨过接在引脚9的导线，注意两根导线不要碰到。

4046数据手册

现在让我们看一下4046的数据手册。即便你的电路并没有马上开始正常工作，也需要先浏览一下芯片的数据手册。

图39-3所示的一些信息对所有IC芯片都适用。就像制造产品，每一个芯片上都标记着重要的信息。

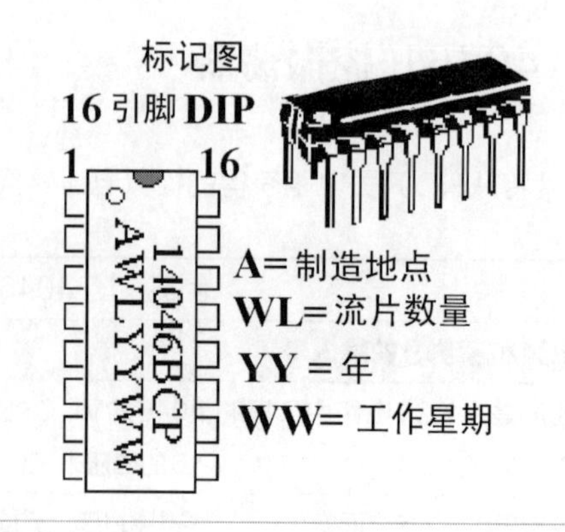

图39-3

系统功能以及引脚分配见图39-4。对于任何一种4046的数据手册，都有关于4046作为压控振荡器和相位比较器的芯片功能的详细描述。

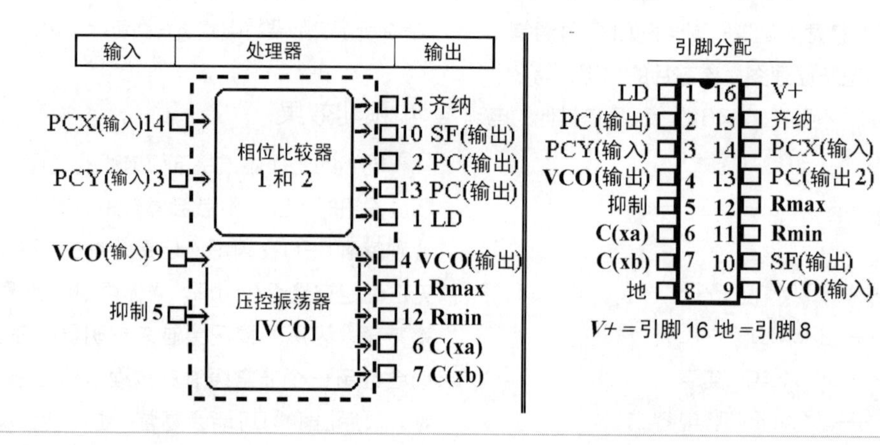

图39-4

1. 4046 IC是双功能芯片。它有两个主要的处理器，可以彼此独立工作。根据我们的具体需要，我们将用到4046的VCO功能来将输入端的模拟电压信号转换成输出端的数字时钟信号。
2. 对于所有的IC芯片而言，没有用到的输入引脚一定要接到确定的电平上（要么V+，要么地），不用的输出引脚必须保持开路。
3. 对于引脚5的抑制输入端一定要置低。当抑制输入端为高电平时，VCO功能就会被禁用，而转换为待机模式——最小功率消耗模式。
4. 引脚9为VCO的模拟信号输入端。
5. 引脚4为输出的方波形式的数字信号。
6. VCO的输出频率由以下三个因素决定：
   a. 引脚9的电压值（与V+和地的电压值相比）。
   b. 接在引脚6和7之间的电容Cx以及电阻Rmax，构成了RC电路，通过它们能够设置电路达到的最大工作频率。
   c. 电容Cx和电阻Rmin构成另一个RC电路，通过它们能够设置电路的最小工作频率。阻抗越高，最小的闪烁频率就越慢。在这个电路中，没有Rmin，即为开路，阻抗趋近于无穷，则最小的闪烁频率为0（完全停止）（参照表39-2）。

表39-2 最小的闪烁频率

输入	处理器	输出
接到引脚9的电压	引脚9的输入电压	在引脚4输出方波信号
	同V+和地的电压相比较	
	输出的最大频率是由Cx和Rmx所决定的	
	输出的最小频率是由Cx和Rmn所决定的	

这个例子的输出波形可以在www.mhprofessional.

com/computingdownload这个网站中看到。同时也可以在该网站中下载到实际的波形图和Soundcard Scope软件。

故障排除（PCCP方法）

故障排除通常分为4步：

1. 电源（Power）：检查你的电源和地的接触。用数字万用表检查电源和地到芯片的连接，包括电源所提供的电压、正确的连接以及电源接头是否损坏。
2. 跨接（Crossovers）：先直接观察，排查从电路表面上可以看到的不合适的接触点。不要忘记你跨接的导线是否有问题。这里讨论的是电路方面的问题。
3. 连接（Connections）：根据原理图检查电路的连接。举例来说，在原理图上引脚9到引脚16只有3条连接。在底部的引脚1和引脚8之间有5条连接。你是否多了一条或少了一条呢？它们都在正确的位置上吗？
4. 极性（Polarity）：如果电路被接反了，对电路的影响是什么？请好好想想。二极管或者输出端的LED灯都可能接反。C1是一个电解电容，所以它也是有极性的。那么芯片呢？如果它被置于反向，它还能够正常工作吗？请不要在这种情况下去尝试是否可以，有可能会烧毁芯片。

如果你使用PCCP故障排除法，电路中出现的95%的问题都可以被解决。估计一下输出端的状态。用数字万用表去测量一下，看看测量值和你的预期结果是否一致。

练习

4046压控振荡器

1. 这里有一个你需要思考的问题，仔细看4046的系统功能表，为什么引脚3和4是连接在一起的？________________
2. 在数字逻辑中有两种状态，就好像“夏威夷”和“阿拉斯加”一样。那么这两个逻辑状态分别是什么？________和________
3. 为什么没有用到的输入端引脚一定要置高或者置低？__________
4. RC1电路决定了时钟信号下降过程的时间长短：

   R1=________

   C1=________

   RC1电路的延时________

   用比C1值大10倍的电容代替C1，会有什么效果？
5. 给电路供电的电源电压是多大？用数字万用表测量引脚16的电压。______V
6. 去掉LED灯，将数字万用表的红色探头直接接到引脚4，黑色探头接地。启动电路，记录下在时钟信号开始时引脚4处的电压值______V

   在时钟信号开始时，引脚4的电压值应该是引脚16的一半。
7. 示波器（Soundcard Scope）是帮助理解电路原理最好的工具。将LED移除，用示波器探头的红色夹子与引脚3和4的输出端相连，黑色的接地。将插头接入声卡的“Line in”端口，示波器的设置如图39-5所示。

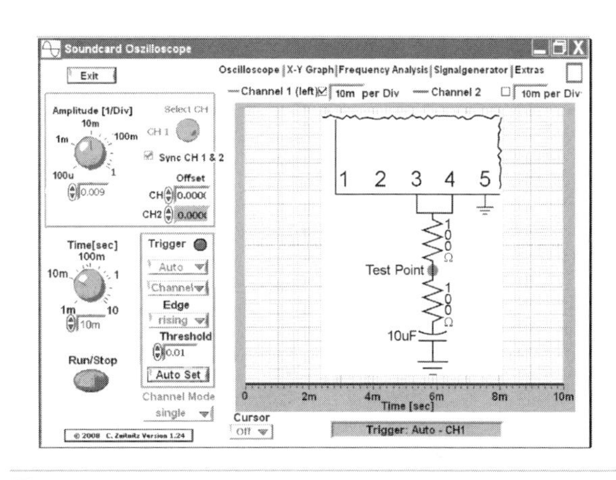

图39-5

如图39-6所示，图示说明了用数字万用表测出的电压读数为什么会是V+的一半。输出电压为V+在一个周期的一半时间，另一半时间电压为0V。信号变化得非常快，以至于用数字万用表测得的数值为电压的平均值，结果为V+的一半。

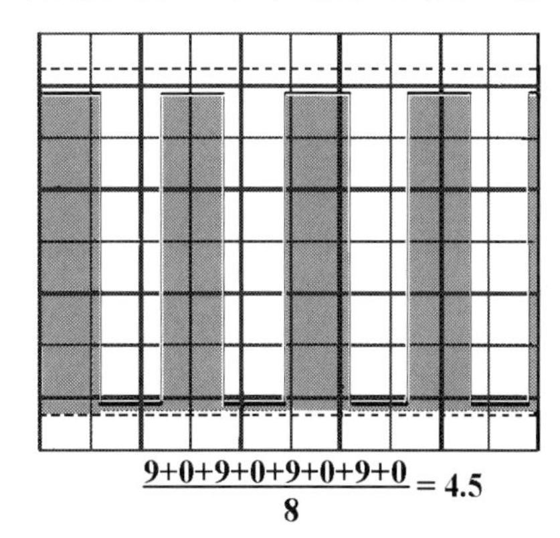

图39-6

8 参考术语表，简述“时钟信号”的定义。

____

9 方波是由频率稳定的时钟信号构成的。在图39-7中，画出示波器显示的方波信号波形。

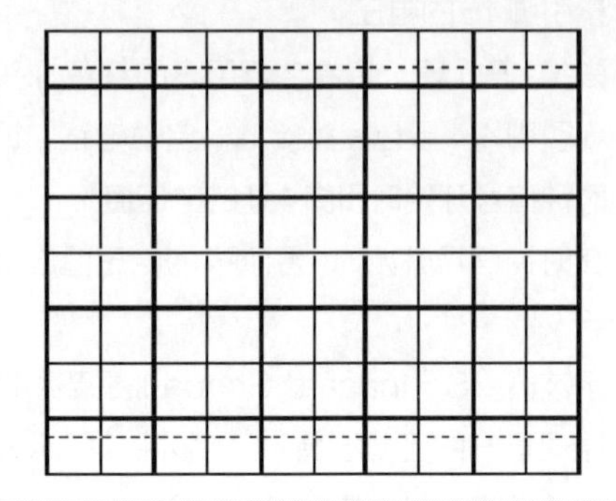

图39-7

10 参照图39-8对你的面包板电路做简单修改。通过修改后的电路，你可以用一个分压器来调整电压的大小。如果保持引脚9的输入电压不变，那么引脚4的输出电压会发生什么变化？

____

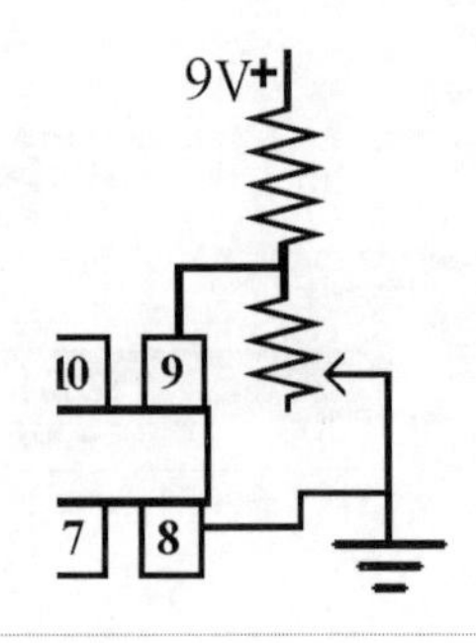

图39-8

11 仔细观察图39-9所示的原理图。

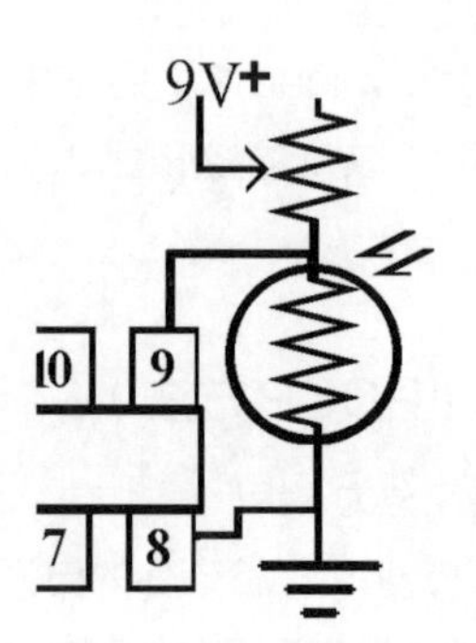

图39-9

12 通过RC2控制电路的最大工作频率。RC2电路是由Cx和Rmx构成的，对应电路原理图中的C2和R2。如果电阻阻值为现在阻值的10倍，将会发生什么现象？

频率将会是：

a. 原频率的10倍

b. 原频率的1/10

尝试一下，将电阻换成2.2MΩ，频率是变大了还是变小了？你所预测的结果又是怎样？考虑一下，所提高的阻抗对C2的放电速度有什么影响？再将R2的值变回220kΩ。

13 在4046的数据手册中，引脚12的Rmn控制着最小的工作频率。现在引脚12为开路，开路即意味着阻值无穷大。将一个10MΩ电阻连接在引脚12和地之间，激活电路。结果将会怎样？

如果只有较小的阻值，预测一下最小的工作频率是会上升还是下降？

输入	处理器	输出
足够的光线	VCO模式	频率改变

第12章　4017环形计数器

前面我们已经介绍了如何输出一个时钟信号，现在我们就把电路从1个LED扩展到11个LED。这些LED不是一下全部都亮起来，而是按照1，2，3，4，5，6，7，8，9，10，1，2，3，…这样的顺序依次循环亮起来的，就好像在计数一样。如果再利用进位输出端，还可以数得更多。

第40讲　十进制4017环形计数器的介绍

表40-1所示为4017集成电路芯片的原型电路应用的系统功能描述。在电路设计时应尽量节省电路所占用的空间，所有LED的阴极都要接地。可以将面包板下面没有用过的那一行作为地来使用，如图40-1所示。通常LED需要经过串联一个电阻后再接地。

表40-1　原型电路的应用

输入	处理器	输出
从4046输出的时钟信号驱动LED	1. 每个时钟周期，使输出端从0 ~ 9依次变为高电平。	1. 在10个输出端口之间快速的循环计数。
	2. 当计数到达输出端口9之后，电路又重新从输出端口0开始计数。	2. 当停止信号发出后，环形计数的速度将逐渐放慢，最后在任意一个输出端停下来。

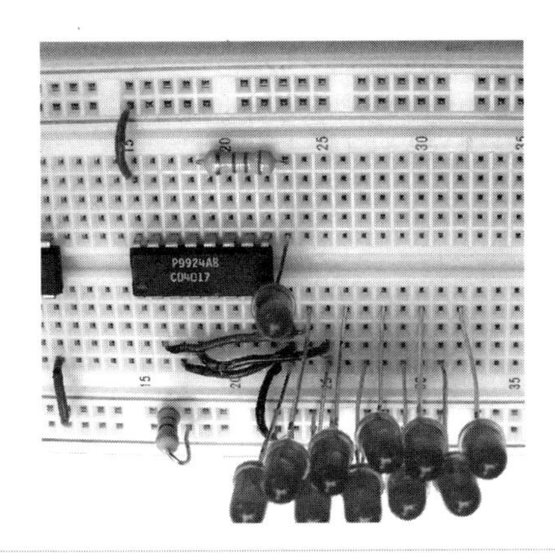

图40-1

元件清单

- IC2——4017环形计数器
- R3——47 kΩ
- R4——10 kΩ
- R5——470 Ω
- R6——470 Ω
- LEDs——11个

将电路添加到面包板上

4017是一款非常简单易用的IC芯片，图40-2所示为电路的原理图。4046 VCO的时钟信号输出端与4017的输入端相连。

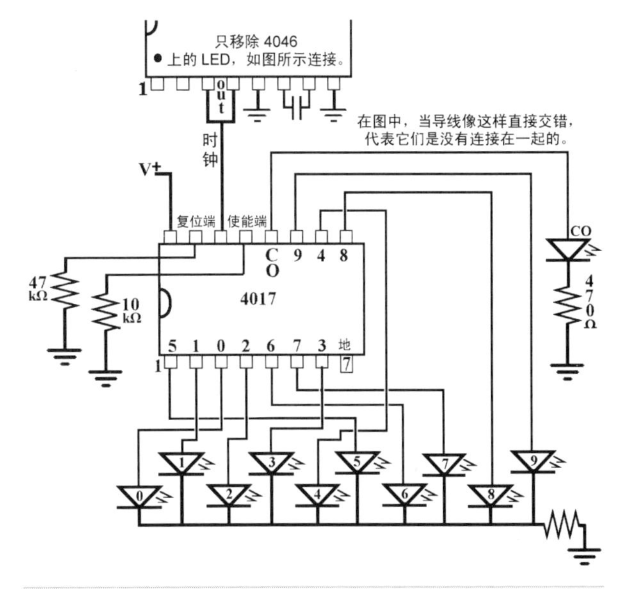

图40-2

预期效果

开启按钮开关后，4046 VCO电路将被触发，10个LED灯就会像拉链一样，一个接着一个的亮起来，“拉链”的速度是随着时钟输出信号频率的变化而变化的。当你让它停下来的时候，电路中会有一个LED仍然亮着。

在网站www.mhprofessional.com/computingdownload上可以看到电路效果的演示动画，演示了在固定时钟周期的信号下LED的变化过程。如果你的实际电路没有出现预期的效果，不要着急，先看一下下面的数据手册。

4017数据手册

图40-3所示为该芯片的系统功能和引脚分配图。

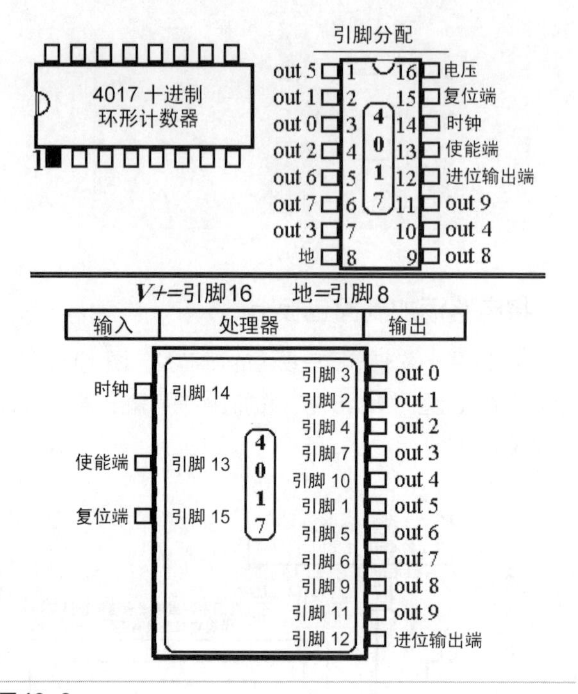

图40-3

在正常情况下，使能端和复位端需要接地。

对于时钟信号的每个周期来说，从out（0）到out（9）的输出端口的电平依次置高，在时钟信号的上升沿，计数一次。根据芯片特点，通常引脚输出端口不能够保持高电平，所以在任意时刻只有一个输出端口为高电平。当计数器数到9时，即out（9）为高电平，下一个时钟周期输入又从0开始计数，即再把out（0）拉高，我们把它定义为“环形计数”。

进位输出端

当计数到输出端口out（9）时，引脚12进位输出端变为高电平。进位输出端在从0 ~ 4计数的时候，输出高电平；从5 ~ 9的时候，输出低电平。

因为每10个时钟周期进位输出端会变化一次，所以4017通常被用作“十进制计数器”或“十分频器”。进位输出端的时间周期是时钟信号的10倍。例如，可以将引脚14输入的频率为10 000Hz的信号，转化为在引脚12输出的频率为1 000Hz的信号。

复位端瞬间地被置高将使计数器清零并回到out（0），即将引脚3的输出置高，其他所有输出端口都置低。复位端必须重新置低，才能使计数器重新开始计数。如果想停止计数，可以将使能端置高。若把使能端引脚13重新置低，计数器将接着刚才停止的地方计数。

对于任何一个数字电路，输入端必须要时刻都有确定的信号，即高电平或者低电平的输入。

当然，每个输入端口都要有相应的状态。

- 将引脚13的使能端设置为低电平，4017将会停止计数。
- 将引脚15的复位端设置为低电平，电路才能正常工作。否则，4017将会停止计数，并在out（0）上输出高电平。

时钟信号必须保持稳定的状态，每次计数都发生在时钟由低到高变化的上升沿的时刻。

4017芯片同样具有CMOS芯片省电的优点。芯片在待机状态下，5V电源下的功耗仅为0.002W。

故障排除

如果你的电路不能正常工作，那该怎么办？这个问题需要系统地去考虑。我们可以用PCCP故障排除法来检查电路。但是现在这个电路有两块芯片，面积比之前大了一倍。所以在动手解决问题之前，需要问自己一些必要的问题。

1. 准备好纸和笔来记录信息了吗？
2. 哪部分电路在工作，是否有时钟信号？

   如果没有时钟信号，那么就是VCO（压控振荡器）的问题。

   如果有时钟信号，但LED不正常工作，那么就是计数器的问题。
3. 一旦把问题缩小到单个芯片电路，我们就可以使用PCCP故障排除法了。不要嫌麻烦，再检查一下电源。

   下面是关于4017电路的一些检查方法：

   - 确保引脚14有来自于4046输出的时钟信号（引脚3和引脚4）。
   - 确保所有LED的阴极（负极）都接在一起。
   - 确保所有LED都经过串联一个470Ω的电阻后接地。

下面是最容易出现的错误：

1. 将4017中的LED正负极接反了。
2. 没有将引脚15（复位端）接地。根据电路原理图，引脚15要先串联一个47kΩ的电阻再接地。如果将引脚15接到V+上，输出端口0会持续输出高电平。若没有将引脚15接在高电平或低电平，则输入端会受到空气中产生静电的影响，产生不稳定的结果。一个悬浮的输入端会产生很难解释的“幽灵”现象。

3 没有将引脚13（使能端）接地。同样，引脚13要先串联一个10kΩ的电阻再接地。如果将引脚13接到V+，就没有任何电平输出，同时所有的LED也都会不亮。如果没有将引脚13接高电平或低电平，将会产生上述的“幽灵”现象。

练习

4017环形计数器

图40-4是在电路原理图中常用的连接的表示形式。

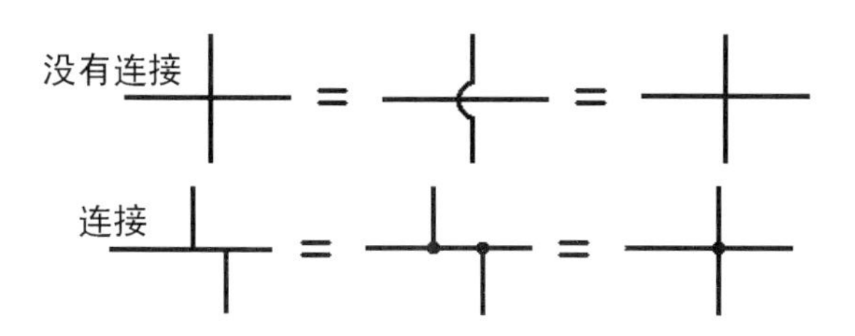

图40-4

1 资料手册中提到要有“确定”的输入，请你描述一下什么是“确定”的输入？

2 用什么控制一个集成电路芯片？

3 若没有确定的输入电平，就会产生“幽灵”现象。之所以称之为“幽灵”是因为电路产生不确定的状态，而且也没法解释产生这种现象的原因。

- 利用数字万用表测试找出哪个引脚导致电路产生“幽灵”现象。

a. 将万用表设置为AC挡

b. 将探头线接在数字万用表上

c. 始终观察数字万用表的显示屏

- 观察到的最高交流电压为________AC mV。
- 同上，再测一次直流电压，观察到的最高电压为________DC mV。

没有连接的输入端既不是高电平也不是低电平，这些输入端会受到空中的信号或静电的影响。这些信号来源于：

- 无线电台和电视信号
- 手机信号
- 墙壁上的电线

4 简单解释一下：在没有确定输入电平时，哪些因素能够产生“幽灵”现象？

5 当没有确定输入时，导致的结果都有哪些？

6a 与4017相连的输入端有哪三个？（可参考4017资料手册中的相关信息）

a. ______在引脚______与4046的输出端相接。

b. ______在引脚______在正常操作的情况下是确定的。

c. ______在引脚______在正常操作的情况下是确定的。

6b 说明每个输入端的功能。（可参考4017数据手册中的相关信息）

a. ________/功能________________

b. ________/功能________________

c. ________/功能________________

7a 时钟信号的定义是什么？

____

7b 如图40-5所示，哪个图形能代表理想的时钟信号？

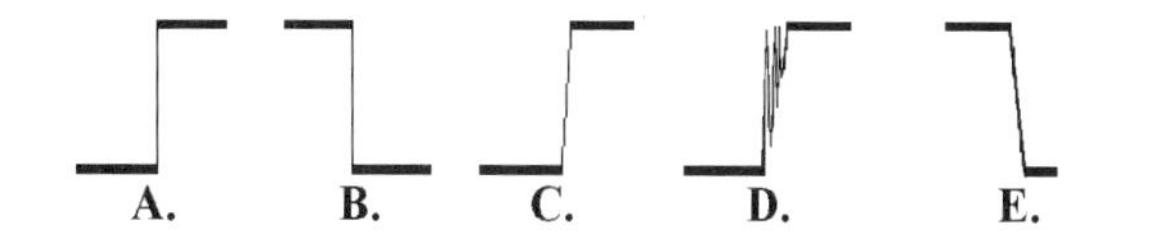

图40-5

8 将数字万用表设置为VDC挡，把红色的探头接在4017的引脚1，接通电路。请问测量的结果与4046引脚3和引脚4的输出一样吗？______

9 示波器上显示的4046 VCO 的输出波形会与图40-6所示的波形相似。

如果利用示波器去测量4017引脚1的输出波形呢？

a. 输出相同频率的时钟信号

b. 输出信号频率的一半

c. 前五个时钟周期为高电平，后五个时钟周期为低电平

d. 只输出信号频率的1/10

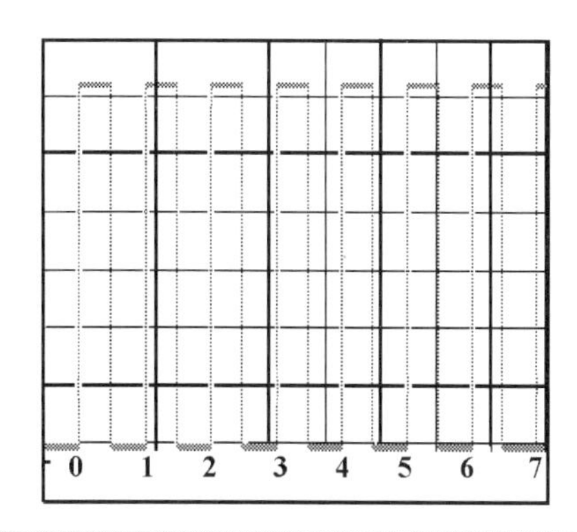

图40-6

10 思考一下进位输出端（引脚12）。

a. 进位输出端先输出半个周期的高电平，再输出

半个周期的低电平，高低电平的时间相等，如此循环。

4017的进位输出端什么时候从低电平变为高电平？________

什么时候从高电平变为低电平？________

b. 请解释为什么引脚12与其他引脚（0 ~ 9）不同？（参考4017数据手册）

第41讲　了解4017使用的时钟信号

时钟信号被广泛地用于电子系统的触发输入。

定义：时钟信号就是干净的数字信号，它的电压能瞬时从低至高地变化，变化的时间小于5 μs(也就是0.000 005秒)。

时钟信号具有以下特点：

- 非常干净的信号
- 没有抖动或回波
- 作为触发输入使用

时钟信号是由4046 VCO电路产生的，并用来作为4017电路的触发信号。如图41-1所示，每个时钟信号都会给4017产生一个高输出。

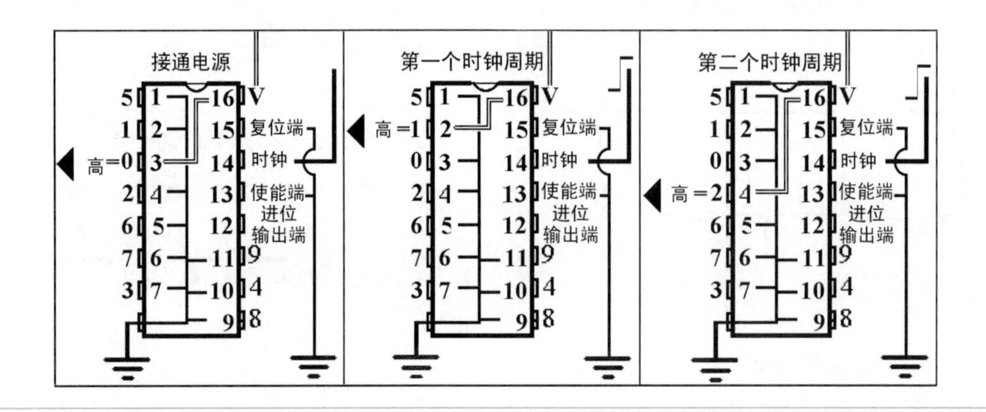

图41-1

每个4017的输出端都提供一个从低到高变化的干净时钟信号。当输出端从9跳至0的时候，引脚12的进位输出端变为高电平，并在计数器从out（4）数到out（5）保持不变。任意输出端口都可以用作触发其他电路的时钟信号。

若复位端瞬间变为高电平，计数器清零。

若使能端为高电平，计数器停止计数直到使能端变为低电平。

切记，所有的输入端必须要有确定的输入的高或低电平。

在学习本节的时候你可以参考一下前面第40讲的数据手册。

为了更好地了解电路，将其中一个LED反接。

- 接通电路。
- 有多少LED同时亮起来？________
- 灯会比原来变得暗一些，同时有两个LED亮着，一个是另外九个LED中的一个，另一个是反接的LED。
- 图41-2画出了这种现象。

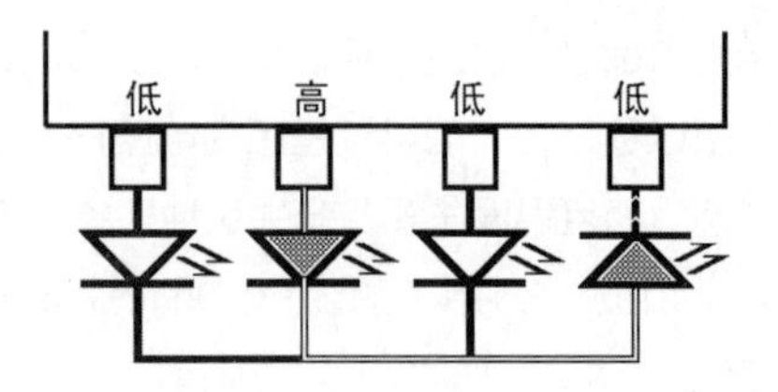

图41-2

记住：在任何时刻，都只有一个输出端为高电平，其余的都是低电平。

反接的LED起到了接地的作用，因此计数器数到的输出端的LED与反接LED构成一个回路，两个LED灯都亮了。好的，现在把LED电路恢复成原样。

练习

了解4017使用的时钟信号

这里我们来比较一下按钮开关和时钟信号输出，这个电路用一个简单的机械开关来代替时钟信号。时钟信号是极其快速（几百万分之一秒）和干净的。每一个时钟信号都会点亮一个LED，注意练习之前确保电路已恢复原样。

1 如图41-3所示，将100kΩ的电阻和开启式按钮开关接在4017的时钟输入端。

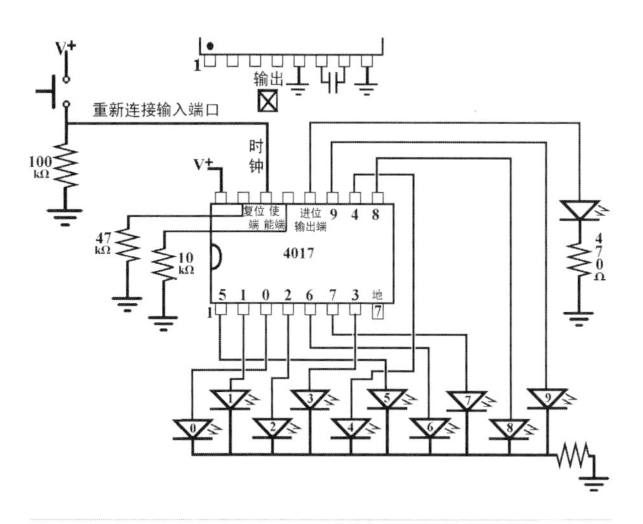

图41-3

2 将从4046(引脚3和引脚4)接到4017(引脚14)上的时钟信号线移除，然后接通电源。

3 现在电路中哪个LED是亮着的？LED#________

- 按下按钮开关，不要释放。
- 现在哪个LED是亮的？LED#________
- 释放按钮开关。
- 在释放按钮开关后，计数器在计数吗？释放开关意味着电压从V+到0的变化。

4 试想一下，快速按下按钮使电压从0突变至V+，那是一个时钟信号吗？____________

- 任何机械元件都不能提供时钟信号。
- 时钟信号必须由电子元件来产生。

5 多次按下并释放按钮开关。

- 你可能希望计数器一次数一个或者一次数两个，甚至三个。
- 类似按钮开关这样的物理接触式开关，不能提供像时钟信号这样干净的信号。
- 如图41-4所示，一个不干净的信号会有抖动，这样的抖动在精度不高的示波器上是看不出来的。但当你每次按动按钮，你就能看到抖动的结果，也就是4017在计数时有时会多数几个。

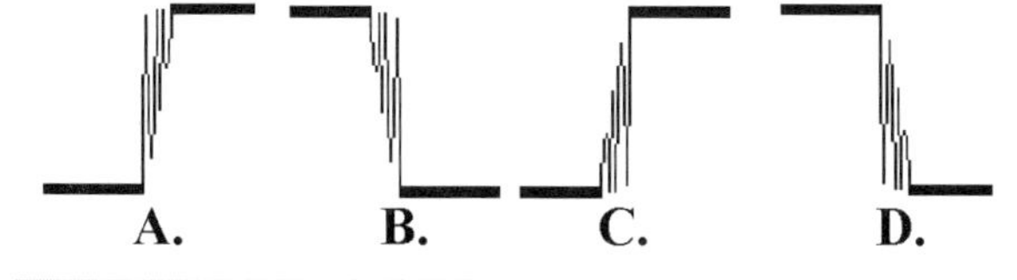

图41-4

CMOS 4093是专门被设计用来对机械开关的抖动实现“去抖”处理的，它与4011芯片没太大的不同，只是对输入信号的响应更加精确。

第42讲　控制计数——利用芯片的控制端口

我们在前面已经了解到时钟信号是最重要的输入信号，现在我们一起来认识一下其他两个输入端口和它们的作用。

如图42-1所示，在面包板上接两根长的测试导线，在需要的时候用来接到电源的V+上。先不要连接导线的另一端。注意引脚15（复位端）和引脚13（使能端）是经过串联一个电阻后接地的，因此输入端为低电平。

复位端

1 触发4046开始计数，10个LED会一个接一个地闪烁，然后将复位端的测试探头接到7号LED的正极（阳极），会出现什么现象？

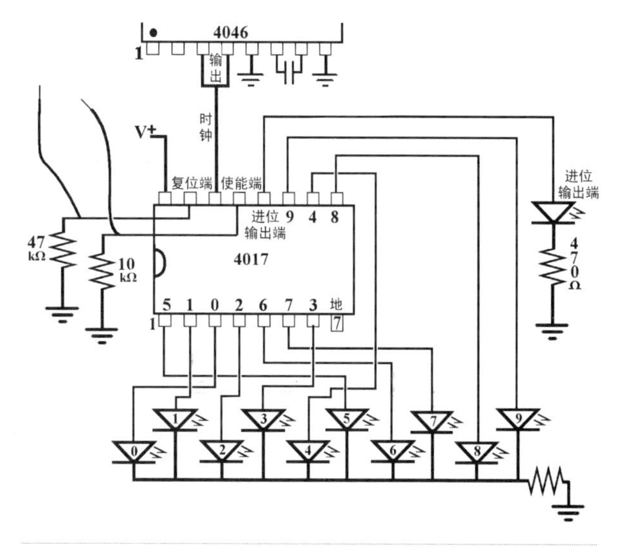

图42-1

2 选择另外一个LED，重复上述步骤又会怎样？若将复位端设置为高电平一会儿后，会产生什么样的效果？

3 等到时钟信号停止的时候，将其接到V+上。

4 若保持复位端接在高电平，会出现什么现象，会开始计数吗？

查看数据手册上是如何定义复位端的。思考一下它的定义和实验的现象一致吗？使能端也是如此。

使能端

1 拔掉复位端的测试导线，启动电路开始计数，将使能端测试探头接到任一LED上的负极（阴极），会出现什么现象？

2 换成另一个LED会怎样？如果将使能端设置为高电平一会儿后，会产生什么样的效果？

3 等到时钟信号停止的时候，将其接到V+上。

4 若保持使能端接在高电平，会出现什么现象，会开始计数吗？

想一想这么做有什么好处？不同的人有不同的要求，有的人不想从0一直数到9，可能只想数到6，就象掷骰子一样。也可能你在做一只6条腿的机器昆虫，就可以用4017来控制这个机器。图42-2所示是在视频监视系统中应用4017的一个简单有效的例子。

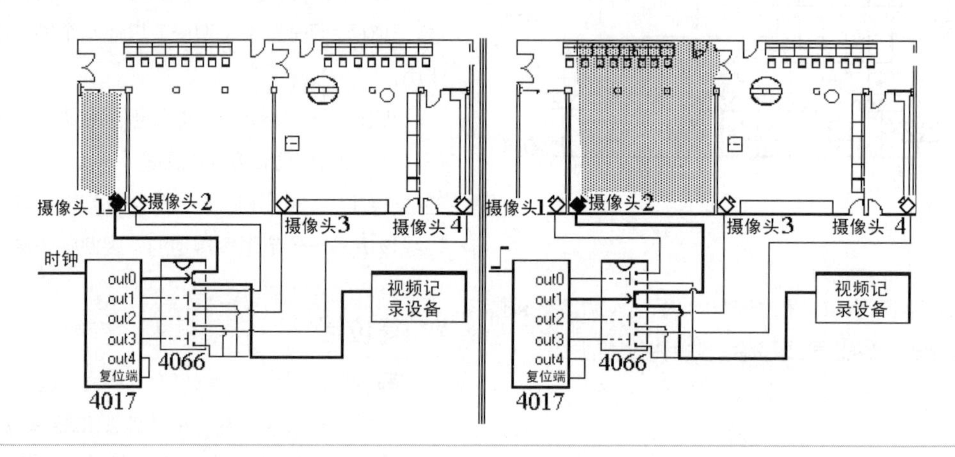

图42-2

这个系统需要用高电平来使系统复位，并不要求是干净的时钟信号，随便的一个瞬时高电平即可。这个电路中采用的是引脚10的输出信号。为什么不在引脚10上接一个LED，对该引脚进行测试呢？这是因为电路的工作速度太快，以致我们没办法注意到LED的变化。

5 设想一下当复位端的测试导线接到引脚1时，引脚1与哪个输出端口相关？

a. out 0

b. out 2

c. out 4

d. out 5

e. out 10

6 在点亮的LED灯下面画线。0，1，2，3，4，5,6,7,8,9。

7 这个电路中进位输出端的输出信号是如何变化的？

a. 一直为高。

b. 前2个周期为高，后2个周期为低。

c. 没有变化。

8 下面这三个芯片的输入端口接的是什么类型的信号？

a. 时钟________________

b. 复位端________________

c. 使能端________________

9 看一下电路原理图，使能端经过串联一个10kΩ的电阻后接地，从4046开始接通电路。在计数到中间的时候，将使能端接到V+，观察一下现象。保持30秒，断开使能端接V+测试导线，使它恢复为低电平，计数又从刚才中间的数开始计起。描述一下使能端的作用。

____

10 以下的系统功能描述表描述了图42-2视频安全系统的处理过程（参考表42-1）。

表42-1 系统功能

输入	处理器	输出
视频摄像头信号	该处理器有三个主要部分	视频记录设备
	1. 产生时钟信号的电路。	
	2. 4017的作用是什么？	
	3. 4066*的作用是什么？	

*4066相当于封装了四个高质量的NPN型晶体管，它在电路中的作用是什么？

第13章　使用七段数码管

七段数码管的显示电路主要由两个芯片组成，“主”芯片和“从”芯片。我先来介绍从芯片4511，这样便于我们了解它是怎样受控于主芯片的。之后再来介绍主芯片4516。通过讲解和实验，你会熟悉这两款芯片的基本功能。在本章的最后，你就能够制作出一个DigiDice的原型电路，并能够解释它的工作原理，而且你还能够随意控制它。

第43讲　七段数码管介绍

现在你可以输出一个实际的数字了，但实际上那只是由一组LED拼成的各个数字。

表43-1所示是我们在第三部分中要实现的电路系统功能的描述(见表43-1)。

表43-1　系统功能描述

输入	处理器	输出
按钮开关	1. 产生时钟信号(4046 IC)控制2	1. 6个LED快速循环。
	2. 在引脚6重置环形计数器(4017 IC)	2. 从0 ~ 6快速循环。
	3. 二进制转十进制小数(4511 IC)	3. 发出停止信号后,循环逐渐变慢,最后停在1 ~ 6任意一个数上。

别忘了我们的电路系统最后还会有一个输出的数字，在这一章,我们就把数字显示给加上。使用七段数码管就能够显示数字了，如图43-1所示。七段数码管是由分别装在矩形方框里的七个LED灯组成的。

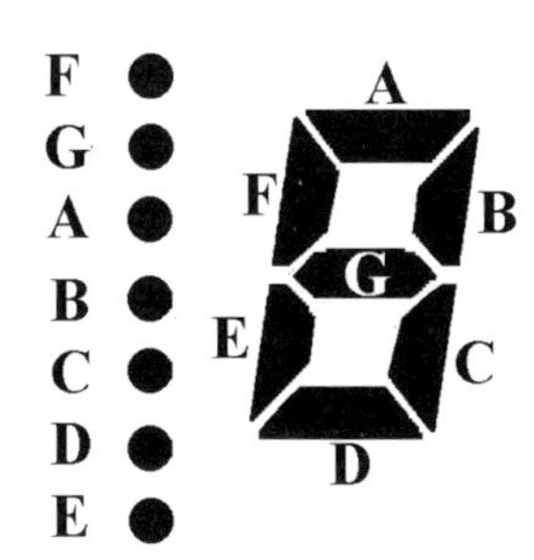

图43-1

可能你手中已经有了七段数码管，如果你打算先试一下，那么它们可能会工作，也可能不会工作。这是因为你还不知道你手里的是哪种类型的管子。七段数码管主要有两种类型，CC和CA。我们在本书中用的是共阴极（CC）七段数码管，图43-2所示为其电路原理图。

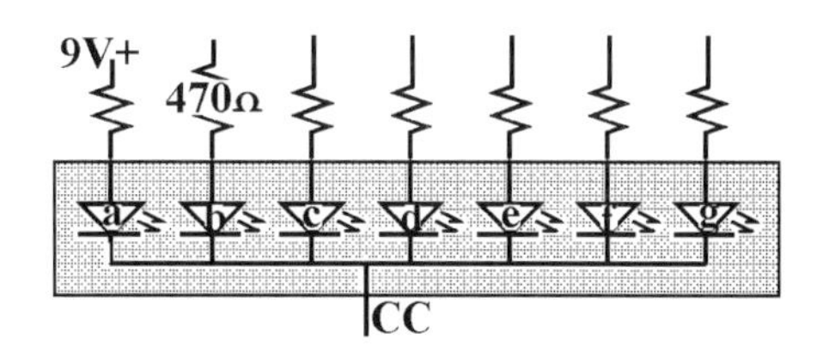

图43-2

为什么叫它共阴极七段数码管呢？这是因为所有LED的阴极都接在同一根地线上。同时你必须给每个LED的阳极都串联一个电阻。图43-3是共阳极（CA）七段数码管，它的构成与共阴极七段数码管一样，但电路连接方式完全相反。

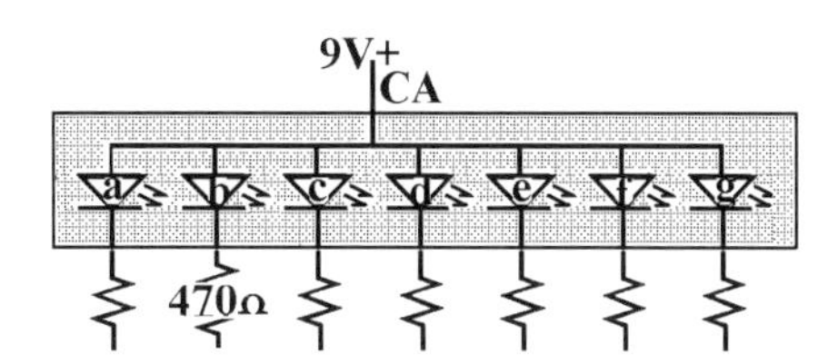

图43-3

共阳极七段数码管的所有LED的阳极都接同一根电源线上，每个LED的阴极都需要串联一个电阻。注意：两种类型是不可互换的。若用CC型代替CA型，相当于反接了一个LED以致无法正常工作，所以任何电路中CC型都不能代替CA型。

现在我们需要找出LED与引脚的对应关系。如图43-4所示，在面包板上插上七段数码管。

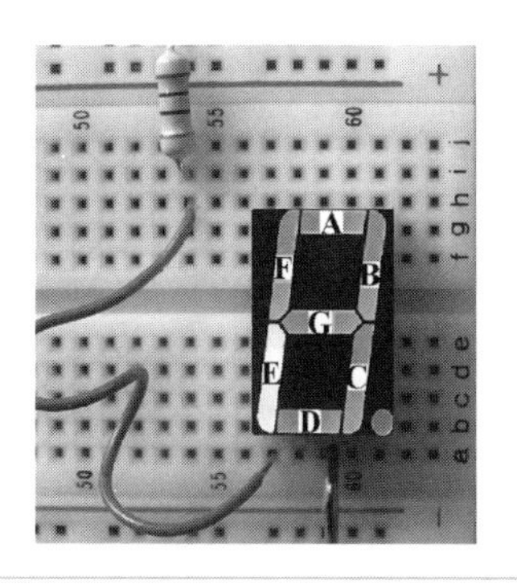

图43-4

确保给每个引脚上都加了470Ω的电阻，来降低LED灯上的电压。两边引脚最中间的一个为公共的接地端，只需要将一个接地就好。

这时我们利用一根导线来确定哪个引脚点亮了哪个LED灯。然后做好标记。因为在下一个电路中就会用到这些信息了。

好的，试一下如何显示数字7呢？

第44讲　用4511 BCD译码器控制七段数码管

1 我们需要一种简单的方法来在七段数码管上显示数字。这里我们用一种芯片来控制七段数码管。

2 在电路中会用到几块IC芯片通过改变输入信号来使输出的数字变化。

3 4511 BCD CMOS芯片是一款的BCD译码功能的处理器。

4511数据手册

图44-1所示为4511 BCD译码器的系统功能和引脚分配图。

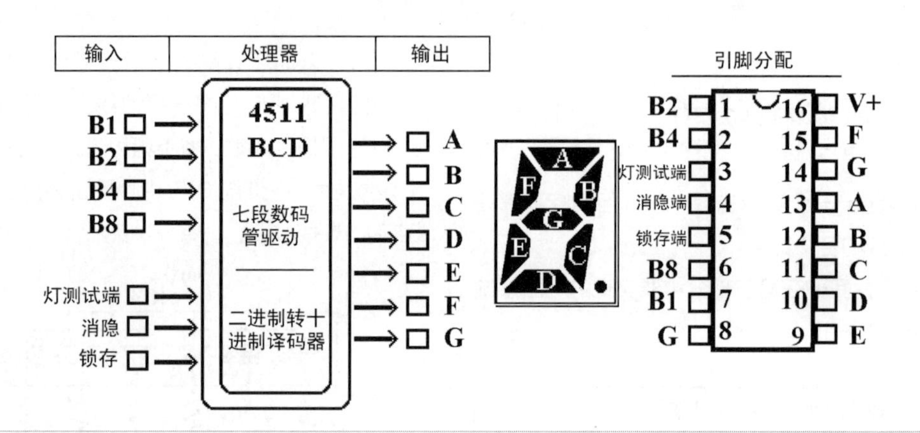

图44-1

基本原理

4511 BCD七段译码器把二进制输入转换成七段数码管上显示的数字，七段数码管由7个共阴极LED组成（所有LED有一个公共端接地）。

二进制码接在输入端B1、B2、B4、B8，将被译码，最终显示在CC型七段数码管上。例如：当B8为低电平，B2、B4为高电平，B1为低电平时，即[0110]，这种输入状态会使输出端c、d、e、f、g为高电平，而输出端a、b为低电平，则数码管的显示为十进制的数字6。

通常情况下，锁存端接地，灯测试端和消隐端接高电平。

- 灯测试端：若灯测试端为低电平，则所有与数码管对应的输出端都是高电平。
- 消隐端：若消隐端为低电平，则所有与数码管对应的输出端都是低电平，数码管不显示。

当输入代表一个比9大的数值时，会清除显示。虽然四位二进制能从0（0000）数到15（1111），但4511只是被设计用来控制七段数码管的，所以只能数到9。大于1001的二进制数将没有任何显示，即关闭所有的显示输出端。

若锁存端被拉高，那么输入端的当前值会被锁住，可以供以后来使用。

表44-1是4511 BCD七段译码电路的功能描述。

表44-1　4511 BCD七段译码电路的功能描述

输入	处理器	输出
一个二进制数字在二进制输入端提供高电平	二进制码被转换成数码管显示的十进制数	七段数码管上以十进制的形式显示二进制输入

制作4511驱动的七段数码管显示电路

如图44-2所示，在面包板的末端插上4511芯片和七段数码管。

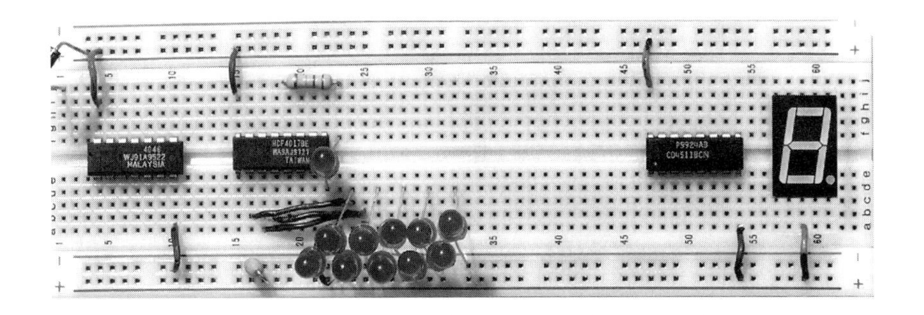

图44-2

按照图44-3所示的电路原理图搭建显示电路。

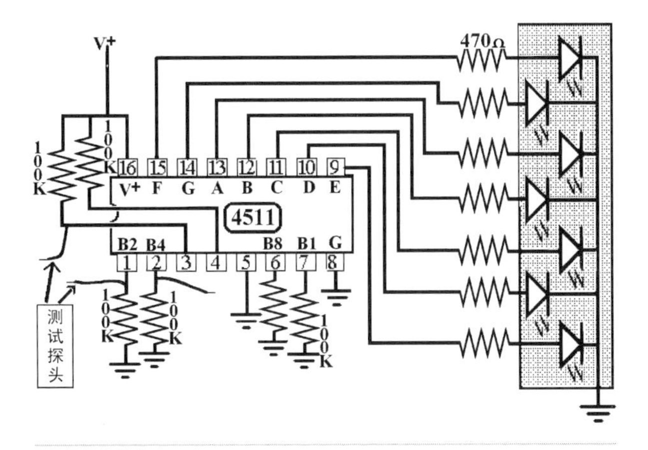

图44-3

用一根导线作为测试探头，将用在本节的测试实验中。

搭建这个电路具有一定的挑战性，图44-4可以提供给你一些帮助。下面有一些技巧和注意事项：

图44-4

- 电阻的引脚不要太长，把长出来的引线剪掉，并将电阻置于电路板的右上方。
- 相距较远的元件用稍长的绝缘导线来连接，小心不要让导线从面包板的孔里弹出来。
- 尽管导线柔软容易弯曲，但是折的过弯也会使包在绝缘皮里边的导线折断。这种情况是很难被发现的，所以用的时候要尽量避免这种情况发生。

预期效果

在接通电路的时候，七段数码管显示的数字是0，此时A、B、C、D、E、F这六段被点亮。横段G不亮。如果你得到的是一个反过来的“6”，那们你可能是把“F”和“G”的输出端接反了。

1. 将B1、B2、B4、B8端用导线探头分别接在V+上，就可以直接把高电平信号“引入”到二进制输入端了。
2. 将B2、B4同时接到V+上。
3. 尝试不同的组合方式会有什么结果?
4. 若同时给B2和B8接高电平会怎样？数码管应该是没有显示的。

故障排除

经过PCCP的一系列测试后，下面是电路中最常出现的问题：

- 导线交叉导致短路。
- 元件接反了。
- 数码管的LED灯烧坏了。
- 引脚4的消隐端和引脚5的灯测试端接到了V+或者接地，都会使电路工作不正常。

练习

利用4511 BCD译码器控制七段数码管

输入端B8、B4、B2和B1代表的是二进制输入端。

四个二进制输入端口将会产生一个四位二进制数，图44-5形象地演示了二进制数的输入如何转换成驱动数码管的显示输出。

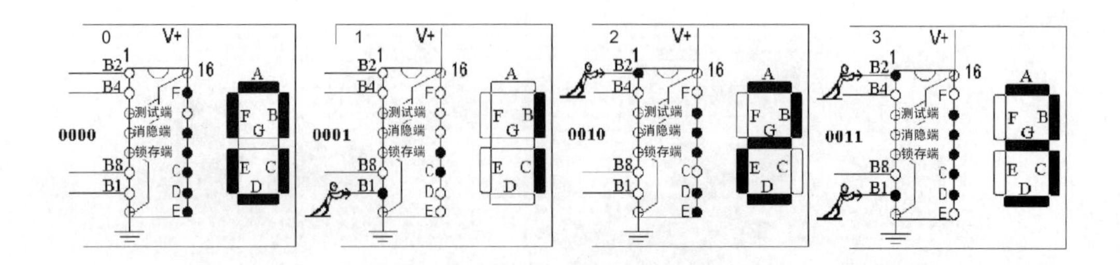

图44-5

1. 用导线探头将B1(引脚7)接到电源V+上，数码管显示的是什么？________
2. 用导线探头将B2(引脚1)接到电源V+上，数码管显示的是什么？________
3. 用两根导线探头分别将B1和B2接到电源V+上，数码管显示的是什么？________
4. 按照表44-2进行操作。

表44-2 导线探头

数字	B8	B4	B2	B1	二进制数	七段数码管输出端
0	低	低	低	低	0000	A B C D E F
1	低	低	低	高	0001	C和D
2						
3						
4						
5						
6						
7						
8						
9						
10						

当B8、B1端都为高电平，B4、B2端为低电平时，此时是4511能够识别的最大的二进制数。

其实也就意味着4511计数最大到9。任何大于“十进制9”的二进制输入都会导致数码管没有任何的显示。

5. 为什么引脚1、2、6、7要串联一个100kΩ的电阻后再接地？

____

6. 一个四位二进制数最大能到多少？

____

7. 4511驱动的七段数码管能够显示的最大数值是多少？

____

8. BCD实际就是二进制转十进制：二进制输入-十进制输出。

那么十进制数7用二进制数怎么表示？

____

9. 除了二进制输入端外，4511还有另外三个输入端，它们都是哪些引脚，有什么功能？(参考4511数据手册)

a. ________端在引脚________，在正常工作的情况下输入信号为________电平，其功能是________________。

b. ________端在引脚________，在正常工作的情况下输入信号为________电平，其功能是________________。

c. ________端在引脚________，在正常工作的情况下输入信号为________电平，其功能是________________。

10. 分别测试灯测试端和消隐端的功能，简单的方法就是将它们直接接地。

第45讲 十进制到二进制——4516

4516的输出信号送到4511的二进制输入端。它将4046 VCO输出的十进制时钟信号转换成4511需要的二进制信号。本讲我们将学习4516 BCD芯片的原理及其应用。

数据手册：4516四位二进制加/减计数器

图45-1所示是4516的系统功能和引脚分配图。

基本原理

对于输入的时钟信号，每一个周期二进制输出端都会计数一次。二进制数可以看作是相应的输出端输出高电平信号。例如：对于十进制数字“7”来说，输出端B8为低电平，B4、B2、B1为高电平[0111]。

在正常工作的状态下，进位输入端、复位端和预加载端都保持为低电平。

引脚15的时钟信号每输入一个周期，由加/减控制端决定二进制数计数器增加或减少一个数。B8、B4、B2和B1端以二进制的形式输出。

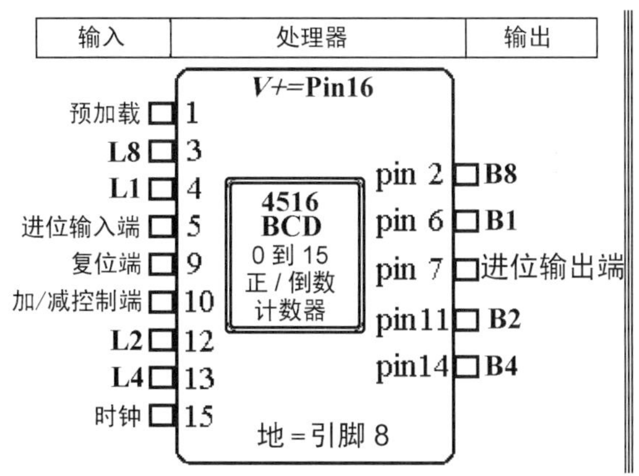

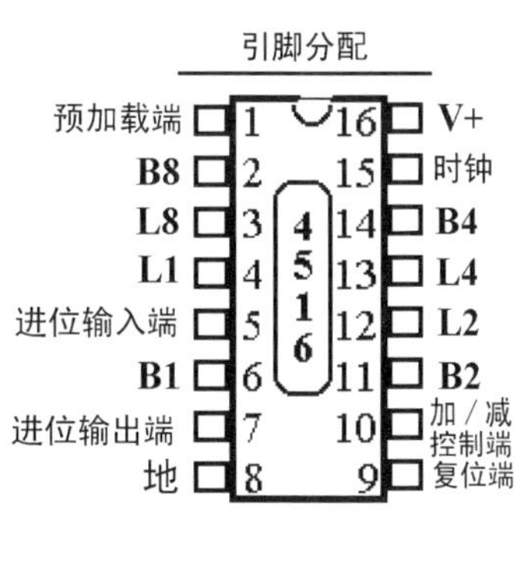

图45-1

加/减控制端

当加/减控制端被设为高电平时，计数器正数。当正数到十进制数15 [1111]时，计数器将归0，而且进位输出端被触发输出。当加/减控制端为低电平时，计数器倒数。当倒数到十进制数字0 [0000]时，计数器返回15 [1111]，同时进位输出端被触发输出。

进位输入端

进位输入端必须保持低电平才能允许计数。当进位输入端为高电平时不会计数，它的功能与4511的使能端相似。

如图45-2所示，当使用多个芯片级联的时候，它们将共用时钟信号，每一级的进位输出端将接到下一节的进位输入端。

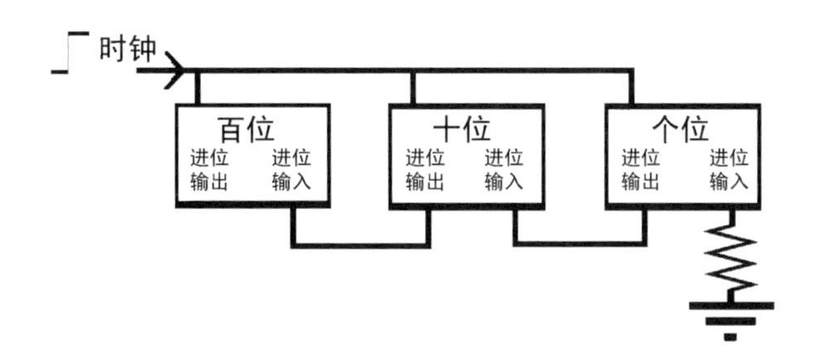

图45-2

复位端

将复位端瞬时接到V+，计数器会返回到0 [0000]。只有将复位端接地才能够允许计数。

预加载

通过预加载输入端[L8，L4，L3，L1]，可以给4516预置任意的二进制数。

注意

引脚15应该保持低电平的状态，并在预加载完成之前不能有时钟信号输入。

将芯片添加到面包板上

在面包板上为下一讲的内容留出五行的空间。

图45-3所示为电路原理图，4516将使用7个大于100kΩ的电阻和更多的导线，你还需要利用额外的4个LED来作为一个临时的二进制数的显示。

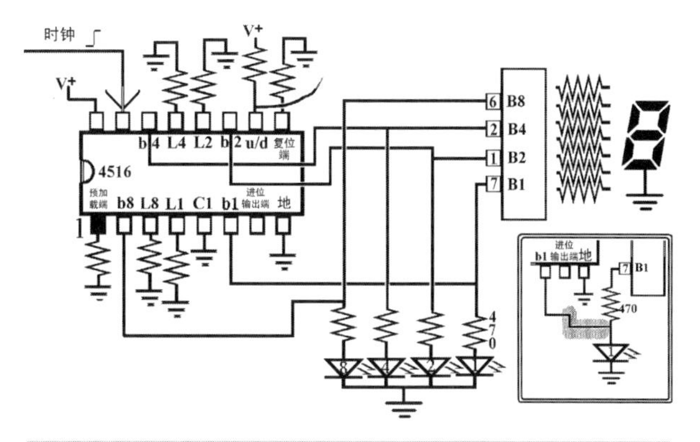

图45-3　插图部分为最常见的错误——不要像这样连接导线

1. 移除4511输入端的100kΩ电阻。
2. 引脚1的预加载控制端，以及L8、L4、L2和L1

端口通过串联一个100kΩ的电阻后接地。

3 进位输入端没有被用到，直接接地。

4 进位输出端保持开路，它可以用来作为计数时触发下一级的输出端。

5 复位端通过串联一个100kΩ的电阻后接地。

6 加/减控制端通过串联一个100kΩ的电阻后接V+。

预期效果

在启动电路之前，先预测一下电路的效果。将4017进位输出端输出的时钟信号作为4516输入端的时钟信号，当10个LED都亮一遍之后，数字会累加一次。其实电路的接法有很多种，这就要看你的好奇心和动手能力了。

此外，引脚9的加/减控制端通过串联一个100kΩ的电阻后，可以接V+(正数计数)，也可以接地(倒数计数)。

练习

十进制到二进制—4516

A：初始化设置

4516相当于一个译码器，它将十进制时钟信号转成4511显示驱动芯片的二进制输入信号。4516的输出端B8、B4、B2、B1端都直接连接到4511对应的输入端。4个LED显示的是4516的四位二进制数，并与七段数码管上显示的十进制数字相对应。在4046的引脚12与地之间串联接入一个10MΩ的电阻，这样就将4046输出的最小频率设置成了大约1Hz，避免了一直触发时钟信号。

确保4516的加/减控制端（引脚10）接在V+上，使其能够正数计数。

1 缩写“DCB”代表什么？D___C___B_____

2 缩写“BCD”代表什么？B___C___D_____

B：设置输入端口值

仔细检查电路，千万不要误把V+和地接到一起。这样会造成电源短路，损坏你的电源。

- 加/减控制端

首先，找到引脚10加/减控制端，如图45-4所示，用一个长导线将引脚10接地。

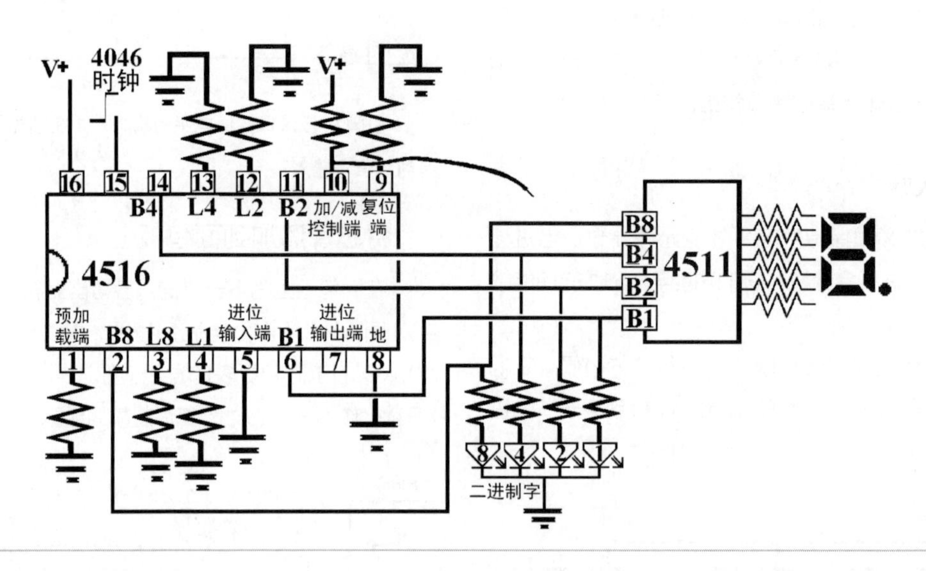

图45-4

- 复位端

如图45-5所示，用导线探头将复位端短暂地接一下电源。

- 预加载端

不需移除任何电阻，在L2和L4插入两根短导线，然后另一端连接到V+。再用一根长导线接到预加载端，将这根长导线接在V+上一会儿。你应该能看到显示的数字“6”。当预加载端为高电平时，加载的输入预设值将转换为对应的二进制输出端。

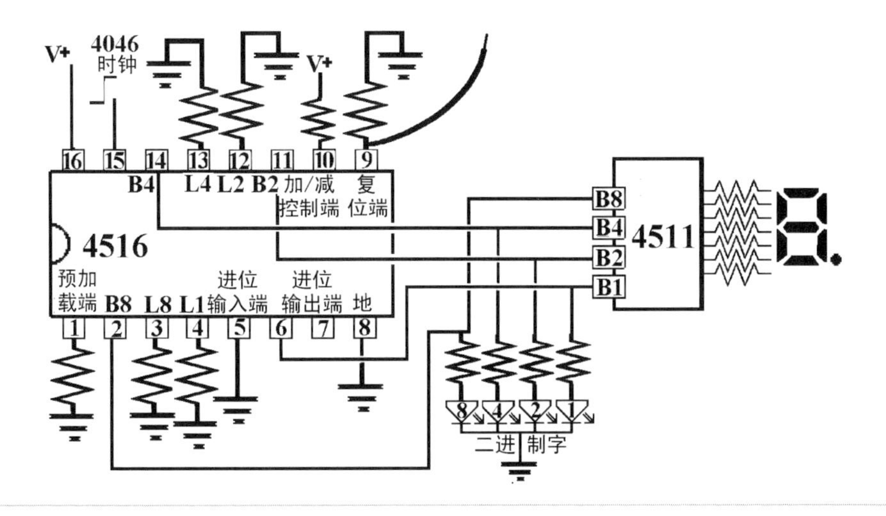

图45-5

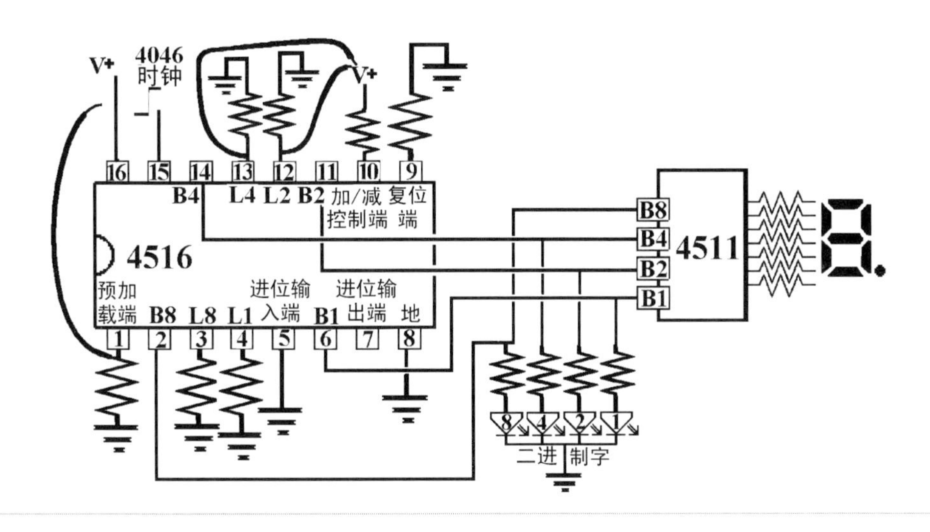

图45-6

C：体验一下研究的乐趣吧！

如图45-7所示，4017和4516都已接在了4046的时钟信号输出端。

1. 4046作为4017的时钟信号输入。如图45-8所示，将4017的进位输出端接到4516的时钟信号输入端。想一想，试着解释发生的现象。
2. 4046作为4516的时钟信号输入。如图45-9所示，将4516的进位输出端接到4017的时钟信号输入端，又会产生怎样的效果？
3. 当你改变4017的复位端或使能端的状态时，4516仍然会从0数到9吗？试试看。

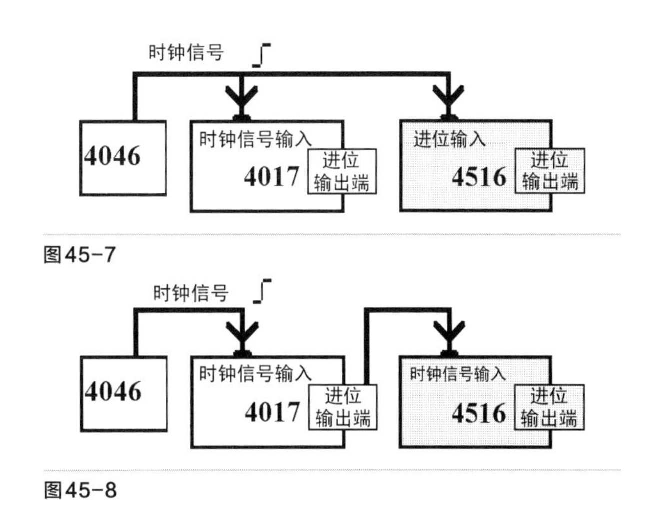

图45-7

图45-8

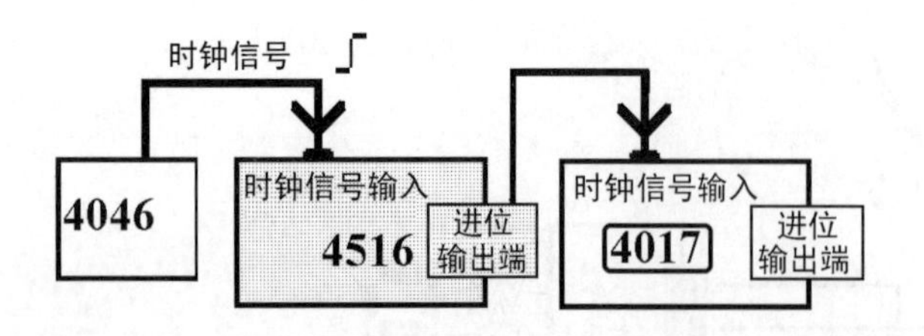

图45-9

4 还记得4017的进位输出端是如何工作的吗？在计数前五个数时为高电平，后五个数时为低电平。试一下图45-10所示的电路。将4017进位输出端与4516加/减控制端相连。看看结果是否和你预期的一样？

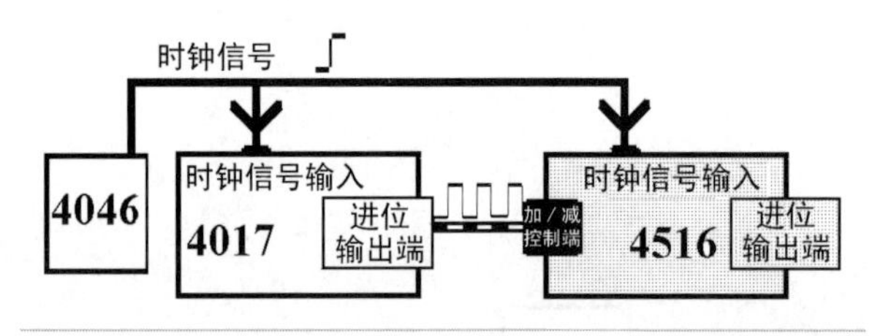

图45-10

D：搭建DigiDice电路

按照图45-11所示的系统功能框图搭建你的DigiDice原型电路，注意电路中一些特别的地方。

4046时钟信号同时送给了4017和4516。

当4017的“out6”端口变为高电平时，这个信号可用来触发以下端口：

1 4017的复位端（前6个LED一个接一个地顺序点亮）

2 4516的预加载端（引脚1）

- L1（引脚4）必须直接接电源V+。
- 这将导致加载数字“1”，当电路被触发时，会跳过0。
- 显示的数字为1-2-3-4-5-6-1-2-3…

现在你可以拿掉4046引脚12上的10MΩ电阻和用来显示二进制字的LED灯了。最小频率将变为零。接下来，你需要利用剩余的空间来完成整个系统电路的最后一部分。

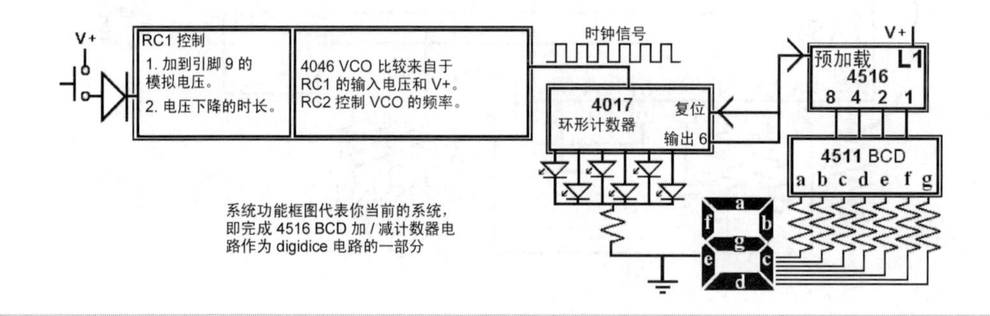

图45-11

第46讲 自动淡出的显示

你的父母是不是也经常提醒你出门别忘了关灯呢？完成了下一步的电路之后，你就再也不用担心这个问题了。

如果刚才你还没有将用来显示二进制数的LED移除，现在赶快拿掉它吧！

在这个电路系统中，使用电池来供电，功率消耗是一个需要注重的问题。CMOS元件因为省电的特点而广受欢迎。相比之下，LED是很耗电的。本讲我们将用一个简单的RC电路，使系统能够自动地切断LED电源。

表46-1所示是这个系统的基本功能描述，包括了能自动关闭LED的RC电路的工作过程。

表46-1　基本系统功能描述

输入	处理器1	处理器2	处理器3A	处理器4	输出1
类似PBNO的接触式开关	RC1控制电压下降的延时	4046 VCO的RC2控制时钟信号的最大和最小频率	4017环形计数器。 第7个LED（Out 6）接到4516的复位端和预加载端	定时关闭节约电量。RC3控制晶体管切断LED的电源	6个LED
			输出3B 4516DCB(P) 4511BCD		输出2 七段数码管显示计数 1-2-3-4-5-6

表46-2所示是一个详细的DigiDice的系统功能描述，包含了系统的每一部分的输入、处理器、输出。

表46-2　详细系统功能描述

输入	处理器	输出
第一部分，包括4046		
输入	**处理器**	**输出**
按钮开关关闭 RC1充电	RC1放电控制电压从最大值下降到最小值。引脚9的电压同电源电压V+作比较。控制压控振荡器的频率。	RC1控制电压下降的时长。产生时钟信号。
第二部分　4017		
输入	**处理器**	**输出**
4046输出时钟信号 复位	计数器在Out 6端口复位	环形计数器使Out 0到Out 6输出高电平。 Out 6被用来给4017复位到0。 Out 6被用来控制4510的输入。
第二部分　LED		
输入	**处理器**	**输出**
环形计数器依次给6个LED提供高电平。		点亮
第三部分由　4516开始		
输入	**处理器**	**输出**
4046输出的时钟信号 4017 Out6的高电平触发预加载端L1 加/减控制端设置正数或倒数	十进制转二进制	产生二进制数
第三部分　4511		
输入	**处理器**	**输出**
二进制数	七段数码管的译码器	显示在七段数码管的二进制输入的十进制值
二进制到十进制转化		
第四部分　定时关闭		
输入	**处理器**	**输出**
RC3充电	晶体管导通，然后受RC3控制缓慢关闭到地的连接。	显示在1到6计数过程中渐渐熄灭

通过上述方式显示的系统功能和原理不易让人理解。“系统功能框图”能够更有效地将信息呈现出来，这样的功能框图在设计电路和排除故障时更容易让人理解。图46-1就是一个系统功能框图，它告诉我们在系统中增加了一个RC3电路。

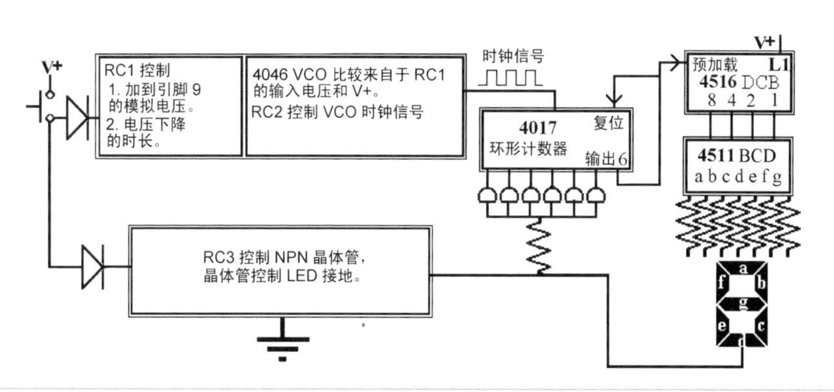

图46-1

但是，即使是系统功能框图也不可能显示全部的电路原理。那么，我们就不需要显示出全部电路的原理。只需要显示出我们感兴趣的特定电路以及电路是如何连接的就行了。图46-2是RC3电路如何控制NPN型晶体管的原理图。

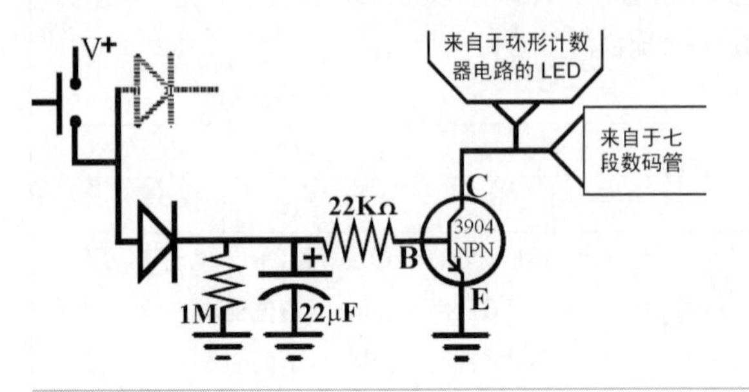

图46-2

显然这有一个似乎没有用到的二极管，它是用来将RC1和RC3隔离开的。下面就给出一个具体的解释。

RC1和RC3是相互独立的，使用二极管来防止电流反向运动。如果没有二极管，电荷将会被RC1和RC3的电容共享。如图46-3所示。

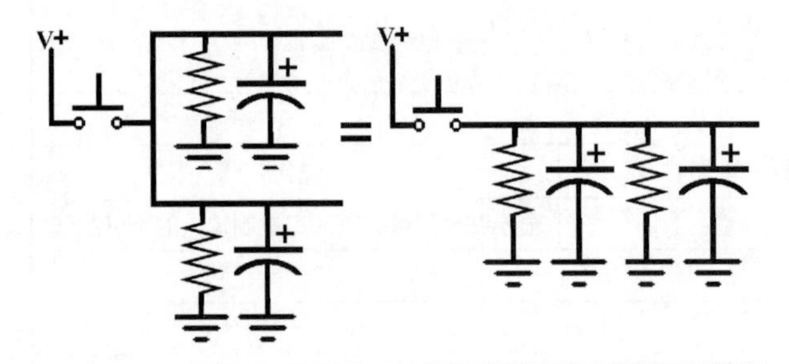

图46-3

电阻也是同样的道理，RC1和RC3等效成一个RC电路。

如果只有一个二极管，没有被隔离的电容将首先共享它的电荷，如图46-4所示。容量为1 μF的RC1的电容会通过下边的二极管给RC3的22 μF的电容充电。相反的情况也是如此，如果没有下边的二极管，储存在RC3的22 μF的电容中的电荷将会通过上边的二极管给RC1的1 μF的电容充电。

完整的电路如图46-5所示。每个RC电路独立工作。在LED灯完全熄灭之前，RC1的电压下降的过程应该用5 ~ 10秒。如果在RC1的电压完全下降之前，LED就熄灭了，那么调整RC1的延时使其更短，或者调整RC3的延时使其更长。

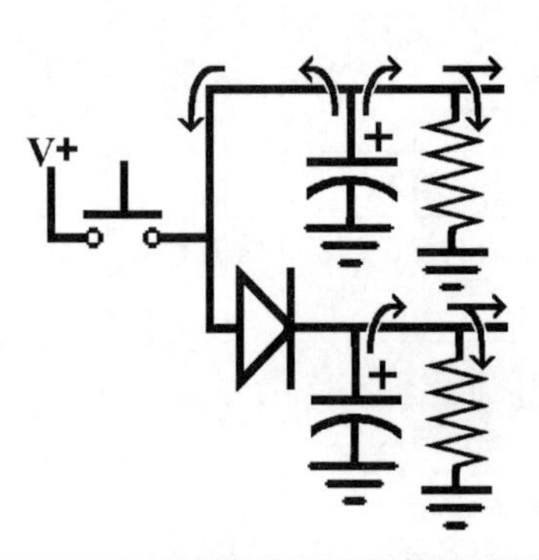

图46-4

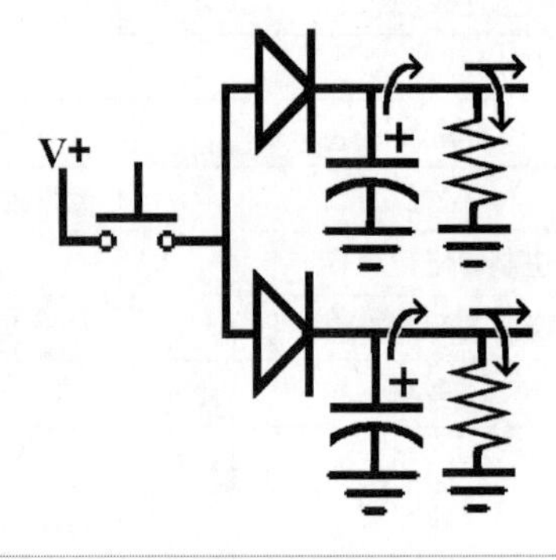

图46-5

第14章　定义，设计，做你自己的应用电路

想象力比知识重要。

——爱因斯坦

依我的经验来说，当人们在给出的一些指导下去自己动手做一些东西的时候，有时会抱怨指导太过繁琐，有时又会抱怨指导不够清晰、难以理解。所以本章我就给大家带来一些实际的例子。我选择的是一些复杂的电路，但是只讲解它们的基本原理，而不会交待任何细节。我这么做的目的，是因为那是你自己的电路。如果给你太多细节上的指导，就变成了你复制我的电路了。

还记得前几章关于乐高积木的阐述吗？那是一个形象的类比。一个部分可以和另一个部分很好地连接。这就构成了一个数字电路系统。想一想，你现在学会的知识已经足够用来制作一个现场计分板了，也可以将你的电路应用于某个系统。下次你去商场的时候，留意那些有趣的小游戏机，它能够吃掉你的硬币，然后告诉你今天的运气如何。你自己能做出这个装置吗？如果还不能，为什么呢？

第47讲　定义和设计你的电路

记住：

1. 在一个理想的世界里，天空才是极限。
2. 墨菲第一定律：事情如果有变坏的可能，不管这种可能性有多小，它总会发生。上网查一下有关墨菲定律的资料。
3. 现实中你不可能有：
   - 足够的时间
   - 足够的钱
   - 所需的合适的设备
4. 你对设计的应用电路的预期应该是合理的。
   - 有五个PCB板，便于你灵活运用。
   - 对应用电路来说最大的限制就是你不能制作自己的外壳。
   - 最合适且最廉价的外壳就是旧的塑料磁带盒。
   - 塑料壳可以添加标签、符号和指示。

关于可能性

这是一个数字电路系统。处理器可以进行组装并相互配合，或者也许根本用不到。

1. 4046 VCO：
   - 设置一个确定的频率
   - 电压逐渐下降
   - 电压逐渐上升
   - 设置最小频率
   - 设置最大频率
   - 具有一定频率范围
2. 4017环形计数器：
   - 取决于任何一个时钟信号。
   - 能够从0~9计数，复位端或使能端能够改变计数的状态。
   - 进位输出是什么样呢？计数到一半时为高电平，计数另一半时为低电平。
   - 如何用两个4017实现从0~99的计数？
   - 输出端不仅能够接LED，也能用来控制晶体管，如图47-1所示。

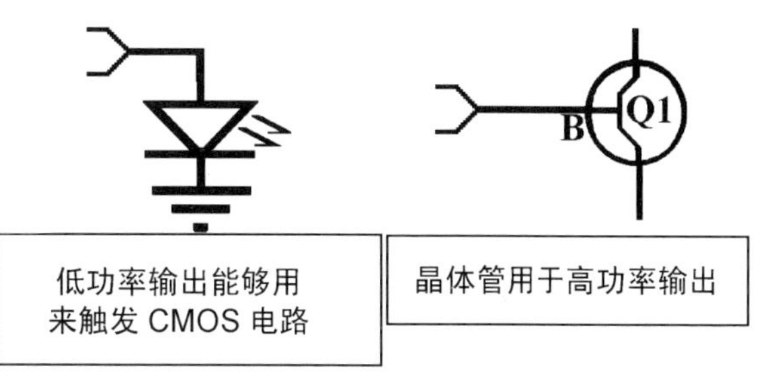

图47-1

3. 4516/4511 BCD译码器：
   - 和4017一样，它也依赖于时钟信号。
   - 你可以利用一个1Hz的信号，来产生一个二进制的时钟信号。
   - 4516的输入端比输出端多。
   - 加/减控制端与时钟信号无关，可以接收任意的数字输入信号。
   - 如何用两个4516实现从0~99的计数？

延时

现在我们有三个独立的RC延时电路。RC1和RC3一起工作。若RC1的延时比RC3长，在电压完全下降之前，显示将完全熄灭。利用表47-1设置一个你想要的RC电路的延时。

表47-1　设置RC电路的延时		
电阻	电容	时间
20 MΩ	10 μF	200 s
10 MΩ	10 μF	100 s
4.7 MΩ	10 μF	50 s
20 MΩ	1 μF	20 s
10 MΩ	1 μF	10 s
4.7 MΩ	1 μF	5 s

实例

下面给大家列举5个实例，之间有共同之处。对于没有涉及的新的部分也不用担心，我会为大家详细解释。一些具有相同原理的元件，在电路中的作用也是一样的，我就不再重复讲解，只稍作提及。

激光枪

图47-2所示的激光枪是一个典型的小应用。

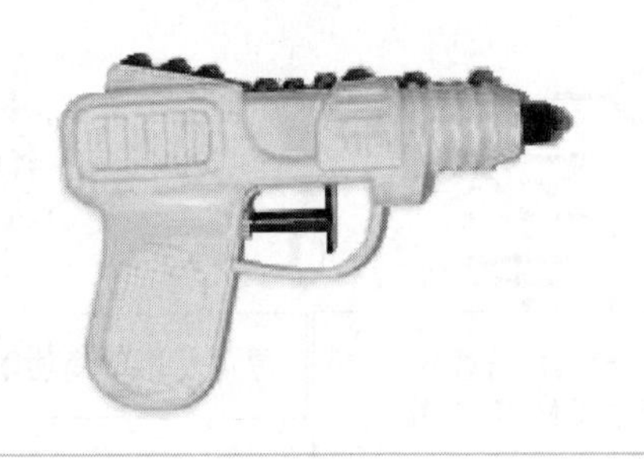

图47-2

整个电路系统都嵌入了一个塑料水枪里。这只是整个系统中一部分的系统功能框图，如图47-3所示。

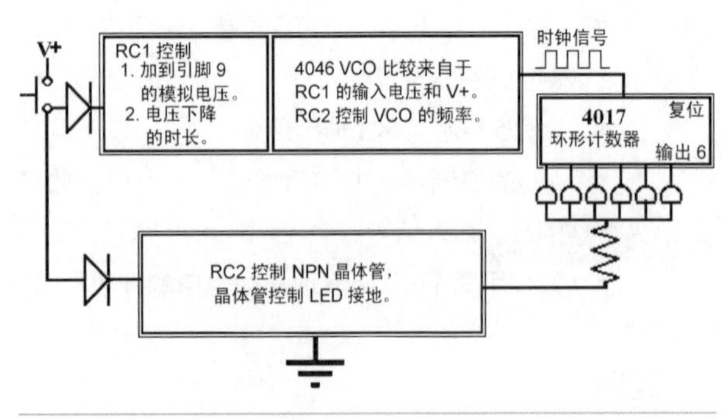

图47-3

“*whatever*”探测器

这个装置与激光枪实质上是一样的，仅仅是开关和命名不同而已。它被用作一个伪计量的工具。这个探测器会根据不同的人产生不同的频率。你是否注意到当你按下按钮时，电路就开始工作了。试一下。如图47-4所示的组装是很复杂的，你可以用一个简单的盒子来代替它。

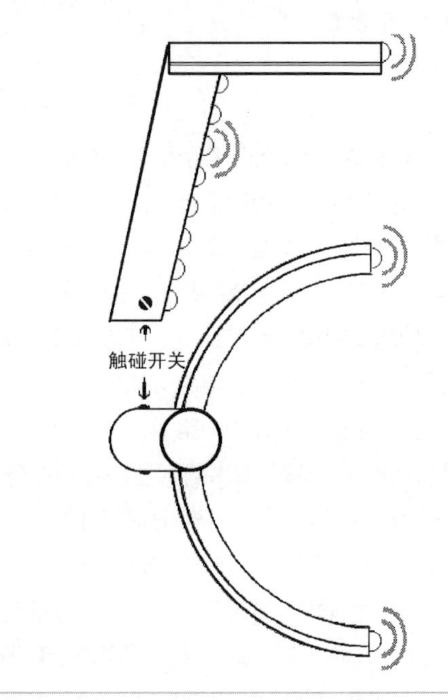

图47-4

将你的手弄湿，拿起探测器，指着房间某个黑暗的角落会照出一些图案。再把它交给你的朋友，看着灯慢慢熄灭。是不是很有趣。

动画标志

如图47-5所示，可以用作各种形状的显示。

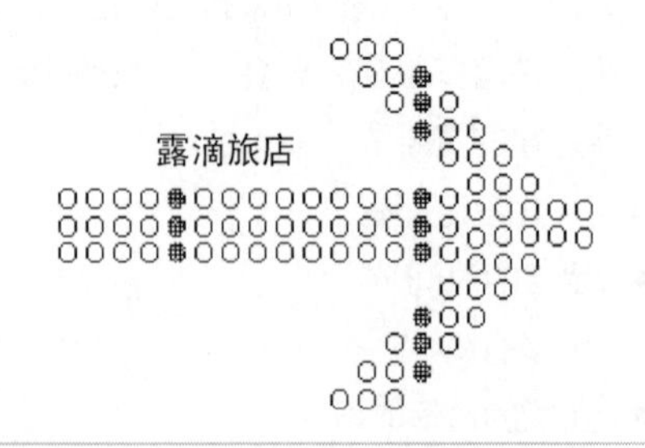

图47-5

这个应用和探测器的基本原理是一样的，它们的系统功能框图见图47-6。

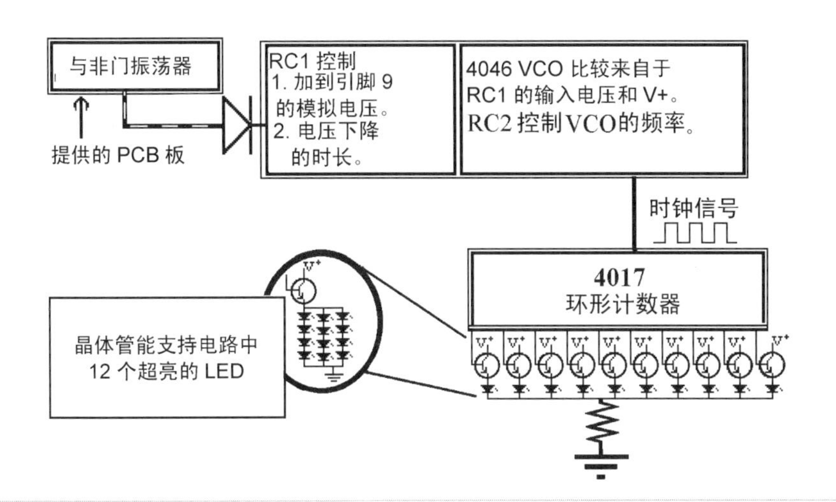

图47-6

首先介绍一下用来触发4046的子系统，它是一个设置为每秒20个脉冲的4011振荡器，最大频率为20Hz。该振荡电路的原理图如图47-7所示。

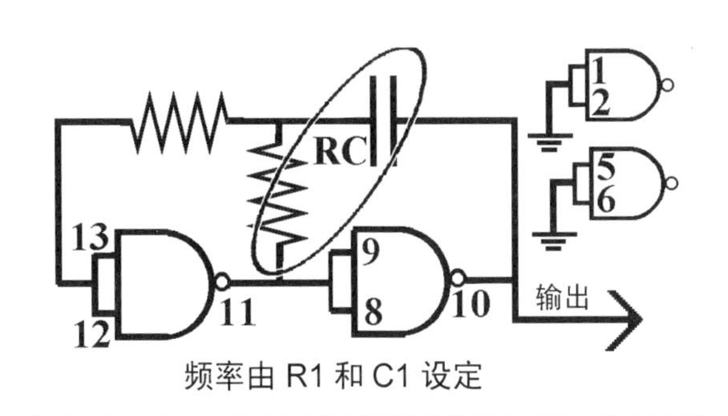

图47-7

其次要介绍的是一个用于远距离照明设备的重要组成元件——超亮LED。它需要4017的输出端接晶体管后所得到的功率放大的信号来供电。

IQ 测试

这是另一种超棒的小装置，简单地说就是一个幸运数字发生器。你按一下开关，一个数就会产生，如图47-8所示。如果你一直按着它不放，肯定会得到一个大于100的数。

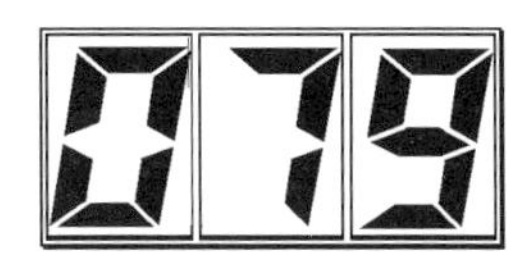

图47-8

它的电路中并没有使用环形计数器，制作这个电路需要两组数字显示电路和3个七段数码管。在www.mhprofessional.com/computingdownload网站上可以下载到PCB板的制作说明。图47-9给出了IQ测试应用电路的系统功能框图。

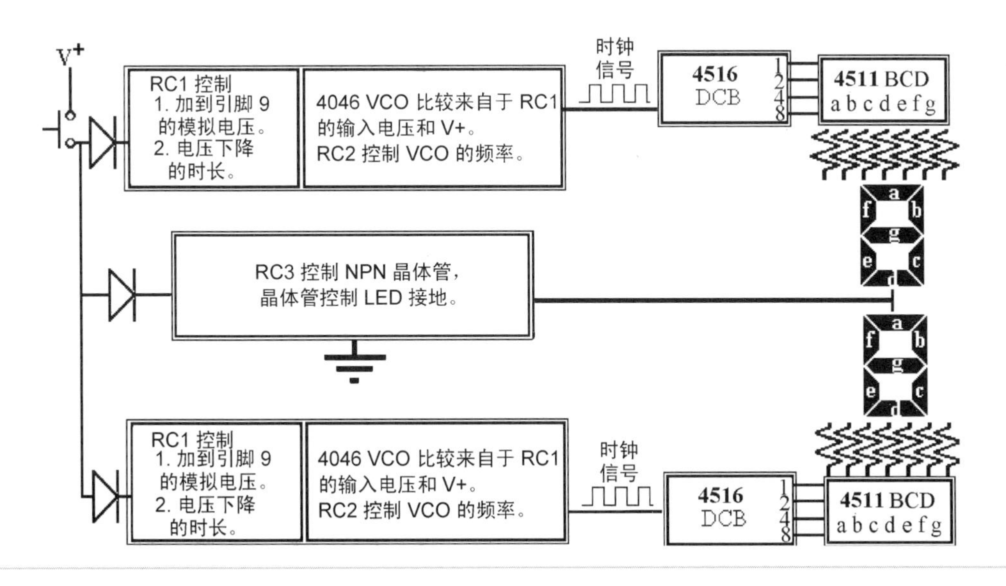

图47-9

改变提供的双与非门PCB电路，使它成为一个单刀单掷开关。你能够找出一种电路的接法，使高电平输出在七段数码管上显示的是1，低电平输出显示的是0。

爱情测试仪

面对这个装置，你只需要投一枚硬币，然后选择一个选项。可能是让你把你的手放在另一只模型手上，也可能是让你放在吉普赛人图片的手上。也许是它有两只手，你摸着其中一只，你的女友摸另一只。这时灯会闪烁起来，你就能得到你的爱情预测结果了。这个装置就像图47-10所呈现的经典Magic 8-Ball游戏机一样。

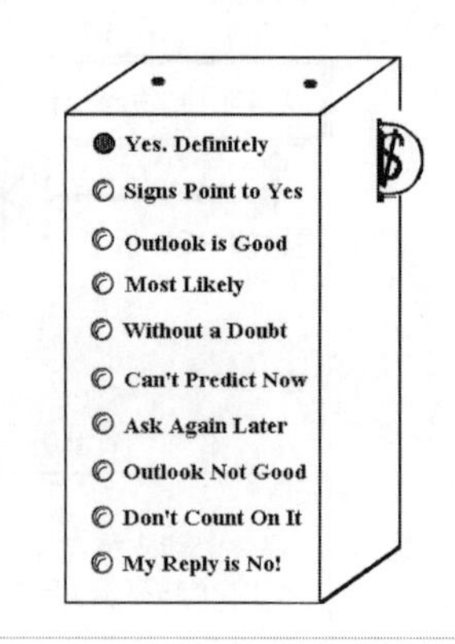

图47-10

图47-11所示为该装置电路的系统功能框图。

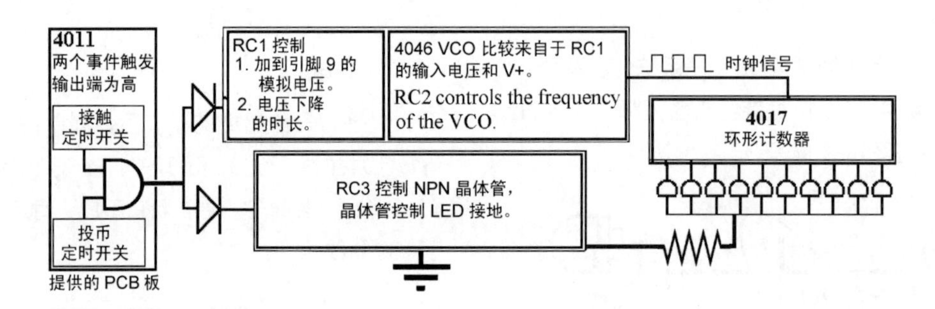

图47-11

图47-12所示为双输入触发器的电路原理图。在电路中需要注意的是在第一个事件触发输入之后，还需要给第二个触发事件留有足够的时间——投币的时间，以防止超时带来的电路错误。

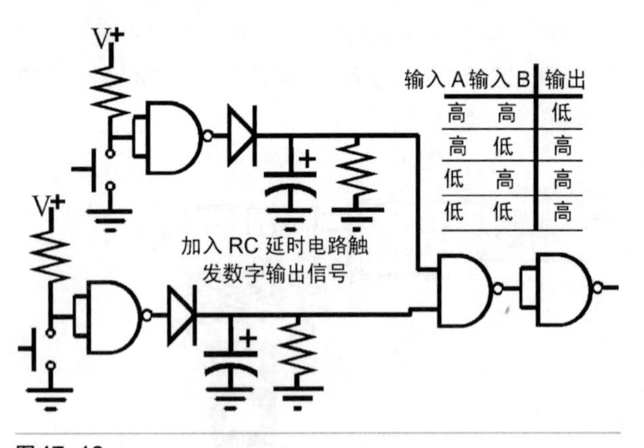

输入A	输入B	输出
高	高	低
高	低	高
低	高	高
低	低	高

图47-12

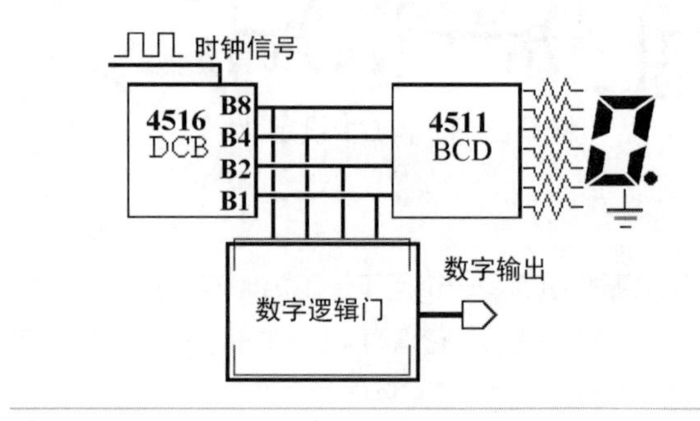

图47-13

4516可预置0 ~ 15之间的任一数字。你不用受限于显示的数字。设置加/减控制端为倒数的状态，当计数到0的时候，输出端被触发。图47-14所示为如何用两组4071四组或门来实现的逻辑输出。

事件记数器

这个装置会记录一些事件发生的次数并触发一个信号输出。利用两个4516芯片使输出端能被2 ~ 255之间任何一个数字所触发。图47-13是这个简单的数字电路系统的系统功能框图。

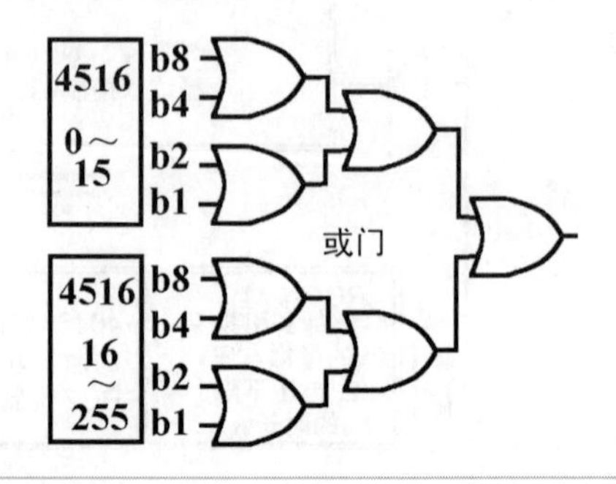

图47-14

以下是输出0000 0000的方法：

- 正数到最大数之后
- 倒数到最小数
- 外部事件触发复位端

老虎机

我们完全有能力制作一台老虎机。试想一下，如果使用两个环形计数器，并同时启动它们会有怎样效果呢？当两组LED在一起协调工作时，正像一台老虎机一样，两个信号相匹配就可以得到吐钱的输出信号。它的原理非常简单，如果有信心你可以尝试更加复杂一点的电路设计，当然这需要你投入更多的精力。图47-15是老虎机电路的系统功能框图。

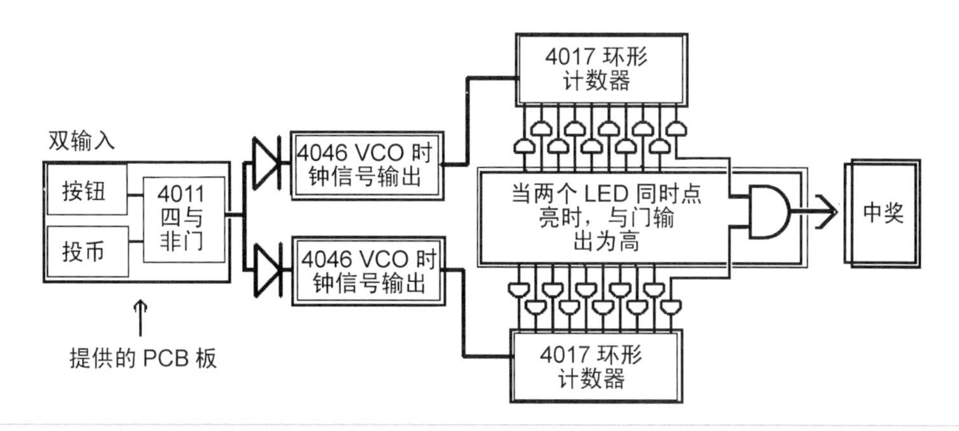

图47-15

你可以用与门来对输出端进行比较，4018双输入与门是我们选择的理想的与门芯片。但两个计数器输出的高电平在毫秒级的时间内可能会发生交错，使与门被假触发。采用图47-16所示的电路，这样就能够保证与门的输出端在被触发之前，两个来自LED的输入信号至少有半秒的时间都是高电平。

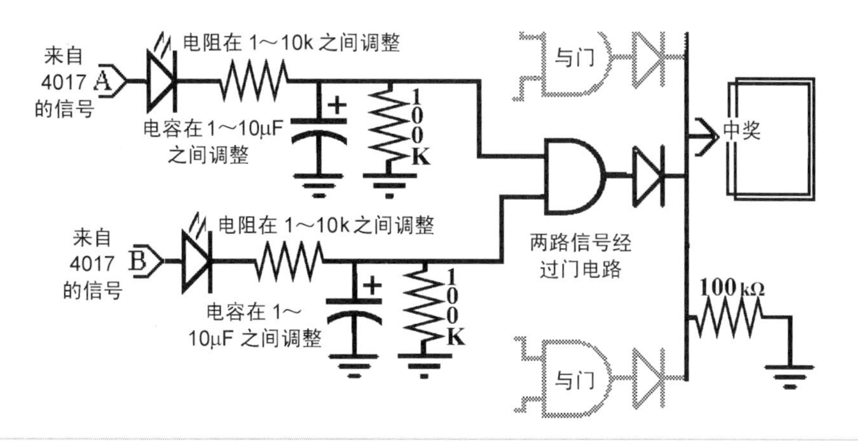

图47-16

如何来付钱呢？除非你还是个机械工程师，而且有充足的时间去制作这么一个机械装置，否则就直接购买一个硬币输出系统吧。对于硬币输出系统，一个时钟信号就会“踢”出一枚硬币，也就是说你只需要4081输出干净的信号就行了。

寄语

创造力和耐心是必不可少的。在制作电路之前，先在你的面包板上搭建电路原型。

第48讲　你的电路：想到，就能做到！

在第48讲你制作的电路的各个子系统中，会包含以下几项重要内容：

- 印制电路板（PCB）版图
- 电路原理图
- 元件安装图

在你制作的电路中用到的这些子系统电路，其实还可以用于实现很多不同的功能，组成其他的应用电路。只要你能想得到，就一定能够做到。由于本书的内容所限，我只是尽量提供给你大的PCB板。你能做的就是利用电路中每个处理器的各个输入端口，以满足你的应用设计的需要。注意你的想法一定是要现实并可行的。

如果你想增加元件来扩展电路，要保证能在电子产品商店买到你要的元件，或是从www.abra-electronics.com上能订购到。如果还想自己设计PCB板，还可以从www.mhprofessional.com/computingdownload下 载有关制作属于你自己的PCB板的相关指导。

导线类型：当你开始动手制作自己的电路时，选择什么种类的导线也很重要。考虑到这点，你可以用22 ~ 24号导线来搭建你的电路。它适于搭建原型电路，但经过反复弯曲后，也容易被折断。所以在你搭建电路时，确保使用的导线是没有被折断的。不过这种导线在面包电路板上却不太好用。这种线也常被用来做成“双绞线”。

输入端

以下有几种不同类型的输入开关。

- 接触式开关：在第二部分已经详细讨论过的基本的机械开关。
- 触碰开关：最初使用齐纳二极管构成的开关，对人体皮肤阻抗的反应十分敏感。不是数字式开关。可以用按钮开关触点引出的引线来代替。
- 双输入数字开关：如图48-1所示，一枚硬币或在开关1处的其他动作，将使第一个与非门的输出端为高电平，并保持20秒的时间。那么你还可以在这段时间内利用开关2激活第二个与非门。

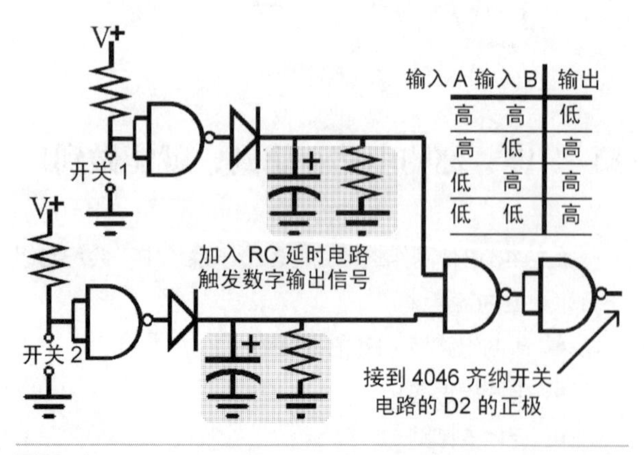

图48-1

如图48-2所示，左边部分为PCB板电路版图的底视图，右边部分为顶视图。

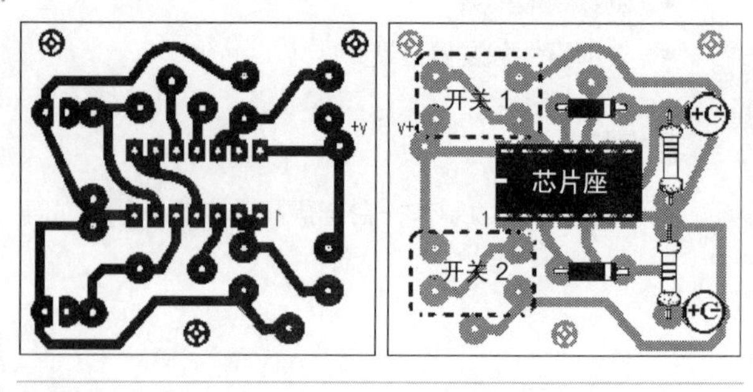

图48-2

在本书的第二部分已对这些输入开关有更深一步的介绍。按照你设计电路的要求，选择你需要的开关元件或自己制作开关电路。

- 自激振荡器：图48-3所示是自激振荡器的电路原理图。振荡频率是由RC电路决定的，没有用到的门的输入端都要接地。

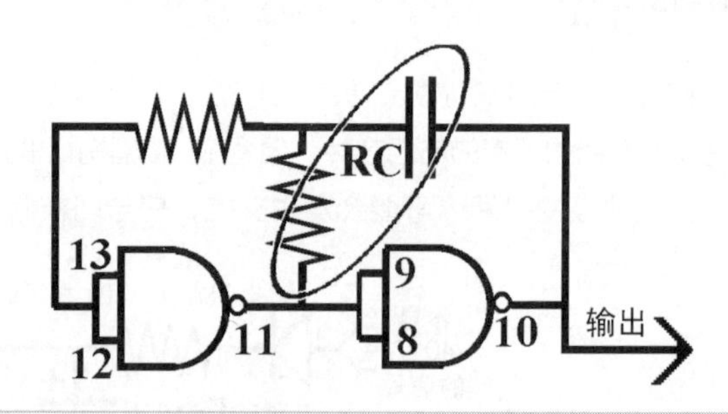

图48-3

信号下降沿的时间是可调的，但是必须保证振荡信号一个周期的时长要大于信号下降过程的时长。图48-4所示为PCB板电路的版图。

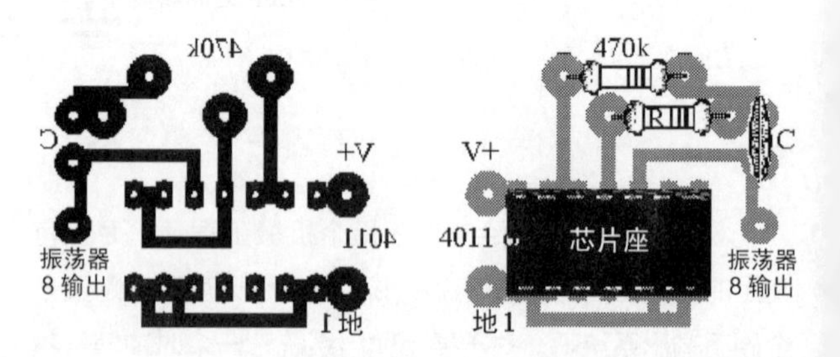

图48-4

处理器

在本章的这个应用中，包含了很多的处理器，它们都有自己的主输入信号以及各种辅助的输入。你可以根据你自己的设计，来对这些处理器进行自由的连接。

VCO和定时开关

整个系统时钟信号的核心就是VCO对RC1的电压下降的反应。为了节约电路的空间，三个子系统被集成到了一块PCB上，RC1和4046 VCO自然也处在同一块电路板上。而且我把延时电路也安排到了这个电路中。图48-5所示是这块PCB板电路的原理图。

当然这会让PCB板的版图看上去更加复杂，正如你在图48-6中看到的。注意，组成定时开关电路的元件被标上了“*”号。

考虑到PCB的空间有限，图48-7提供了补充说明。上面标明了每个元件的具体数值和一些相关的信息。

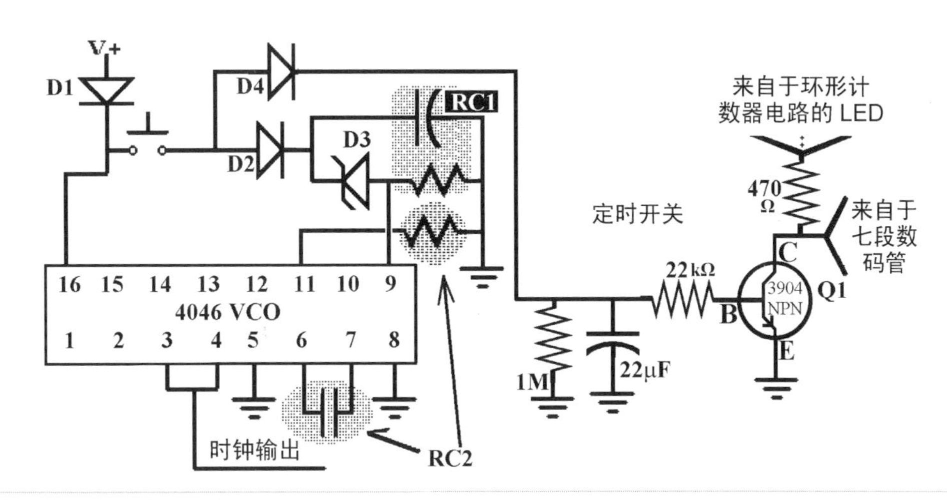

图48-5

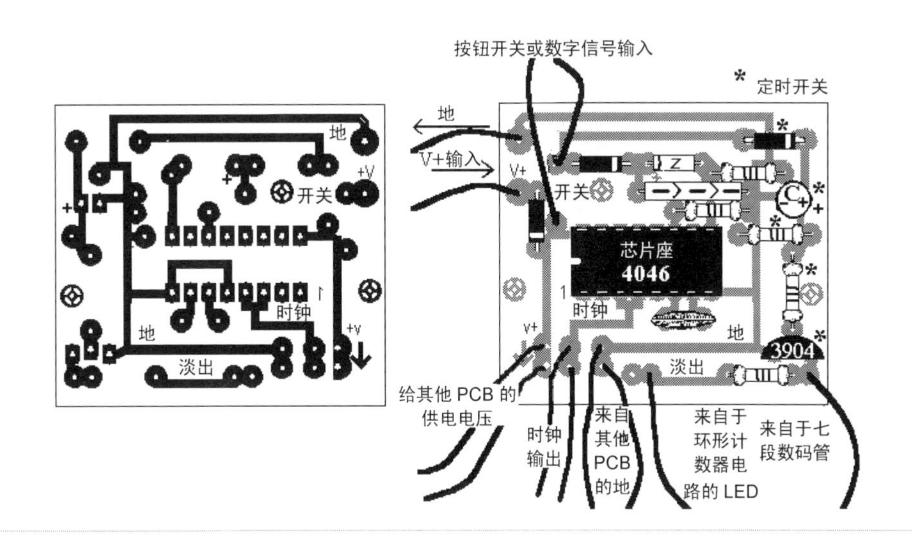

图48-6

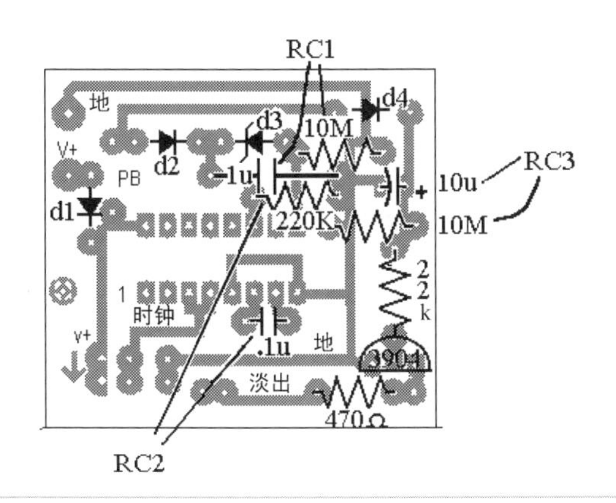

图48-7

环形计数器

图48-8所示为4017环形计数器的电路原理图。

记住，任何数字式高电平都能够用来控制复位端和使能端。还有，就是在电路工作的情况下，这两个输入端应该保持低电平的状态。图48-9所示为该电路的PCB版图。

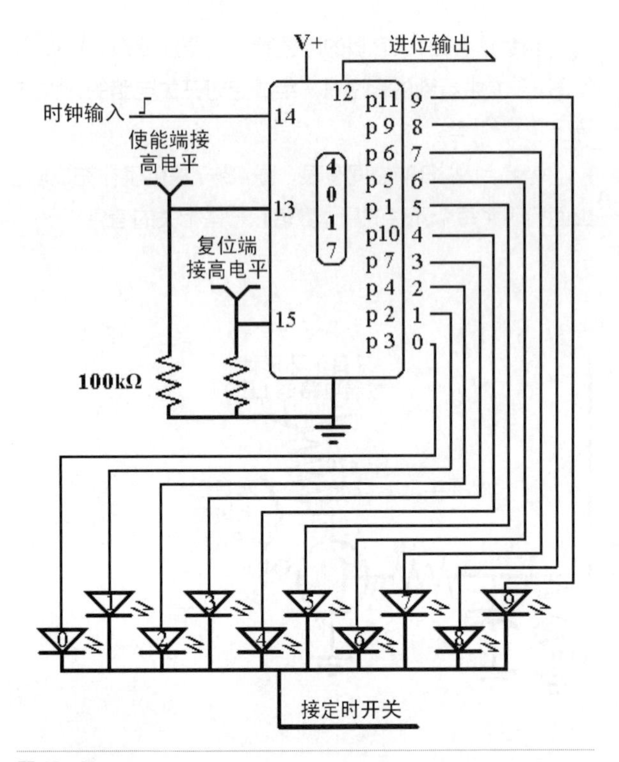

图48-8

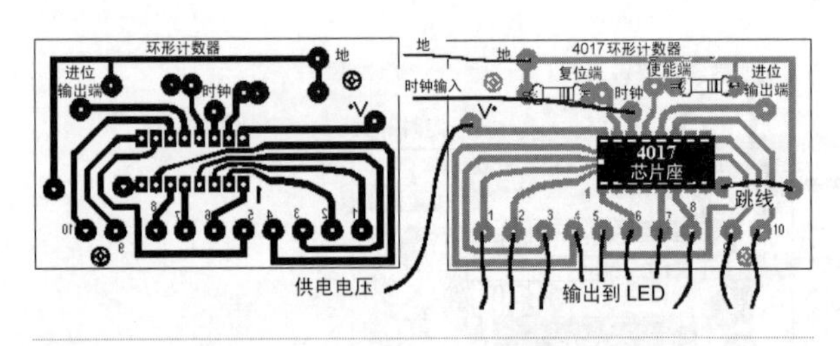

图48-9

这个电路板比之前的电路板要简单一些，图48-10补充强调了电路中引入的额外的控制输入端。

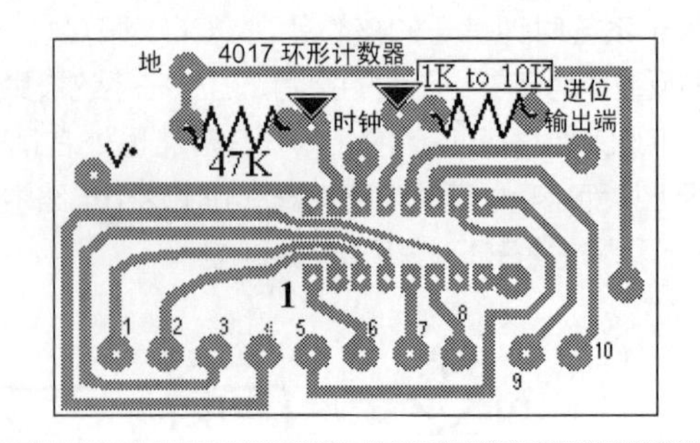

图48-10

LED没有直接接在这个PCB板上，而是用导线连接的LED。而且在4017 PCB板上也没有LED的接地端。这是因为所有LED的阴极应该接到一起（共阴极），如图48-11所示，然后再接到延时电路上。

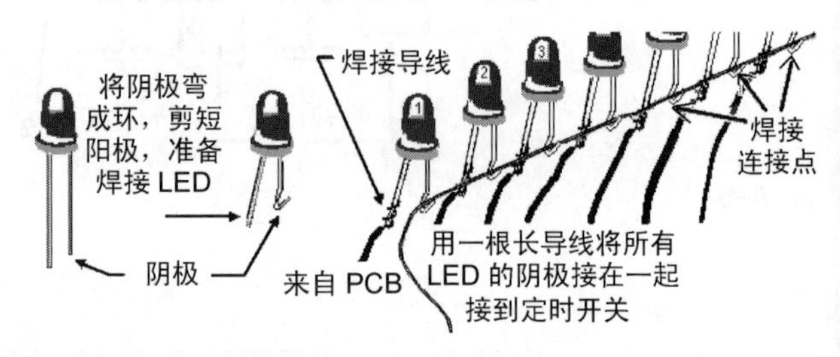

图48-11

现在你已经有了10个LED，需要把它们安装在一个外壳上。这个外壳上开了几个尺寸为7mm或9/32英寸的洞，使LED能恰好紧密地套在洞里。如图48-12所示，演示了LED的安装方法。

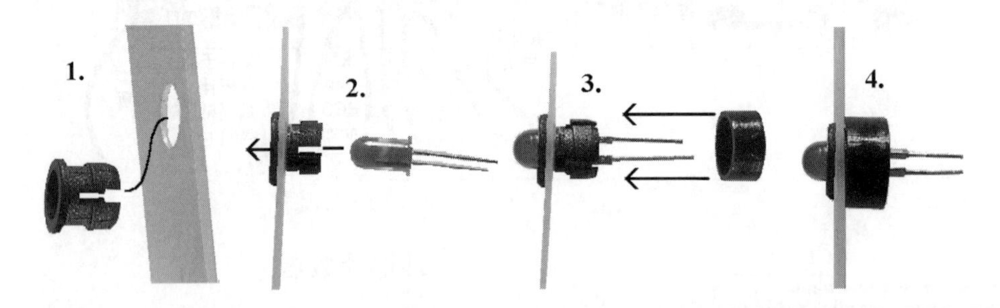

图48-12

*4516/4511*数字显示屏

按照图48-13所示电路原理图的要求，测试电路原理。

所有输入端的输入信号

考虑到所有的预加载端都是一个简单的输入端口，将它们都接到一起，并由4516的引脚1来控制即可。除非电路中有另外一个4516给当前的4516的进位输入端提供输入信号，否则，忽略进位输入端的作用。其实，这个子系统只有五个输入端。

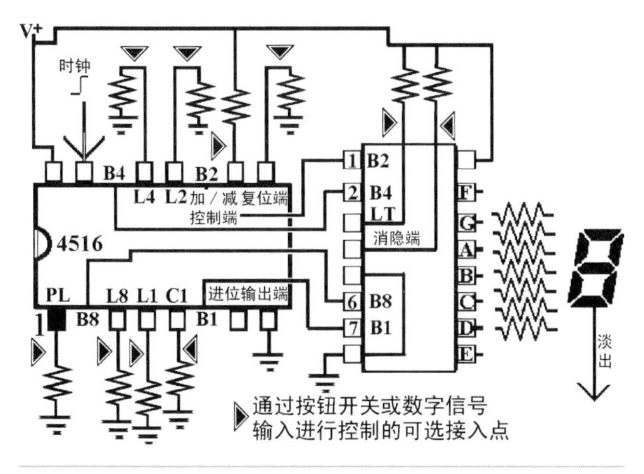

图48-13

图48-14所示为PCB板电路图和元件布局图。

用导线把电路同其他子系统进行连接。如图48-15所示，所有电阻只有100kΩ或470Ω两种阻值。确保所有输入端都有明确的输入，没有处在悬浮的状态。

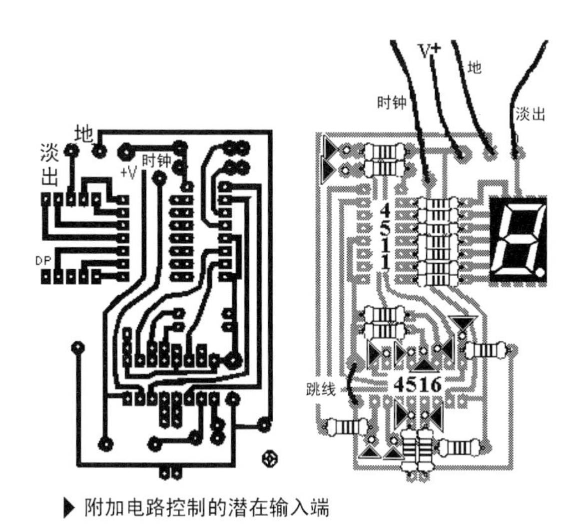

图48-14

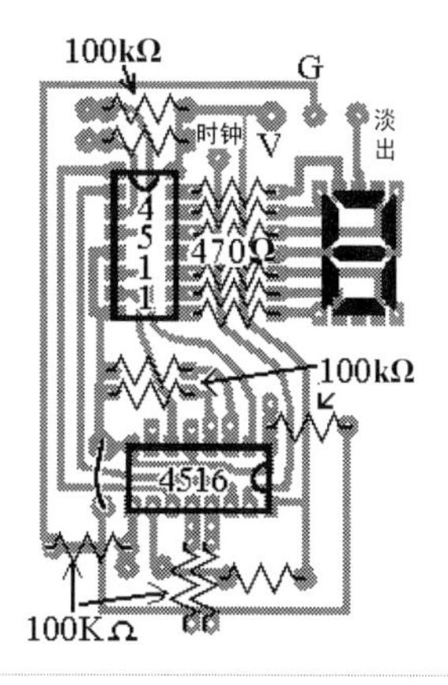

图48-15

讲了这么多，对你来说已经足够了。剩下的就看你的了。

引言

如果人类没有放大器，世界将会变得怎样？早在放大器出现之前的1844年，人类就已经发明了电报系统。下面的图片展现了电报系统早期的输入设备。因为电报信号会随着传输的距离变长而减弱，所以不得不通过人工和电线的方式，一站站地传递。想象一下如果我们的世界没有了放大器，它必将变得异常安静。

下一页的元件清单表完整的列出了第四部分内容需要的所有元件。

想象一下如果我们的世界没有了放大器，它必将变得异常安静。

第四部分

放大器：

基本原理以及如何使用

第四部分元件列表		
描述	**类型**	**数量**
2N-3906 PNP型晶体管	TO-92封装	2
2N-3904 NPN型晶体管	TO-92封装	2
发光二极管	5mm	1
驻极体话筒	话筒	1
10Ω	电阻	1
100Ω	电阻	2
100kΩ	电阻	2
1kΩ	电阻	2
4.7μF	电容	1
470μF	电容	1
1000μF	电容	1
扬声器8Ω	扬声器	2
100kΩ，1/2W电位器	电位器	1
LM741运算放大器	IC	1
音频变压器	变压器	1
尖嘴夹（红色与黑色）	硬件	各1个
1/8英寸公插头	硬件	1
1英寸×1/8英寸热塑管	硬件	2
扬声器连接线	硬件	4米12英尺
4DPT	开关	1
门禁对讲电话电路板	PCB	1
*并不是所有的元件都会在本部分的练习中使用。		

第15章 放大器是什么?

将电流比作水流一直都是个很好的比喻。在手柄上加一个小小的力，便能使来自源头的水大量地流过阀门，放大器的原理也是如此。

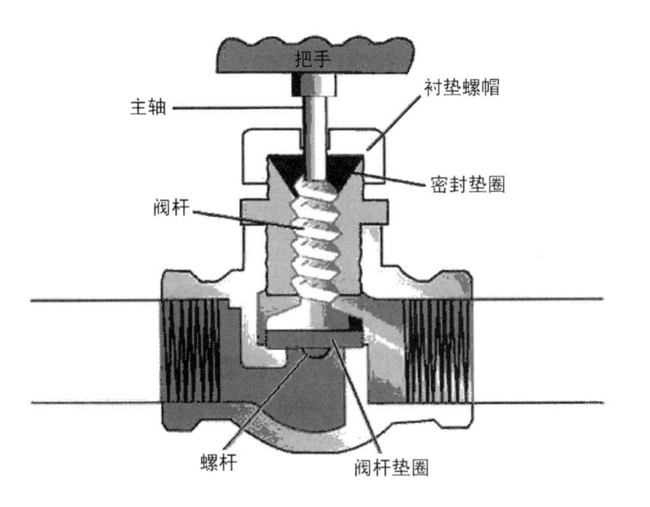

第49讲 晶体管放大器和电流的定义

那么，什么是放大器呢？它能使组成小信号的电压和电流同时被放大。

在字典上的解释非常简单明了：

amplify 动词．放大(声音等)，增强(能量)；扩大
amplifier 名词．放大器，扩音机，放大电信号的晶体管

复习

在之前的课程中，我们有几次使用了晶体管作为放大器。你可能在那时还没有意识到，现在让我们来回顾一下吧。

还记得夜灯吗?

如图49-1所示，加在NPN型晶体管基极上的信号被放大了。

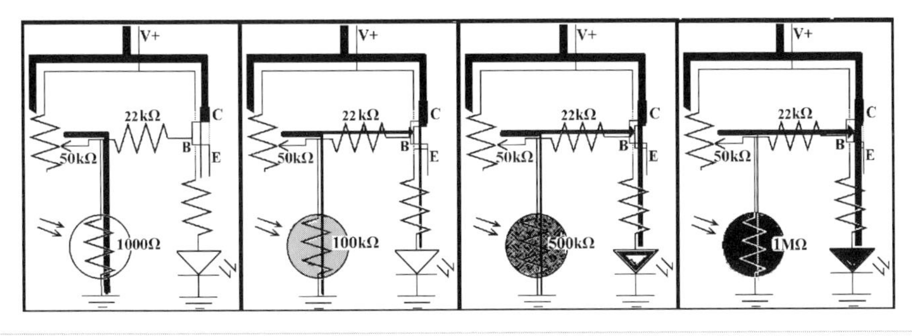

图49-1

经过电位器分压得到的电压，同时受到LDR的控制之后，作为晶体管基极的输入信号。记住，基极的电压由以下两点来决定：

1. 电位器接入电路的阻值。
2. 照射在LDR上的光的亮度。

加在晶体管基极上的信号非常小，小到无法点亮LED灯，因为这么小的电流还要通过一个50kΩ 的电阻，也就是将100kΩ 的电位器设置在中间阻值。

图49-2演示了加在基极的信号被NPN型晶体管放大的工作原理，它的原理就像是一个阀门，控制着LED灯的能量来源。

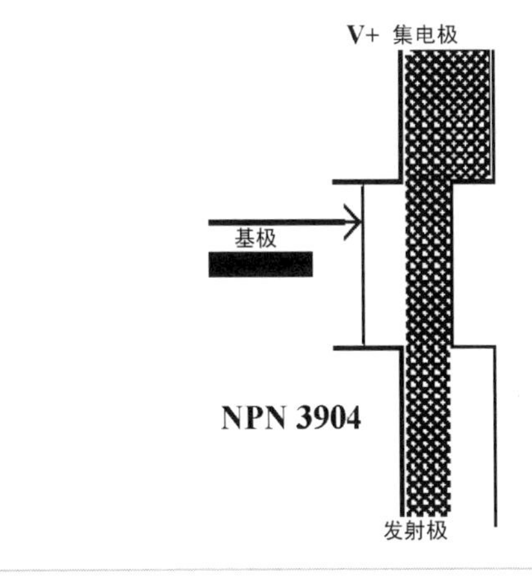

图49-2

- 用较小的信号控制晶体管的通断，类似于阀门的作用。
- 电流从集电极C流到发射极E，得到放大的信号，它比原始的小信号的能量要大很多。

用与非门振荡器实现声音的放大

还记得你第一次把扬声器接到与非门的输出端吗？信号小到你必须在一个安静的房间里，然后把耳朵放到扬声器上面才能听见声音。

通过V+到引脚10的电流较小，小到它只能点亮LED灯，而不能驱动扬声器。图49-3中左边部分便是其电路原理图。

如图49-3右边部分的原理图所示，加在PNP型晶体管基极上的小信号被晶体管放大。这个小信号被用来控制晶体管阀门，从而控制了电压源的能量输出。

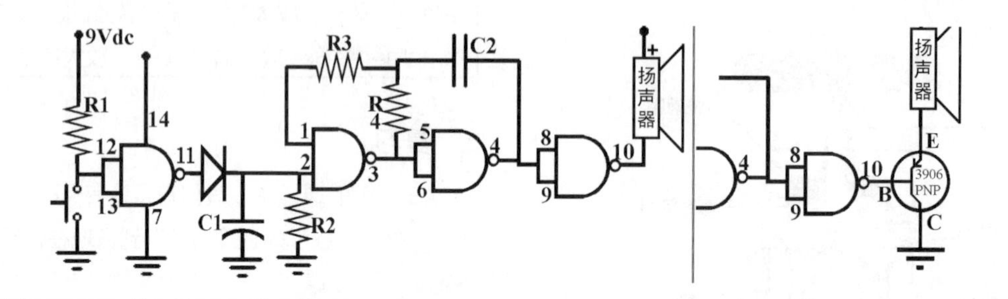

图49-3

因此加在PNP型晶体管基极上的小信号被晶体管放大，提供了足够的能量，使扬声器发出了巨大的噪声。

“请等一下……”你会说：“数字门能提供9V电压，晶体管也提供了9V电压，那么为什么晶体管输出的能量如此巨大呢？”

电流的计算：安培（电流强度）

区别并不在于推动电子的电压，而在于推动电子的数量从而产生的电流。

图49-4通过一种特别的方式给出了电子系统中的电流在实际生活中的类比。

图49-4

在电子系统中，电压是产生电流的推动力。

对于小溪来说，重力是令水向下坡流的推动力。

传统意义上讲，小溪的水流量很小。水流的流量是用每秒多少升，或者每秒多少立方英尺来衡量的。图中这条小溪的流量是每秒5立方英尺。

现在想象图49-5所示的小河。它的水流流速比较适中，以至于你能够跨过这条河。

图49-5

思考一下，这条小河的坡度和小溪是一样的，但是区别在于水流的流量。小河的流量更大，能量也更大。

这条小河的流量是每秒100立方英尺。

图49-6中的大河有更大的流量。尽管它的坡度比溪流和河流要小很多，但是单位时间单位体积流过的水量更多。如果你想尝试着游过它，你一定会被水流冲走的。

图49-6

显而易见，江河比起溪流和河流具有更大的能量。虽然坡度是一样的，但是流量不同。大河的流量达到了每秒20 000立方英尺。

在电路中，电子流过导线形成电流。

衡量电流大小的单位是安培（简写为Amp或A）：1安培=1库仑/秒。（1库仑=10^{18}电子）

电流是电子流动的统称，安培是衡量电流大小的单位。电流的缩写是I。初学者们会说："好大一堆新词汇，'I'表示电流看起来很奇怪。"但是想象一下，一堆电子像图49-7中的野生动物一样在导线中无规则运动，这将会产生很大的阻力。阻止的英文单词为Impede，以I开头。

1库仑（C）是指多少电子通过电子系统呢？我们该如何像看待溪流一样，看待图49-8中的电路，从而计算出流过LED灯中的电流？

电流值不能用手上的工具直接测量，但是我们可以利用欧姆定理计算出电流的安培值。欧姆定律简单地来说就是U=IR，电路的压降等于流过电路的电流与电阻的乘积。

图49-7

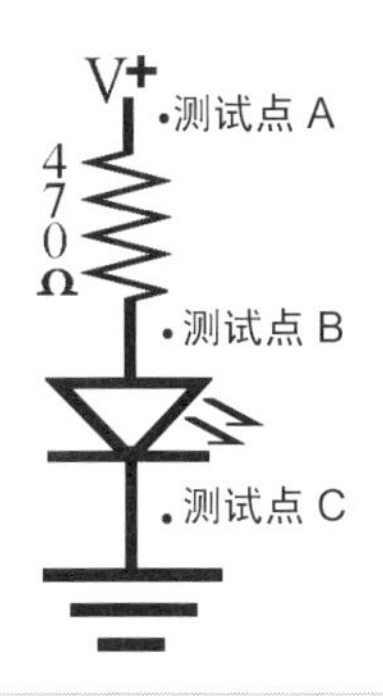

图49-8

单位	定义
V（V伏特）	伏特为电压单位
I（A安培）	安培为电流单位
R（Ω欧姆）	欧姆为电阻单位

欧姆定律就是这样工作的。想象花园里面用来浇水的普通软管，图49-9中的软管有固定的直径，因此水流所受的阻力不会改变。

压力越大，水流越大；压力越小，水流越小。

但是如果你像图49-10或者图49-11一样改变了阻力，水流也会受到相应的影响。

图49-9

图49-10

图49-11

图49-12中的消防栓因为直径更大，所以阻力更小，它可以承受更大的水流量。其实由城市提供的水压都是一样的。

图49-12

回到欧姆定理（U=IR）

这是一个简单的三个变量的问题：

A=B×C。如果已知两个变量，你就可以计算出第三个量。但是你怎样计算出图49-8电路中经过LED灯的电流?

为了计算出流过LED灯的电流，你需要知道电阻两端的压降和电阻值。

现在，回到整个基本电路。让我们做一些假设。

1 电源提供的电压是9V。

2 “R”：电阻的阻值是470Ω。

3 “U”：接上电源后，测量电阻两端的压降——从测试点a到测试点b。电阻上的压降是7.23V。由U=IR得到：

$$U/R = I$$

$$7.23\ V = I \times 470\ \Omega$$

$$I = 0.015\,3\ A$$

所以我们可以这样算出流过电阻的电流。通过这样的计算我们就可以知道流过LED灯的电流了吗？是的！请思考以下表述。

除非有额外的输入或输出，简述如下：

- 软管中某点的水流大小等于流过整个软管的水流大小。
- 小溪中某点的水流大小等于整个溪流的水流大小。
- 简单回路中某点的电流大小等于流经整个回路的电流大小。

  对于简单回路来说，回路中的电流和流过整个系统的电流大小是相等的。流过电阻的电流大小和流过LED灯的电流大小是相等的。

练习

晶体管放大器和电流的定义

1 电子学中对放大器是如何定义的。

____

2 匹配下列物理量，单位，及其符号表示。

V，A，W，软管直径，力，库仑每秒，重力，立方英尺每秒，I，R，电流

压力	电流	阻力

3 给出两个和电流有关的因素。

a. ______________________________

b. ______________________________

4 下面系统中用来表示流量的基本单位是什么？

a. 水流系统

____

b. 电子系统

____

5 不使用科学计数法，写出1库仑有多少电子。

____

6 流过LED灯的电流是0.015 3A。写出电路中每秒通过单位面积导线的电子数量。

______________ $=1.53 \times 10^{16}$ 电子

注意，这只是一个很小的电流。

7 观察不同阻值电阻对电流的影响。

在第5讲中，曾使用过与图49-13相同的电路。那时，你观察改变不同电阻阻值所带来的变化。现在，你终于可以理解这些变化了。

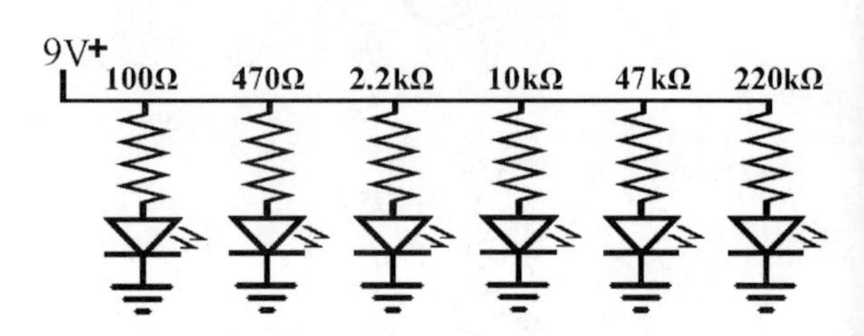

图49-13

用你的数字万用表测量这些电阻的阻值。所有数据要保留三位有效数字。也就是说，为了精确，所有数据有三位数字。比如，一个10kΩ的电阻有两位有效数字，因为电阻上面的颜色代码只代表了两个数字。如果你用数字万用表测量它的阻值，可能会显示为9.96kΩ，这就是三位有效数字。

你能够从第5讲的练习中复制很多的信息填到表49-1中。

表49-1　练习中的信息

电阻按顺序	DMM测出的电阻值	通过电阻的压降	电路的电流Amps = $\frac{U_{压降}}{\Omega}$	通过LED的压降
100Ω	______Ω	______V	0. ______A	______V
470Ω	______Ω	______V	0. ______A	______V
2.2 kΩ	______Ω	______V	0. ______A	______V
10 kΩ	______Ω	______V	0. ______A	______V
47 kΩ	______Ω	______V	0. ______A	______V
220 kΩ	______Ω	______V	0. ______A	______V

8 想象花园中的软管。

A. 如果你打开了软管，水压从哪里来？______

B. 电路系统的压力叫什么？______________

C. 保持水压不变，握紧软管，什么改变了？___

D. 增加电阻阻值，电流大小如何变化？______

E. 如果系统的电压不变，怎样改变电阻才能使电流减小？____________________

F. 相反地，怎样改变电阻才能使电流增大？___

____

图50-1

第50讲　力、功及功率的定义

我们要放大什么？下面你会学到在电学中，力、功及功率是如何定义和测量的。放大器从本质上来说是模拟设备。你所用的晶体管是模拟器件。它们能够响应不同程度的加在基极上的任何电压。还记得吗？随着加在基极上的电压的提高，会使NPN型晶体管导通，而使PNP型晶体管关断。本讲将向你介绍这两种具有相反功能晶体管所组成的放大器，其实你早就已经接触过它们了。

什么是力？

力是指施加能量的大小。在图50-1中，Atlas用力撑住了天。但是从定义上来说，没有位移就不会做功。如果一个物体没有位移，那么就没有功产生，无论施加的力有多大。

牛顿（N）是衡量力的单位。粗略地说，如图50-2所示，1N能向上移动100g的物体。但事实上，精确地说应该是98g，但是100g比较容易记忆。

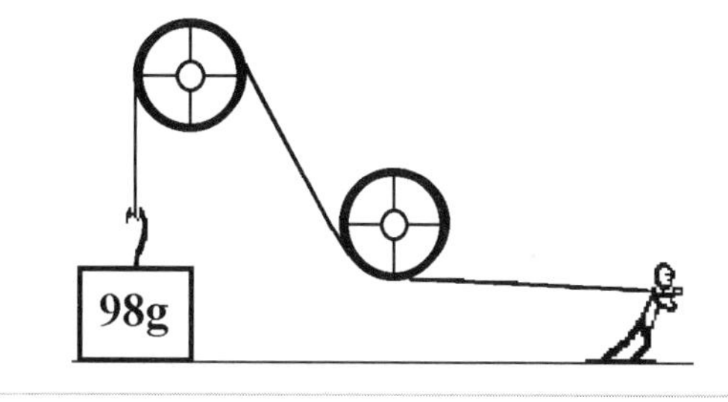

图50-2

电学中的力用伏特（V）来衡量。如图50-3所示，而被移动的物体就是电子。

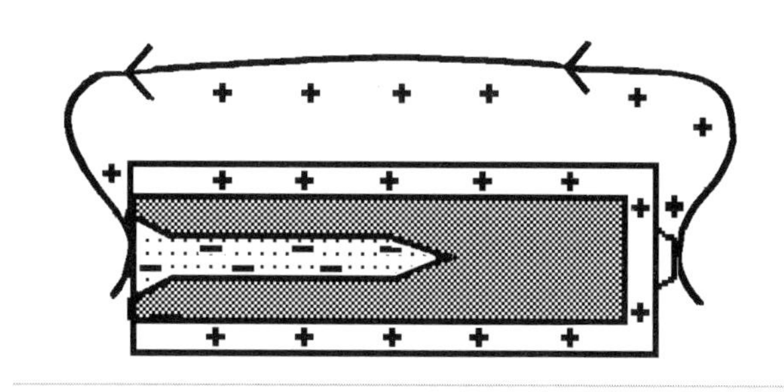

图50-3

什么是功?

一个力作用在物体上，并使之发生了位移，这种力对物体的作用就是功。只有当力和位移都存在的时候，才会有功的产生。功的标准单位是牛顿米，或者焦耳：1N-m（牛顿米）=1J（焦耳）。这两个单位是可以互换的。

如图50-4所示，一个瓶子火箭或者一只蜗牛经过的距离是一样，但是他们的速度却不同。

什么是功率?

功率是做功的速率。电学中衡量功率的单位是瓦特（W）。1（W）从定义上来说就是将98g的物体在1s内向上移动1m。图50-5就说明了这一点。

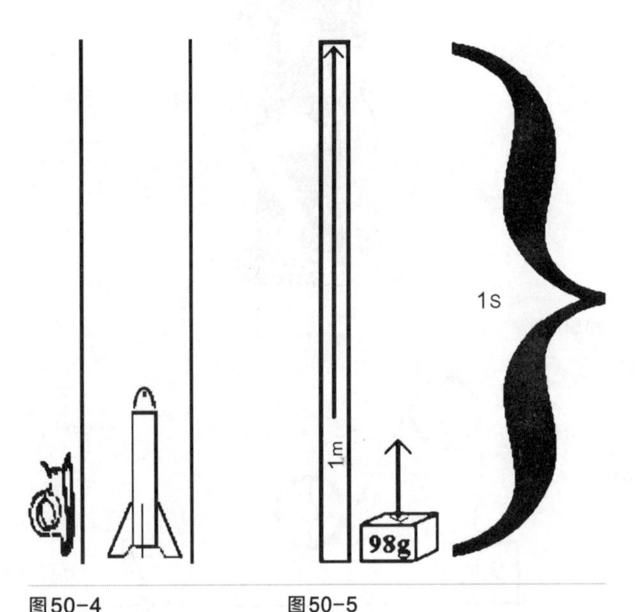

图50-4　　图50-5

给两个不同的物体施加同样的力，产生的功率可能是不同的。瓶子火箭做1J的功只需0.01s，功率达到了100W。蜗牛做1J的功可能需要1000s，功率只有0.001W。

来看一下不同的水系统的功率。如图50-6所示，重力使悬崖边上的水落下形成瀑布。两个瀑布的水流都受到了相同的万有引力，两个瀑布都是180英尺高，但是功率是由流量和力的乘积决定的。从定义上来说，这个流量包含了数量和速度两方面的含义。

将电流乘以电压，就得到了功率。在任何系统中，功率的大小是由做功的快慢决定的。

- 在自然的水系统中：

功率 = 流量 × 力

流量 = 立方英尺 / 秒 = 单位时间流过的水量

力 = 水流的压力

图50-6

- 在电子系统中：

功率 = 电流 × 压力

压力 = 电压

电流（用安培来衡量）1A=1C/s

记住：1C是一个单位数量的电子个数。

功率的单位是W。

1W=1A × 1V

LED灯发光需要的功率很低。它工作需要多少功率呢？分析一下图50-7所示的基本电路。

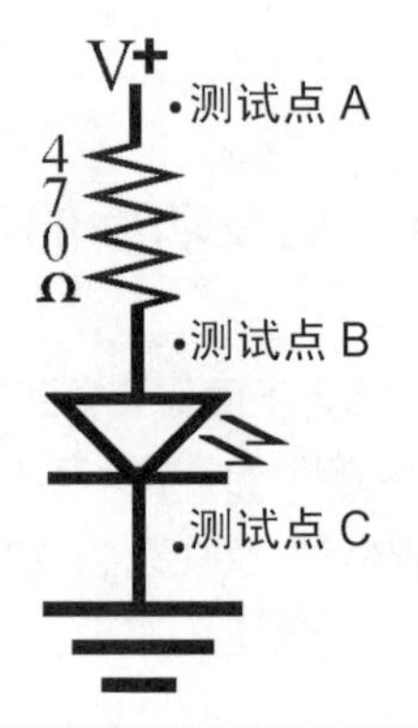

图50-7

为了计算出LED灯所需要的功率，你需要同时知道电压和电流值。

现在这个问题变成了一个需要三步才能解决的问题，但是这三步都非常简单。

1. 你需要测出LED灯两端的压降（从测试点B到测试点C）。
2. 然后你需要计算出通过电阻的电流大小。U=IR，电阻上的电压等于通过电阻的压降，也就是从测试点A到测试点B压降。由于我们无法测出LED的电阻，去得到流经LED的电流值。但是你还记得在一条电路上，流过一个元件的电流等于流过所有元件的电流吗？所以流过电阻的电流就是流过LED的电流。

3 然后你就可以计算功率了。

LED灯上的压降乘以电路中的电流就得到了LED灯所消耗的功率。

你的数据应该与下面提供的样值接近。将数据代入公式求功率：

瓦特 = 伏特 × 安培

0.027 0W=1.77V × 0.015 3A

哦！27mW！真小！

练习

力、功及功率的定义

1 力是用来衡量能量大小的，力的单位是什么？

______

2 粗略地说1N可以抵抗重力向上移动____g的物体（精确地说是____g）。

功 = 力 × 位移

3 功是指加在物体上的____，使物体产生了____。

4 如果一个物体没有运动（或者运动的位移为零），那么产生了多少功？

5 衡量功的单位是________。

另外一个衡量功的单位是焦耳。1J=1__________

6 要做同样的功是要使__g的物体向上移动____m。

7 功率是衡量做功的____的物理量。

8 功率的基本单位是____，缩写是____。

9 列举两个物体，施加给他们的力是相同的，但是输出的功率不同。

你大概已经知道1W=1 000mW。毫（m）代表0.001。你经常能在毫升（mL）和毫米（mm）中见到它。

电学中的功率经常用这个方程式计算：瓦特 = 伏特 × 安培。

10 LED灯的输出功率是0.027W。这是____mW。

11 在前面的练习中，你已经知道了如何增加电阻、减小电流。输出的功率和得到的电流成比例。如果提供的电压不变，电阻阻值增加了，那么电流就会减小。

不用在电路板上搭建图50-8所示的电路了。你很早就设置过相同的电阻了，所以你可以直接从第5讲练习的表中复制这些阻值过来。

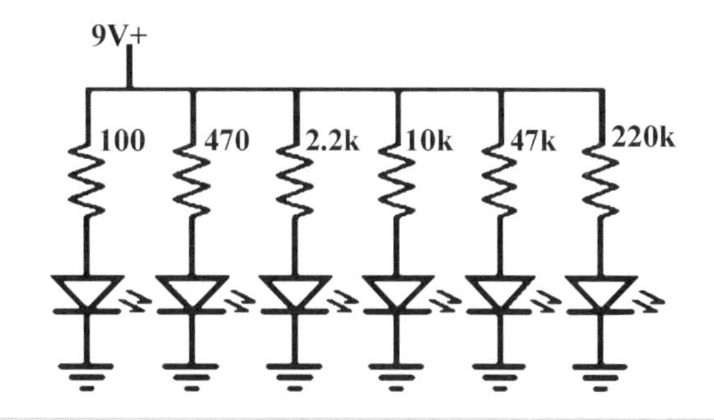

图50-8

计算每个电路下LED灯所消耗的功率，并完成表50-1。

表50-1 消耗的功率

测量电阻值	V+到地的电压	电路的电流 $\frac{\Omega}{Ohms}$ = Amp	通过LED的压降	LED亮度	LED消耗的功率
复制	复制	计算	$U_{总}-U_R=U_{LED}$	复制	W = (U) (I)
100 Ω	___V	0.___ A	___V	_______	_0.___W
470Ω	___V	0.___ A	___V	正常	_0.___W
2.2 kΩ	___V	0.___ A	___V	_______	_0.___W
10 kΩ	___V	0.___ A	___V	_______	_0.___W
47 kΩ	___V	0.___ A	___V	_______	_0.___W
220 kΩ	___V	0.___ A	___V	_______	_0.___W

12 约翰的汽车在12V的电压下，具有150W的功率。他父母有个在120V电压下功率为22W的家用电器。请问哪个电器的功率更大？

______

13 在120V电压下工作的灯泡，功率是100W，那它的电流是多少？ ______

人们通常说，阅读需要的标准光亮度是由100W白炽灯所发出的光亮度。同样的光亮度能够用五支超亮的白光LED灯在50mA的电流工作来代替。

14 比较LED灯使用的功率，并完成表50-2。

表50-2 使用的功率

类型	电压	电流	亮度	功率
漫光式红色LED	1.8V	30 mA	2 000 mcd	
漫光式绿色LED	2.1V	30 mA	2 000 mcd	
漫光式黄色LED	2.3V	30 mA	2 000 mcd	
高强度黄光LED	2.1V	50 mA	6 500 mcd	
超亮红光LED	2.4V	50 mA	8 000 mcd	

15 用欧姆定律计算图50-9中从C流向E的电流大小。

16 在R2和R3之间的一点，能够获得多少功率？
__________mW

17 这些功率足够点亮LED灯吗？ 能/不能

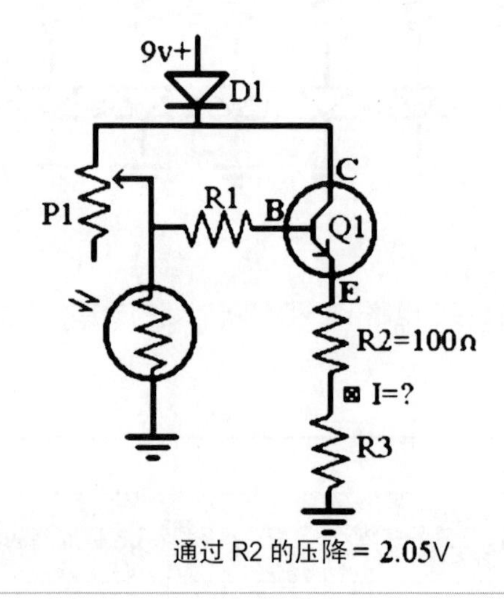

图50-9

第51讲 增益的定义

当你调节收音机的音量时，电位器阻值的变化并不会占用提供给扬声器的能量。这个原理其实是非常微妙的。放大器是通过一种高效率的方法来控制功率输出的。接着读下去,看看到底什么是增益。

增益的定义

在放大器电路中，输入的信号很小,但是输出的信号却很大！增益指的就是输入和输出的比值。

- 增益=输出/输入
- 增益=输出信号/输入信号

增益是一种比率的概念。因为它是相同单位数据的比值，所以它本身没有标准单位，比如两个电流的增益。

- 增益=$I_{输出}/I_{输入}$

NPN型晶体管的增益

设计一个改进版本的夜灯电路。为了计算NPN 3904晶体管的增益，图51-1显示了一些小变化。

1 电阻R1的阻值为47kΩ，用来模拟阻值设置在中间位置的电位器。

2 电阻R2使用各种阻值来模拟LDR在不同光亮度照射下的阻抗变化。光亮度越大，电阻值越小。

3 电阻R3的阻值为22kΩ，用来限制加到晶体管基极上（输入端）的电流。

4 如图51-2所示，电阻R4和R5起到了分压作用。测量出电阻R4两端的压降，能够使计算发射极（输出端）的电流变得更加方便。

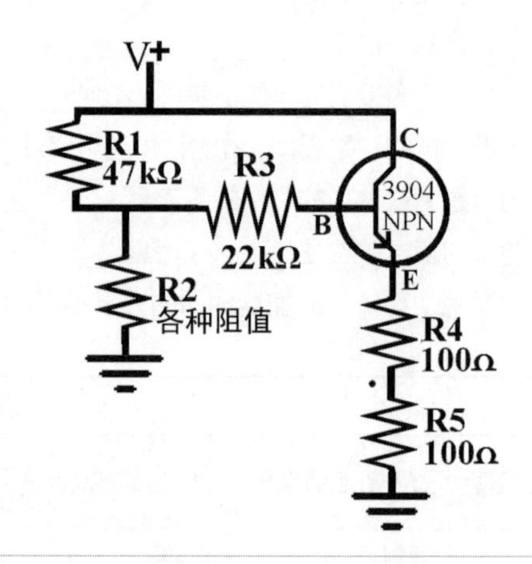

图51-1

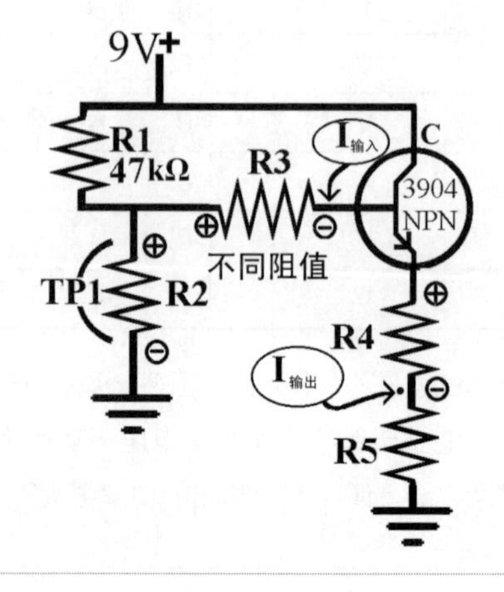

图51-2

在这样的电路中，我们该如何计算增益呢？

计算输入电流与输出电流的比值就可得到晶体管的增益了。

将对应的电流值代入下边的公式，结果就是增益值。

$$增益=I_{输出}/I_{输入}$$

表51-1中的电路采用了一个12V的电源适配器作为供电电源。把表中的这些数据跟你计算出来的数据做一下比较，可能并不完全一致。

表51-1　比率和增益

	R2	U_{TP1}	$U_{压降}$R3	$I_{输入}$（基极）V/Ω= A	$U_{压降}$R4	$I_{输入}$@R4 V/Ω = A	增益 =$I_{输出}/I_{输入}$	R4消耗的功率 W = V x A	晶体管功率 P_{R4} + P_{R5}= $P_{总}$
1	1 M	7.54 V	2.83v	2.83 V/ 22 000Ω = 0.129 mA	2.05v	2.05 V/ 100Ω= 20.5mA	20.5 mA/ 0.129 mA 增益 = 159	2.05 V 20.5 mA = 0.042 W	0.082 W = 82.0mW
2	470 K	7.39 V	2.73v	0.124 mA	2.0v	20 mA	161	0.040 W	80.0 mW
3	100 K	6.23 V	2.27v	0.105 mA	1.64v	16.4 mA	159	26.9 mW	53.2 mW
4	47 K	5.10 V	1.83v	0.083 mA	1.29v	12.9 mA	155	16.6 mW	33.2 mW
5	10 K	2.26 V	0.718v	0.033 mA	0.433v	4.33 mA	131	1.87 mW	3.74 mW
6	4.7 K	1.26 V	0.299v	0.013 mA	0.15v2	1.52 mA	116	0.231 mW	0.462 mW

为了计算晶体管的输出功率，以下几个方面是需要考虑到的：

1. 因为电阻R4和R5的阻值相同，所以它们的功率相同。
2. R4和R5作为电路的两个负载，负载两端的压降都是相等的。
3. R4和R5在同一支路上，所以电流不变。
4. 晶体管输出的功率全部加到了R4和R5上。
5. 因此$P_{R4}+P_{R5}=P_{晶体管}$。

还记得点亮LED灯所需要的功率是27mW吗？基于表51-1给出的样本数据，当电阻R2的阻值略小于50kΩ时，LED灯就开始变暗了，因为此时加到LED灯上的功率就不足以令LED灯正常发亮了。

练习

增益的定义

1. 使用数字万用表的二极管测试功能，测试晶体管（E）的质量。在表51-2中记录下你测量的数据。

表51-2　测量读数

NPN 3904	读数范围在 ±5%	PNP 3906	
$E_{红}$ to $B_{黑}$	(预期值OL)	$E_{红}$ to $B_{黑}$	(预期值0.68)
$B_{红}$ to $C_{黑}$	(预期值0.68)	$B_{红}$ to $C_{黑}$	(预期值OL)
$E_{黑}$ to $B_{红}$	(预期值0.68)	$E_{黑}$ to $B_{红}$	(预期值OL)
$B_{黑}$ to $C_{红}$	(预期值OL)	$B_{黑}$ to $C_{红}$	(预期值0.68)

测量电路时，如果使用DMR2900万用表，先将挡位显示的符号调到“Continuity”挡，然后按下DC/AC按钮。左上角的符号从“beeper”变成二极管图标。其他很多万用表都可以用Continuity功能来测量数据。

2. 在我们开始测量复杂电路之前，我会为你证明：简单电路一部分上的电流大小和剩余部分的电流大小是相同的。你不需要再搭一个图51-3所示的电路了，所有你需要的数据都在图上给出来的。

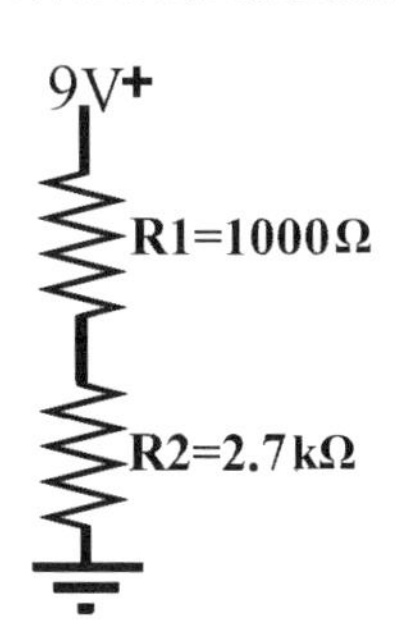

图51-3

现在算一下电阻R1和R2上的压降分别是多少？

计算的公式如下：

$$U_{压降}=U_{总}[R1/(R2+R2)]$$

电阻R1上的电压降=________

电阻R2上的电压降=________

3a. 流过电阻R1的电流大小是多少？

使用欧姆定律：U=IR

V/Ω=A

R1上的电压降/1 000Ω=经过R1的电流

3b. 流过电阻R2的电流大小是多少？

R2上的电压降/2 700Ω=经过R2的电流

4 经过R1和R2的电流相等吗？相等/不相等

5 如果你想搭建一个实验电路，那就做一个实际测一下吧！如果你使用数字万用表测量电阻的阻值，记得保留三位有效数字。如果你不去测，只根据电阻上的色环读值，那只能得到两位有效数字。

6 现在，回看图51-2。对于电阻R2分别使用表51-3中不同阻值的电阻，R3依旧使用图51-1中22kΩ的电阻，计算数据并填入表51-3。

表51-3　测量读数

	R2	U_{TP1}	$U_{压降}$R3	B的$I_{输入}$ V/Ω = A	$U_{压降}$R4	R4的$I_{输入}$ V/Ω = A	增益 =$I_{输出}/I_{输入}$	R4消耗的功率W =V x A	晶体管功率 $P_{R4}+P_{R5}=P_{总}$
1	1 M								
2	470 kΩ								
3	100 kΩ								
4	47 kΩ								
5	10 kΩ								
6	4.7 kΩ								

第52讲　世界即模拟，模拟即世界

最后，让我们来看看放大器是如何联系到真实世界中的。但是记住，这种联系并不是数字化的。真实世界中没有东西是数字化的，模拟的东西才是真实的世界。

放大器是一个模拟电路。通常用它来改变电压。现代科技促进了数字存储的使用和信息的传递。比如，我们在光缆和Internet上用数字传输的方式传递信息。性能良好的放大器，其输入信号可以是数字信号，输出也是数字信号。但总体上来说，放大器一般处理的还是我们之前用到的声音和光转化成的可变模拟信号。

正向放大器

图52-1所示表明了NPN型晶体管的工作方式。随着基极上信号的增加，阀门渐渐打开。一个量增加了，另一个量也线性增加，这是一种正比例的关系。因此输出电压与输入电压成正比例关系。输入电压的增加导致输出电压也相应增加，并且电压的方向不会发生改变。

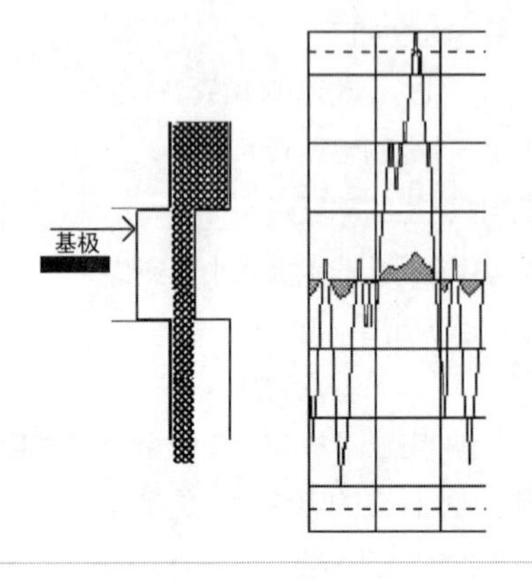

图52-1

反向放大器

如图52-2所示，PNP型晶体管有着与NPN型晶体管相反的作用。随着基极上信号的增加，阀门渐渐关闭。一个量增加了，另一个量却线性减少，这是一种反比例的关系。因此输出电压与输入电压成反比例关系。

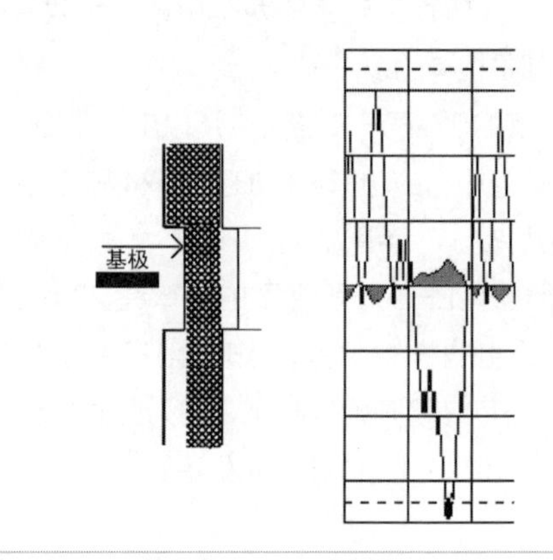

图52-2

电压的方向是正反倒置的，但是增益却与NPN型晶体管相同，因为增益通常是以绝对值的方式呈现。

NPN型晶体管是正向放大器。

PNP型晶体管是反向放大器。

在专业技术领域中，我们不得不使用类似像正向和反向这类的高级词汇。

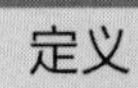

定义

inverting 换向，反向

noninverting 不换向，正向

运算放大器（Op Amp）

下面我们将使用一个8支引脚的DIP封装的741放大器芯片。图52-3中画出了该芯片的基本原理图。我们通常称它们为运算放大器，简称Op Amp。放大器的种类非常多，比CMOS 4000系列集成电路芯片的数量还要多。你可以上网查看元件列表就明白了，网址为www.mhprofessional.com/computingdownload。每种运算放大器都有自己的特性：

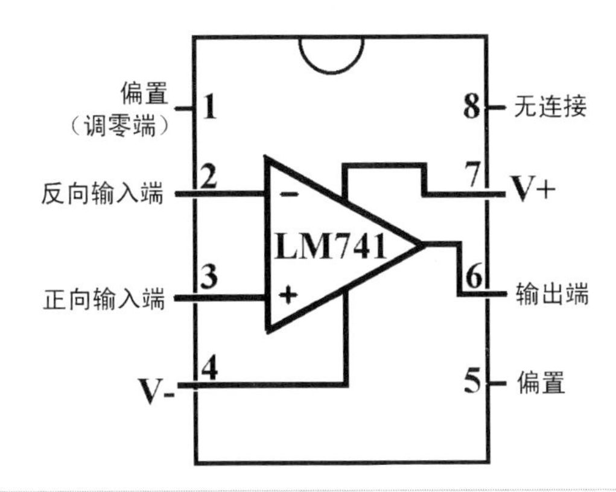

图52-3

- 输入/输出功率
- 响应时间
- 频率
- 其他参数

我们需要掌握的主要内容是：运算放大器的基本工作原理。运算放大器对两个引脚（引脚2和3）的输入电压进行比较，并且对比较出的差别做出响应。

这里我们用到的是LM741芯片，因为它要求的功率很低，而且结构简易。

注意该芯片具有正向输入端和反向输入端。

练习

世界即模拟，模拟即世界

1 LM741芯片上的哪个输入引脚与NPN型晶体管有相似的功能？引脚________________

2 这种功能的名称是什么？________________

3 简述反向放大器的定义。

____

4 反向放大器的输出是+100mV，输入是+10mV，那它的增益是多少？注意增益通常取绝对值来表示。

A. −10

B. +10

C. −0.1

D. +0.1

5 在www.mhprofessional.com/computing-download上查看如今市场上能够见到的放大器集成电路芯片的元件列表。现在能够使用的放大器的种类是非常有限的，这个结论说得对吗？

在http://cache.national.com/ds/LM/LM741.pdf上下载完整的LM741数据手册。你需要用Adobe PDF程序才能打开这个文件。

6 在LM741数据手册的第1页，LM741包含多少种封装形式？

____

7 根据LM741数据手册的第2页，检查你的芯片上面的编号。确定你使用的芯片型号是741、741A，还是741C。

8 在LM741数据手册的第2页，LM741的工作电压是多少？

____

9 在LM741数据手册的第2页，还有更多有趣的信息——你的焊烙铁的温度为400℃。在如此高的温度下，LM741芯片能承受多久？__________

10 现在翻到LM741数据手册的第3页。LM741是一个低功率的运算放大器。比如，其他运算放大器典型的工作电流是多少？

____

11 在LM741数据手册的第3页，还有一些信息——LM741在工作装态下，消耗功率为____mW。

12 再翻到LM741数据手册的第4页。LM741集成电路芯片上包含了多少晶体管？____________

第16章　理解运算放大器

本章所涉及的电路是“教学”电路，供大家学习。我们会用到很多方法来实现放大的作用，并且一个比一个复杂。通过这一章的学习，我们会将一些基本的重要概念都介绍给大家。

第53讲　交流电与直流电的比较

在这里，我将交流电比作声音，将直流电比作风。

直流电

我们经常听到直流电（DC）和交流电（AC）这些术语。直流电是指系统中的电流沿着一个方向运动。直流电在电子学中应用广泛。在自然界中，用水流来比喻正电压下产生的直流电是非常恰当的。水通常是朝着一个方向流动的，从山上流下来，朝着海拔更低的地方流去。直流电可以很简单地通过电池的化学反应产生。如图53-1所示，在示波器上显示的是正电压，同时电子正向移动。所以，是电压推动着电子朝着一个方向移动。然而，当电压反向时，电子是如何向另一个方向移动的呢？图53-2给出了这个问题的答案。

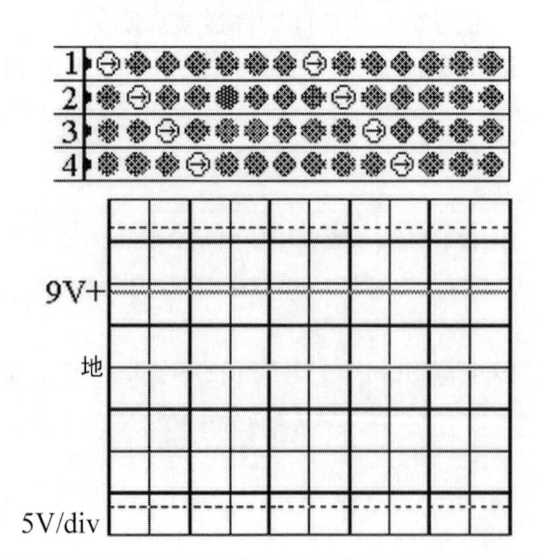

图53-1

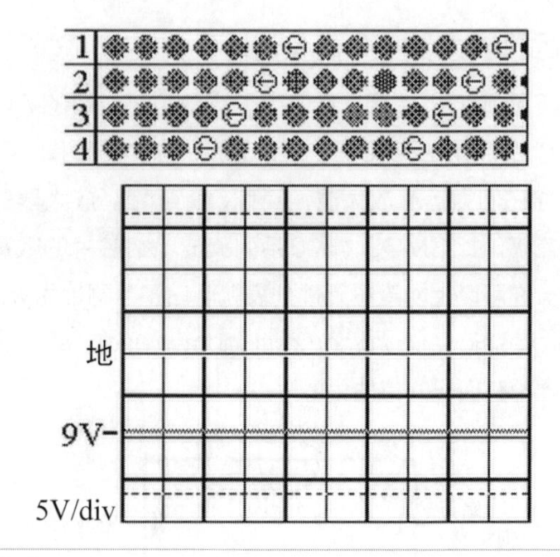

图53-2

示波器能够显示直流电压。Soundcard Scope并不能像示波器一样显示直流电压。

在直流电作用下，你能得到一个正向电压V+或者一个反向电压V-。将电池反接，就能够得到反向电压V-。

一个更加生动形象的比喻，就是将直流电比作水管中的水或者隧道里的风。它朝两个方向都能移动。

交流电

简单地说，交流电是指系统中的电流一直不停地改变运动方向。电子并不像在直流电中那样运动。图53-3到图53-5是附录C中给出的一个网页上演示动画的几帧画面。这些画面非常清楚地表现出交流电中电子是如何运动的。

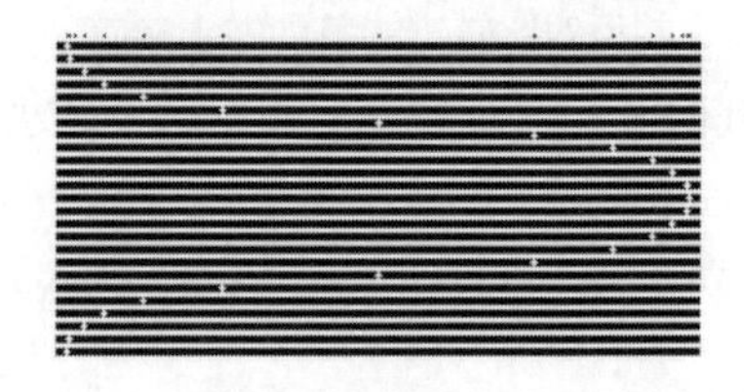

图53-3

图53-4

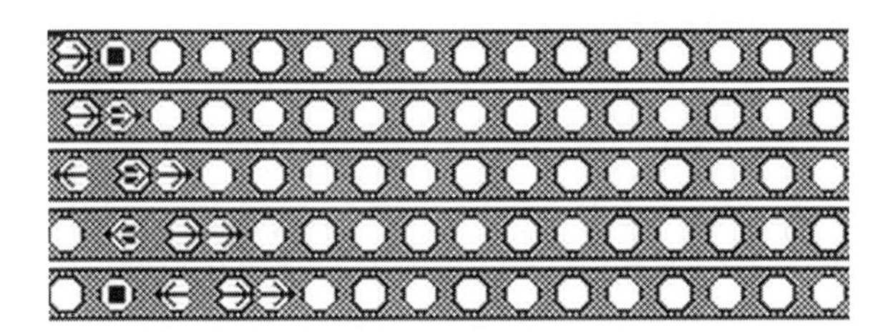

图53-5

但如果电子不流动，能量又是如何传递的呢？一个很好的类比就是将交流电比喻成声波。空气中的粒子并不像声音那样在空气中传播，但它们是会移动的。它们其实是在振动。声波在空气中传播是一种有压力的机械波。一个波面的振动引起下一个波面的振动。

简单来说，声波中的粒子并没有像风中的粒子一样改变位置。它们在自己原本的位置上振动。事实上，当声波被转换成电信号时，它是以图53-5中的交流电信号形式来传输的。

图53-6给出了交流电路中电子的振动图像。此图在示波器屏幕上显示了一个平稳的交流电信号。

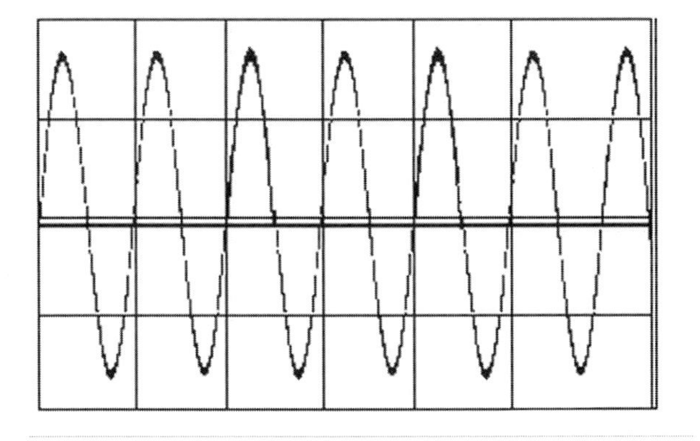

图53-6

示波器上的交流电信号

为什么一个平稳的交流电信号在示波器上的显示是这样的呢？以下详细地解释了从电子移动到正弦波的转换过程。

1. 图53-3显示的是电子的真实运动情况。
   - 电压提高，电子加速。电压降低，电子减速。
   - 当电子停下来改变运动方向时，此时电压为零。
2. 图53-7形象地显示了随着电子的加速或减速时，电压也相应变化。电压的实际变化就像是一个圆。

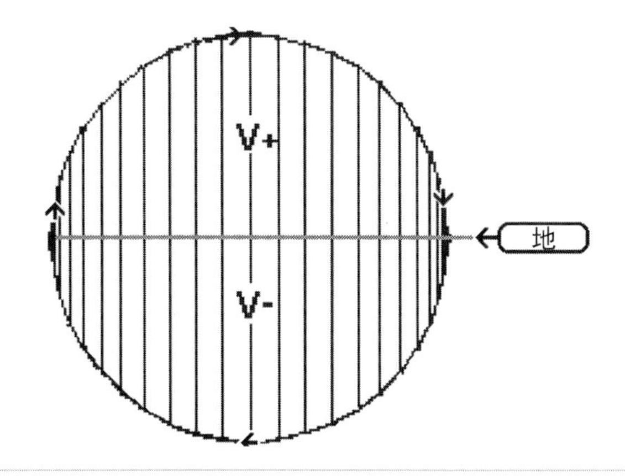

图53-7

还需要注意以下两件事：

- 电子沿着基准线的运动状态受到电压大小的影响。简单地说，电压越大电子移动得越快，电压越小电子移动得越慢。
- 每两条竖线之间的间隔代表单位时间间隔。

3. 因为时间是无法倒退的，所以想要表示物体反向运动是很难的。因此，在图53-8中，在正电压之后画出了在负电压下的运动情况。

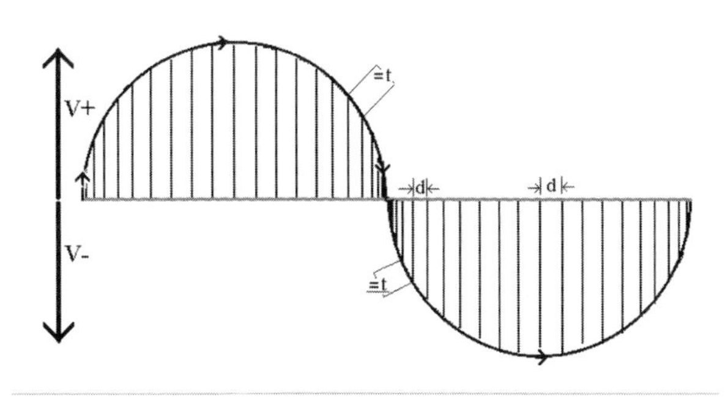

图53-8

4. 时间是非常重要的。那么我们如何表示时间呢？现在，用圆的周长来表示电子运动的时间，用水平线来表示距离。但是对于我们来说，电子移动的距离并没有时间那么重要。我们需要在水平线上设置一个相应的时间标尺来表示时间，如图53-9所示，垂直线的长短表示电压的高低。那么由此可见，每两条竖线的间隔是用来表示单位时间的。

结果呢？圆形曲线就转换成了正弦波形曲线。

注意，水平的地线在图像的中间，是V+和V-的分界点。就如同我说的，我们可以用放大器来放大声音。

你现在将要学习如何自己动手用工具测量。

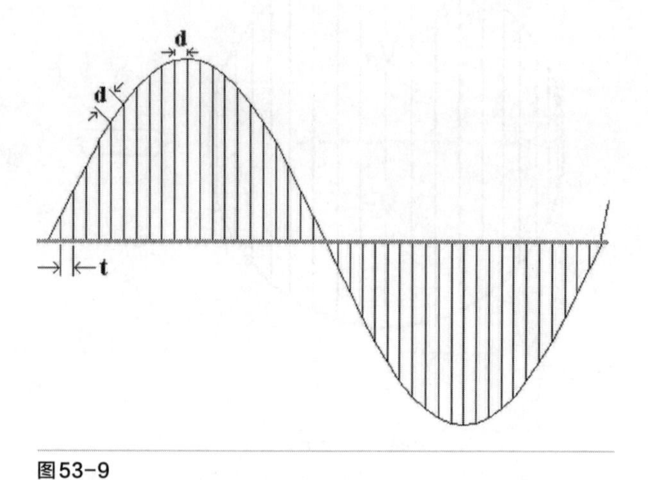

图53-9

前期准备

在使用放大器时，有一个平稳的信号源是非常重要的。图53-10所示的信号发生器可以在实验室里找到。除此以外，Soundcard Scope的信号发生器（Signal Generator）也可以产生我们需要的音频信号。还有很多别的音频软件可以记录和产生这些音频信号。

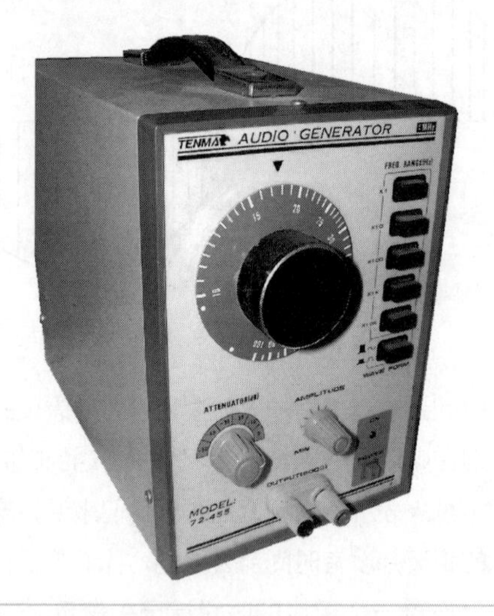

图53-10

我使用的是“Gold Wave”共享软件。这个音频编辑器的功能丰富，完全超出了我们目前的需要。但是，我希望你们能够多学习一个软件的功能，以后我们很快就会用到。

1. 打开Soundcard Scope。我们将使用默认的系统设置。
2. 将Signal Generator的通道1(Ch1）设置为250Hz。
3. 可以用任意一款软件记录并保存这段音频30秒的波形文件（*. wav）。
4. 退出Soundcard Scope。
5. 打开你刚才生成的250Hz的音频波形文件。使用什么软件播放其实并不重要。
6. 用Soundcard Scope上的Frequency Analysis功能，处理刚才的音频。如果你对结果满意的话，再创建300Hz和1000Hz的音频波形文件。
   再次打开250Hz的信号。
7. 将通道1的连接线插到耳机的插孔上。
8. 参考图53-11，确保所有的音量控制项都设置到了最大。
9. 记录下这个文件最大的输出。_____mVac。
   图53-12给出了能够每次精确调整几mVac(毫伏)的最好的方法。

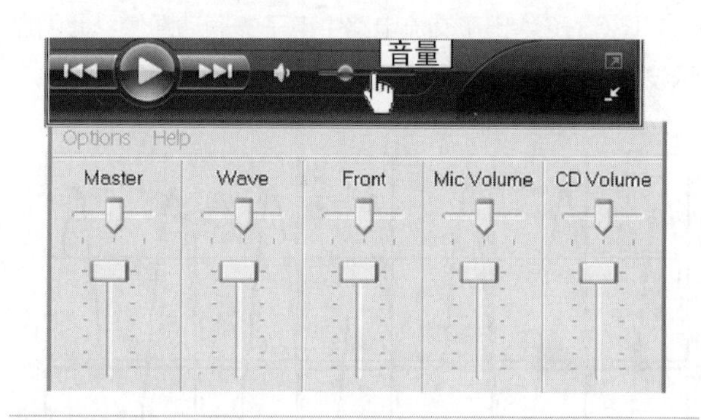

图53-11

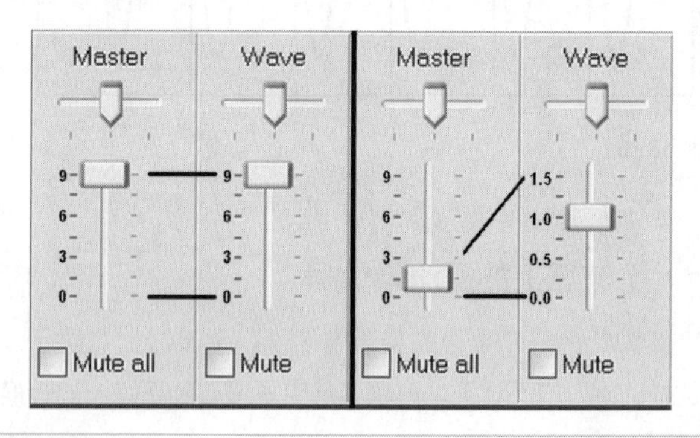

图53-12

10. 现在，系统已连接好，音频也正在运行，按照如下的数值逐个调整电压设置。并在你已经设置过的数据前面打勾。

___200 mVac	___100 mVac	___40 mVac
___15 mVac	___5 mVac	

11. 当你全部完成之后，在250Hz下，将音量重新

设置到40mVac上，然后将音频信号停止。保持这些音量设置不变，加载并打开300mVac的信号。记录用数字万用表测得的量。______

⓬ 不要误碰万用表的刻度，也不要改变设置。然后加载，打开，并测量1000Hz信号的电压。______mVac。

电压是否在频率增长的时候仍然保持不变？

为何交流电路中无法测到直流电压？

这个问题很正常，让我们来实际看一下吧。

❶ 现在请重新将音量调到最大状态。

❷ 将你的数字万用表调整到测量直流电压的挡位——DC挡。接上测量的线夹。

无论你怎么尝试，你都不能从交流信号中测量出直流电压值来。为何交流电路中无法测出直流电压呢？你以前应该遇见过类似的情况。见图53-13。

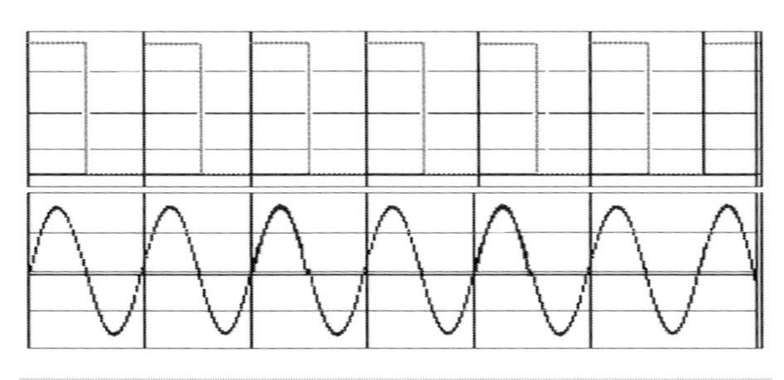

图53-13

你还记得用数字万用表测量从4046输出的振荡信号吗？引脚3和引脚4的电压是加在引脚16上的电压V+的一半。输出一半时间是V+，一半时间是0。由于信号变换得非常快，所以数字万用表测量出来的读数只有V+的一半。

这里就是同样的情况。输出一半时间是V+，一半时间是V-。200mVac的信号的平均值事实上一半时间是-1V，一半时间是1V。将这两个信号取平均值，输出的直流电压就是零。

对比输入和输出

关于你记录下的交流信号，最后还有些重要的事要做。如图53-14所示，对比电脑的输出（通道1记录的正弦信号）和通道2上的输入信号。

通道1（Ch1）：输出——40mVac下的耳机插孔

通道2（Ch2）：输入——话筒

❶ 打开250Hz的音频文件，然后将输出调整到40mVac。

❷ 打开Soundcard Scope。

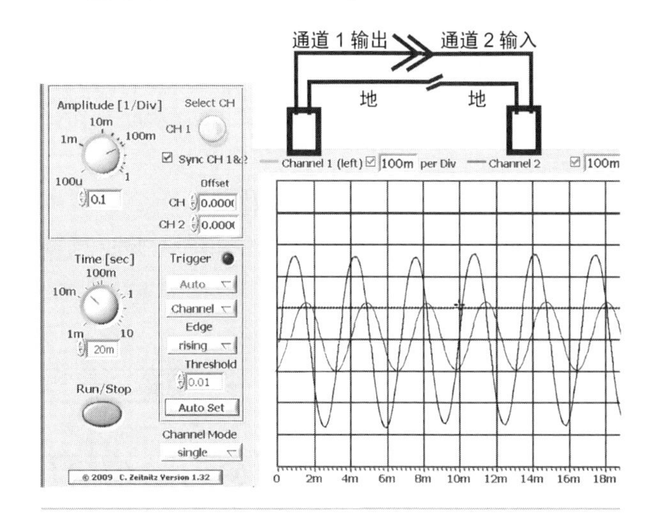

图53-14

❸ 去掉Synchronize CH1 and CH2的选项，使通道1和通道2能够分别工作。

❹ 将通道2的连接线接到话筒的输入端。

现在，你可以将电脑的输出和相应的输入直接进行比较了。那些明显的差别都将在你的测试中显现出来。

当你在比较两个信号时，下面这些就是你需要关注的方面。

对比输入和输出信号的幅度。

- 你可能预料到幅度会下降，但是你不知道下降了多少。
- 输入信号有反应吗？可能由于信号太小，以至于声卡无法获得到。
- 信号是否对齐（波峰和波谷对应上）？

当你关注到这些方面，得到基本的反馈信息后：

❶ 降低通道1上的输出信号的音量，直到通道2上的输入有所反应。

❷ 断开两根接线，然后使用数字万用表去测量输出信号的交流电压。

注意，计算机不能对比这个值小的任何输入信号做出反应。这些对比的结果可能会因为计算机的不同而不同，因为决定结果的因素很多。

第54讲　直流环境中的交流

周期性变化的交流信号可以应用到直流电路当中吗？交流信号是如何被施加到直流电路中的？放轻松，这就好比我们不仅可以在地面上用餐，还可以在桌面上用餐一样。在电子学中，也有同样的原理。

直流环境中的交流信号

如果交流信号的方向是周期性变化的，我们如何在只使用9V电池的V-系统中使用交流电呢？

开始，先回忆一下将直流电类比成风、将交流电类比成声音的例子。图54-1告诉我们声音是如何被风传输的。在附录C中的网页上的动画将原理叙述得非常清晰。

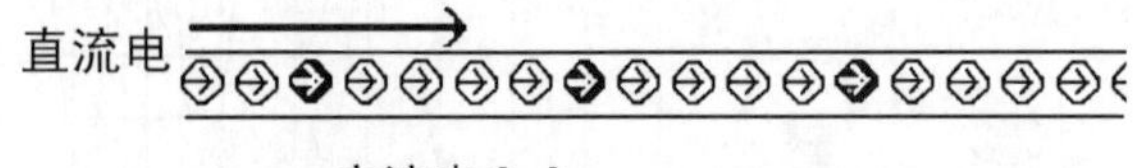

图54-1

知道了上面的内容，你就能明白交流信号是能应用到直流环境下的。这里有一个更好的类比来进行解释。在电子学中，有正电位和负电位的说法。同样地，当你去野餐时，你可以像图54-2所示的那样将地面作为简洁的桌面来使用。

图54-2

或者你可以放置一张桌子，如图54-3那样创建一个人工的平面。

尽管地面是野餐的最自然的环境，不过有一张桌子反而会更加方便。在直流电路中调整交流信号的参考点也更加方便，就如你在图54-4中看到的那样。我们可以利用分压器，在直流电路中产生一个参考点可调的交流电信号。

图54-3

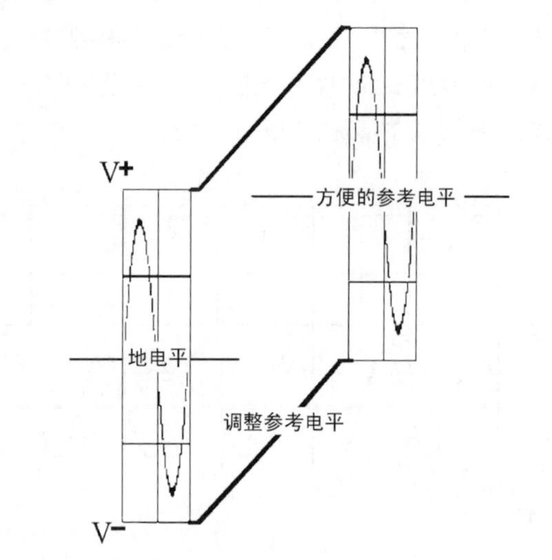

图54-4

如果V+代表9V电压，那么V+的一半就代表4.5V电压。

图54-5所示的系统中，可调的参考点的作用就像把一个4.5V的电压看作地一样。

交流信号在直流电路中又是如何移动的呢？

仔细观察图54-6中的两幅图。上面的图是交流信号以地为基准参考时的波形图。

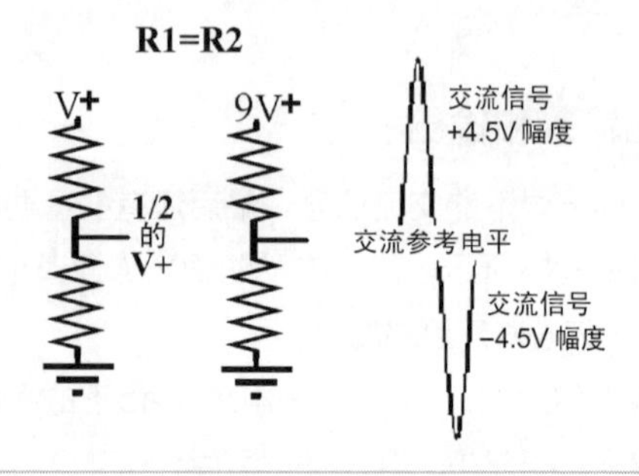

图54-5

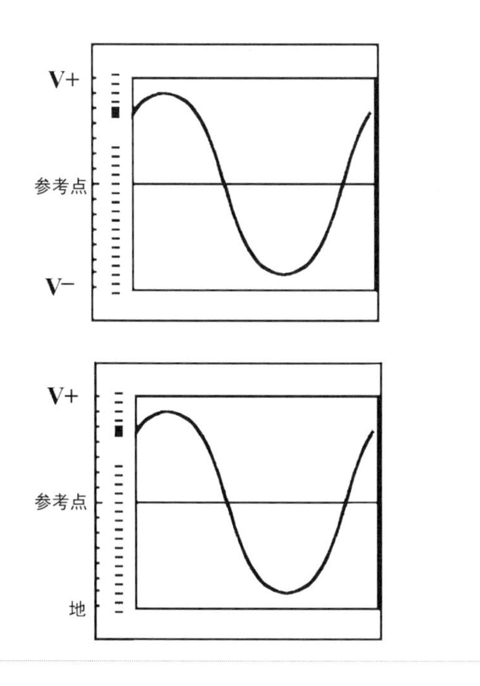

图54-6

下面的图是在直流电路中，调整了参考点之后的交流信号波形图。其实，电流并没有影响到信号。

第55讲　设置运算放大器

当今电子技术中运算放大器是应用功能最多、最有价值的元器件。事实上它们是许多数字系统的心脏。它们如何在数字电路中被应用和使用，是值得我们去深入研究和学习的。

开始连接电路

在第54讲中，我们学到承载交流信号需要一个参考点。如图55-1所示，放置两个电阻。它们起到分压的作用，将被用于设置参考点电压。这里最好使用误差为1%的五色环电阻。

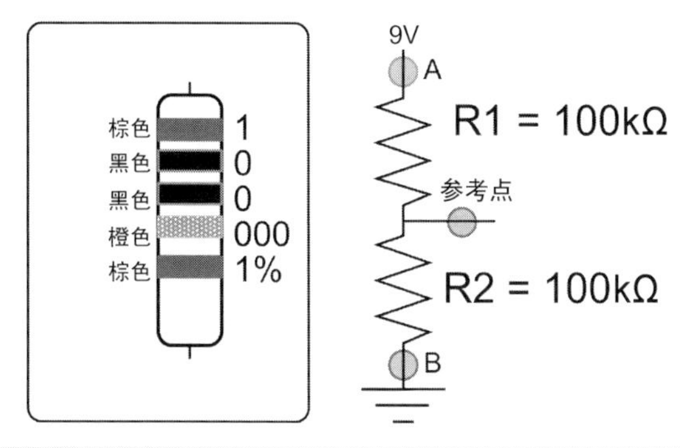

图55-1

记录如下的数据：

- 总电压________
- 参考点电压________

在参考点之上，交流电能够达到________V的正电压；在参考点之下，能够达到________V的负电压。

加上运算放大器

如图55-2所示，连接放大器。

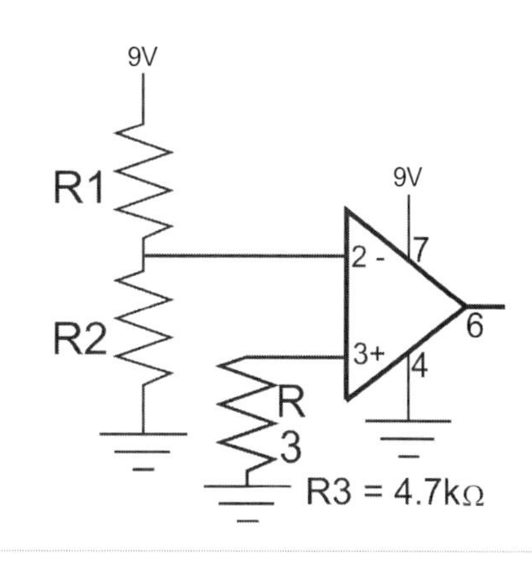

图55-2

将电阻R1和R2的中间点的电压简单定义为U_{ref}（参考电压）。

将U_{ref}连接到引脚2的反向输入端。

作为输入端，引脚3必须与某点相连接。从图中可以看出，R3直接接地，即引脚3同向输入端引入的是低电平。

运算放大器在引脚6上的输出端对应引脚2和引脚3之间的电压差。

因为引脚3上的正向输入的电压比U_{ref}低，引脚6上的输出为低电平。

实际测量一下。

现在对电阻R3加一个高电平信号，并接到引脚3上。高输入将决定高输出。不要直接相信我说的话。检验一下，和你的预期一样吗?

重要的一点出现了。

正向输入端的输入在输出端没有发生翻转。

继续前进

将图55-3作为参考，然后把原来接在引脚2的参考电压U_{ref}，调整到引脚3上。确保不要看错电路图，电阻R3初始时仍然要接地，所以引脚2 会判断输入为低电平。

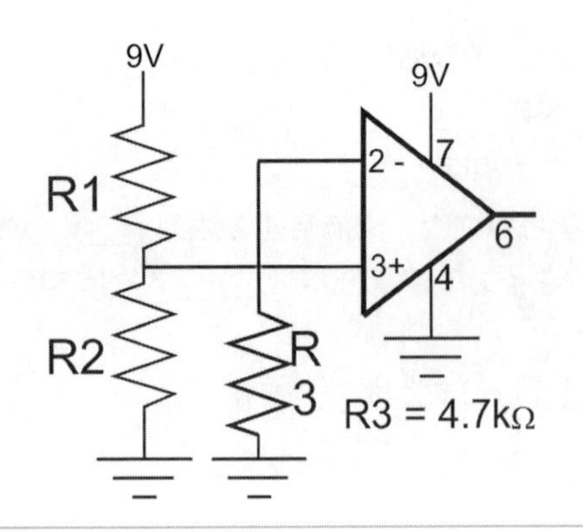

图55-3

检查一下输出。低输入——高输出。然后给R3接一个高输入。

原来，这个电路能使输入信号发生翻转。

电压比较器

继续修改原来的电路，得到如图55-4所示的电路。我们可以看到在电路中很小但是很重要的变化。

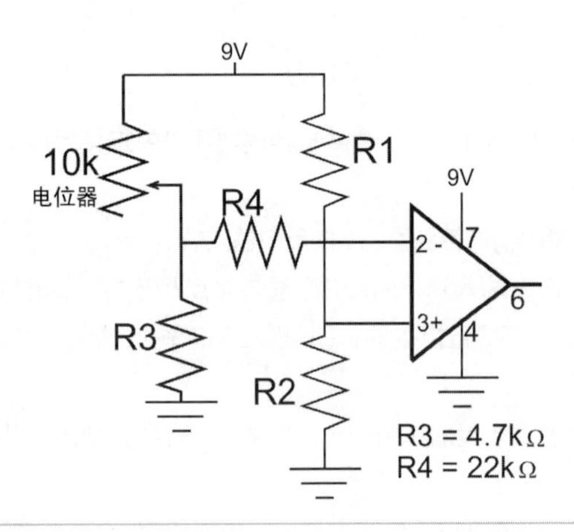

图55-4

我们现在已经知道，电压比较器能够对反向输入端和Uref之间明显的电压差做出反应。通过这个电路，我们能够了解到运算放大器可以对非常微小的电压差进行比较。电阻R3是非常重要的。因为运算放大器只比较电压，电流并不重要。R3能够减弱输入端的电流。

1. 使用数字万用表测量U_{ref}。________V
2. 将数字万用表的红色探头接到U_{invert}上，将黑色探头接地。
3. 按照表55-1中的要求进行测量。

按照表55-2完成同样的测量，但是分压器提供的电压比U_{ref}略小。

表55-1　只要输入端电压高于U_{ref}，无论电压差值有多少，输出端都为低电平输出	
调整电位器的阻值，使中间点电压（U_{invert}）略高于U_{ref}	**调整电位器的阻值，使中间点电压（U_{invert}）比之前再高一些**
a. U_{ref} = _______	a. U_{ref} = _______
b. U_{invert} = _______	b. U_{invert} = _______
c. U_{out} = _______（填写高低电平的数字形式）	c. U_{out} = _______

表55-2　与表55-1的调整过程相反	
a. U_{ref} = _______	a. U_{ref} = _______
b. U_{invert} = _______	b. U_{invert} = _______
c. U_{out} = _______	c. U_{out} = _______

4. 当U_{invert}比U_{ref}小时，U_{out}为高输出还是低输出？
5. 当U_{invert}比U_{ref}大时，U_{out}为高输出还是低输出？
6. 不要在上面花费太多时间，接着尝试把引脚2上的电压（U_{invert}）调整到和U_{ref}一样。

如果你调整完毕，请问你认为引脚6上的电压（$U_{输出}$）是多少？______

请等一下！匆忙中，让我们停下来想想小事物的力量和美丽，就像图55-5中的情形。电压比较器简直就是我们数字世界的心脏和骨干。

图55-5

真的！它就是一个基本的非门。你将一个参考电压和一个输入电压来进行比较。输出会对差值立刻做出反应，当输入电压小于V+的一半时，输出为高电平；当输入电压大于V+的一半时，输出为低电平。

理论讲得够多了，我们一直在简单地比较直流电压。下面再次轮到你了，继续进行下一步吧。

在直流电路中引入交流信号

在直流电路中引入交流电信号，这不是我们在第54讲中所讨论的问题吗？

回想一下，交流信号方向呈周期性变化。它的参考点电压为零，也就是地电位。但是施加一些“小魔法”，我们就可以改变参考点的电压，使参考点电压为正或者为负。

见图55-6。

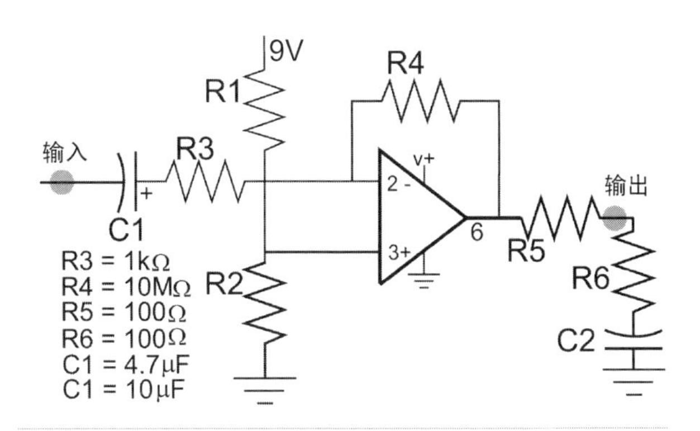

图55-6

首先，这里的电容是非常重要的，它们被用来作为音频耦合器。

音频耦合器

电容有三个主要的用途。我们曾经在RC延时电路中使用过它。这里，我们将它作为音频耦合器来使用。在这个位置，它将音频信号与电路连接，并且将交流信号与直流信号分隔开：

- 将其他的直流输入与运算放大器隔离开。
- 交流信号可以通过电容。
- 交流信号自动地加在运算放大器的可调电压U_{ref}上。
- 平稳的直流信号不能通过电容。

下面的比喻提供了更好的解释：

交流信号通过电容就像声音通过一扇关上的窗户，如图55-7所示。风不能通过窗户。如果风是很平稳的，你甚至听不到它的声音。风就像直流电压和直流电流一样。但是声音是由声波振动产生的，所以窗户也振动了，虽然幅度很小。然后，窗户里的空气也振动了，传递了窗外的声音。声音就像电压的微小波动和振动。

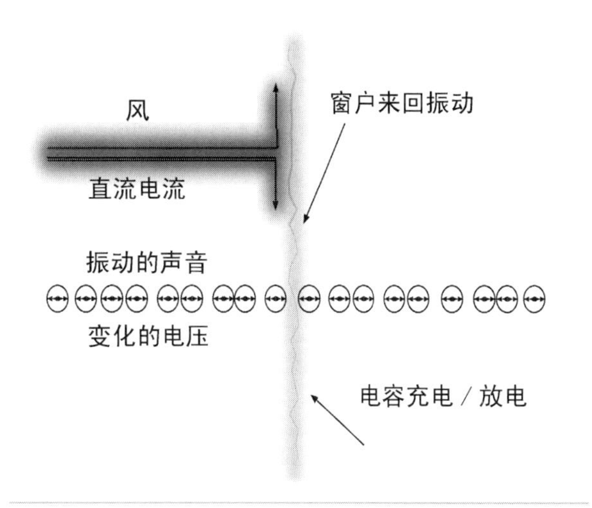

图55-7

简单地说，电容一边的电压使电容发生充放电的反应，导致另一边产生了相应的电压和电流。

让我们寻找乐趣吧

图55-8描述了我们下一步的目标。

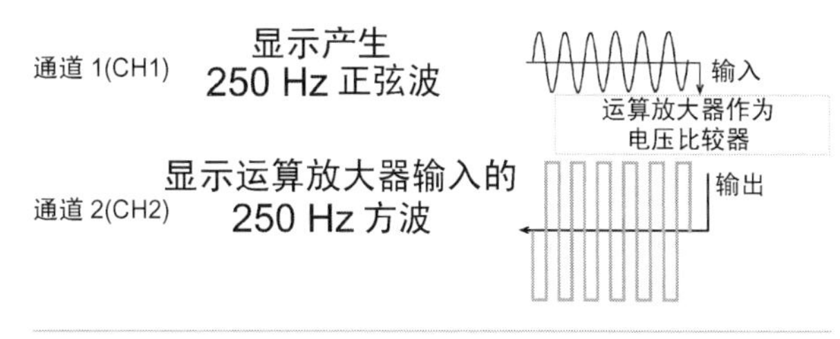

图55-8

给电路供电

1. 打开Soundcard Scope软件的Signal Generator。
2. 将CH2设置为250Hz。切换到示波器界面。
3. 取消Sync CH1 & CH2复选框的选项。
4. 将CH2的接头插到电脑的耳机输出端口上。
5. 利用数字万用表，将CH2的信号幅度改成40mVac。
6. 将CH2的接头的信号线夹接到电路的输入端，黑色线夹接地。
7. 将CH1的接头插到话筒的输入端。

8 将CH1的接头的信号线夹接到电路的输出端，黑色线夹接地。

理想情况下，你应该看到的是和图55-9接近的波形。

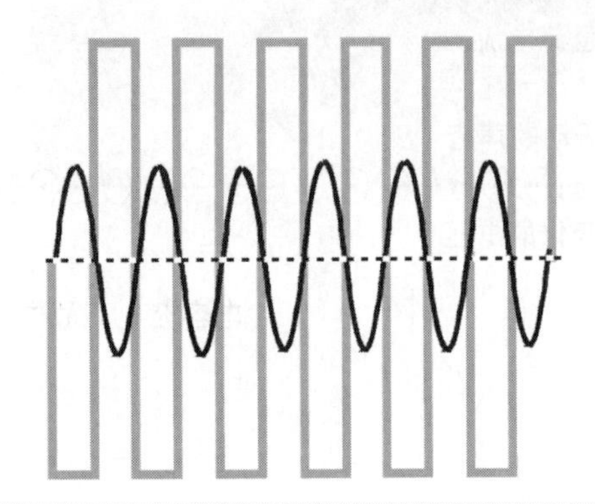

图55-9

概念是非常重要的。不过在我开始讲概念之前，让我们先做些轻松好玩的事情。

在你加入新信号之前，先断开一会儿电源。

更进一步

把软件再切换到Signal Generator，做一些改变：

1 Signal Generator

2 通道1（CH1）=250Hz

3 通道2（CH2）=300Hz

4 混合两个单音频信号，使它们产生共鸣。听声音的同时，去看看示波器的显示界面，如图55-10所示。在控制界面的底部，找到高亮的地方。

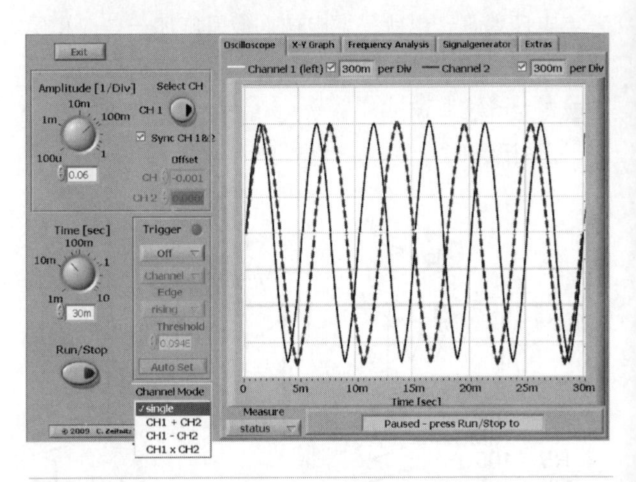

图55-10

在高亮的地方，你可以进行设置：

- 把每个通道的信号加在一起。
- 将一个通道的信号减去另一个：做差。
- 将两通道信号相乘：乘积。

图55-11提供了示波器在每个功能下的截图。

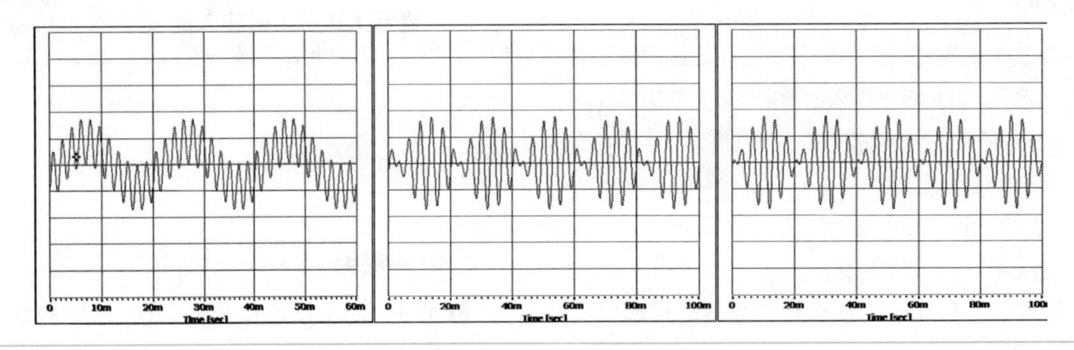

图55-11

现在做些不同的实验

1 拔掉CH2的接头。

2 插上耳机，分别听听由Signal Generator产生的两个单音频信号。

我们需要将两个信号混合，然后用一个通道送入到你的电路中。图55-12演示了这个过程。

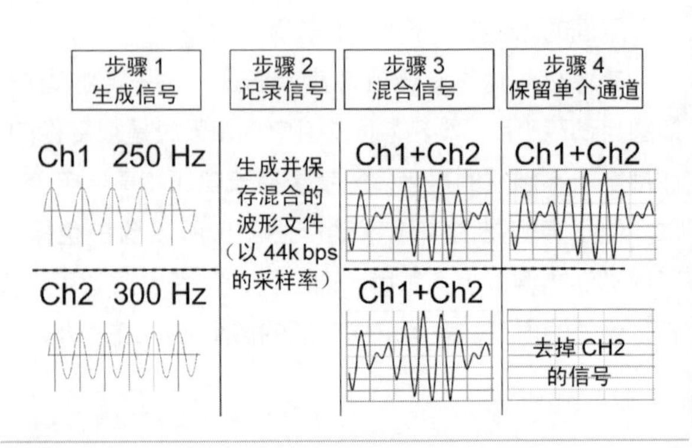

图55-12

- 你可以自己生成一个30秒的音频波形文件，或者从www.mhprofessional.com/computingdownload下载它（Lesson55BlendedTone.wav）。
- 你不能使用Soundcard Scope来播放这个文件，但是任意一个音乐软件都可以播放它。
- 当两个通道都打开时，你只有一只耳朵能听见两个通道的混合声音，这就说明你设置的过程没有问题。

下一步

电路如图55-6所示，没有任何改变，并且我们仍然使用和图55-8中一样的系统设置。

打开Soundcard Scope软件。

确保Sync CH 1 & 2的复选框没有被选中。

开始用单通道混合音频信号。

1. 使用CH2的接头（耳机输出端），并将混合音频信号的强度调整到40mVac。
2. 将混合音频信号接到电路的输入端。
3. 将CH1的接头连接到电路的输出端和耳机的输入端。

图55-13为Soundcard Scope的信号显示，将它同实际示波器信号进行比较。

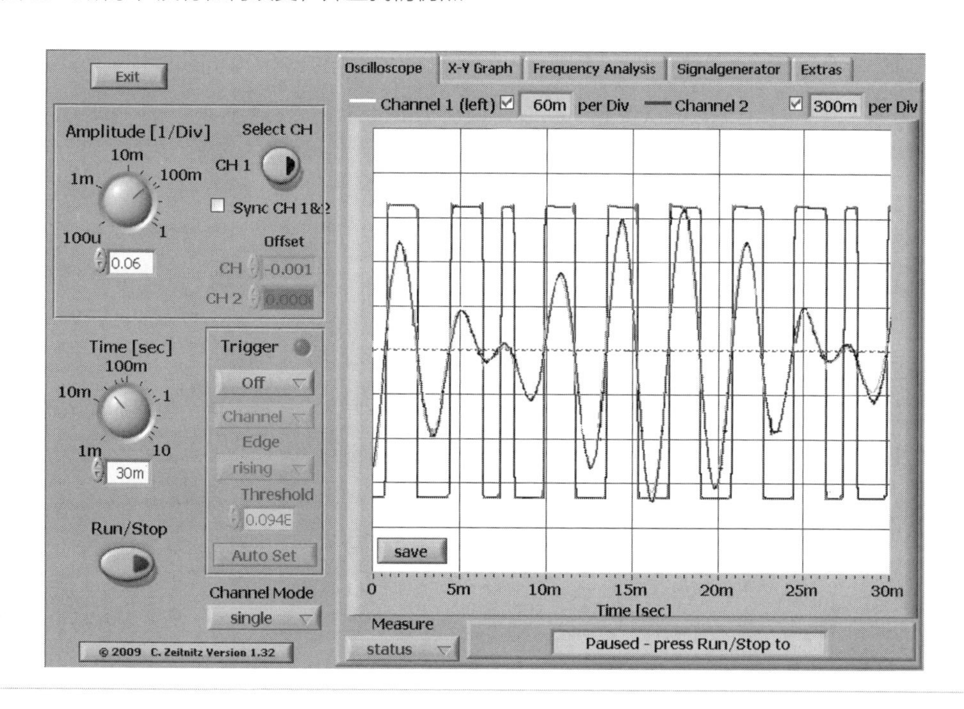

图55-13

上图中的信号显示非常棒，不是吗？作为一个免费软件，Soundcard Scope的显示非常好，但是，你能看出其中的问题吗？

记住，这是一个反向运算放大器。当我用实际的示波器显示信号时，输出结果如图55-14所示。那么，为什么Soundcard Scope显示的波形没有反向呢？

说实话，我没法解释这个问题。但是对于使用示波器的目的来说，这只是一个小错误而已。忽略它吧，让我们继续。

同时，仔细看看实际示波器的设置。

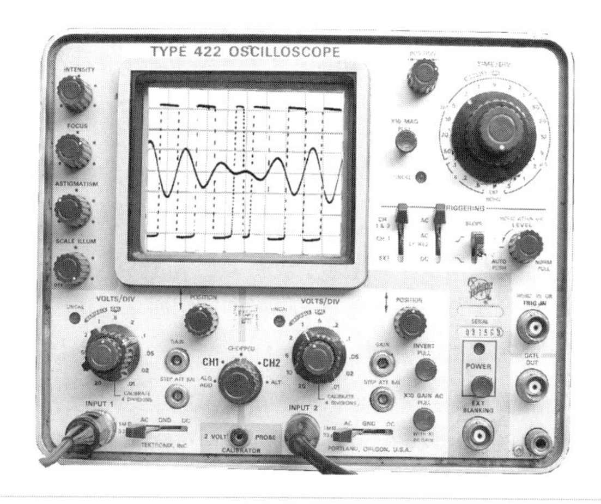

图55-14

- Time/div=
- CH1 v/div=
- CH2 v/div=

作为一个电压比较器，输入端一毫伏的差别就可以立刻反映到输出端。

第56讲　用反馈来控制增益

在本讲中我们将对电位器及其控制音量的原理进行研究和说明。图56-1为电位器控制音量的电路原理图。

再次修改电路

用1kΩ的电阻和10kΩ的电位器串联电路来替换10MΩ的电阻，接入的分压器构成了一个平衡反馈环路。

用100Ω的电阻和470μF的电容来替换原来电路中的两个电阻和音频耦合电容。

在这里，我们用到的电路系统叫做“负反馈”。我们将使用这个反馈来控制电路的增益。你之前已经搭建了一个运算放大器，现在你可以测试它了。你将通过这独特的反馈系统来对电路的增益进行设置。事实上，这只是分压器的一种常规应用。

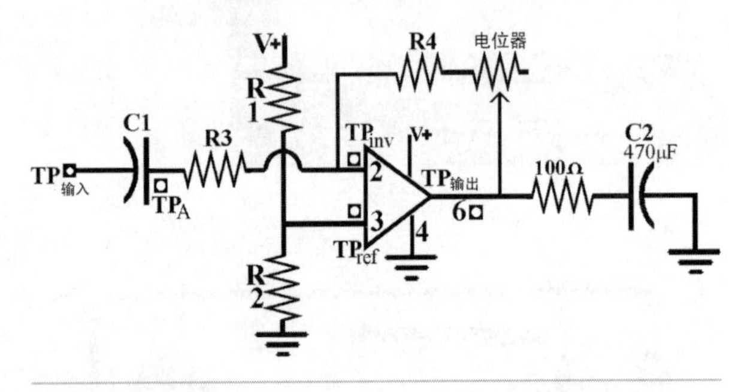

图56-1

在这个反馈环路中，控制的是信号的音量和频率。对于小信号来说，环路控制简单，而且使用的元件又小又便宜。这个电路也是一个0.5W的通信电路。这里使用的电位器是一个1/4W的电位器。如果使用电位器直接控制扬声器的信号，会产生很大的热量，从而使其烧毁。

再回看图56-1，作为理解重要概念的基础，我们需要测量一些数据。

1. 不要对电路供电。
2. 取下电位器，将它设置到最小值0Ω，再将它放回原处。
3. 打开任意一个之前记录的单音频文件。
4. 使用数字万用表，将CH1的输出调整到10mVac。输入=___mVac。
5. 将CH1连接线上的彩色线夹接到电路的信号输入端，黑色线夹接地。
6. 给电路供电。
7. 用数字万用表在引脚6处检查信号强度。输出=___mVac。
   输入电压应与输出电压相等（或者至少很相近）。输出/输入=1。增益=1。
8. 将电位器调到阻值最大处。
9. 在引脚6处直接测量输出。___mVac。
   输出电压应该是输入电压的11倍（增益=11）。回想一下，增益就是电压与电压的比值、功率与功率的比值，也就是$R_{总}$与R1的比值。

   增益=输出/输入

预期效果

- 理想情况下，这个电路的输入信号为交流信号，电压在0.010~0.015V。
- 当电位器的阻值设为0Ω，输出应与输入相等。
- 当电位器的阻值设为0Ω，(R3+电位器阻值)/R2的值是1。
- 分压器的比率是1，增益也是1。
- 当电位器的阻值设为10 000Ω，输出应该为输入的11倍。
- 当电位器的阻值设为10 000Ω，(R3+电位器阻值)/R2的值是11。
- 分压器的比率是11，增益也是11。

工作原理：反向输入端的反馈

这里有些问题：为什么电位器的阻值降低时，音量会变小呢？难道不是电阻变小电流变大，然后电流变大使音量变大吗？

事实上，因为输出信号被反向了，这个反向的信号又被加在了原始信号上面。它的原理就像加上了一个负数那样。把这个过程想象成减法，如图56-2所示，信号和反馈相减得到输出。

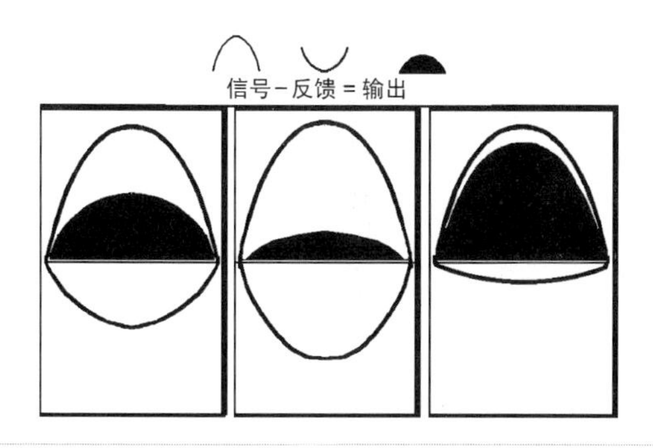

图56-2

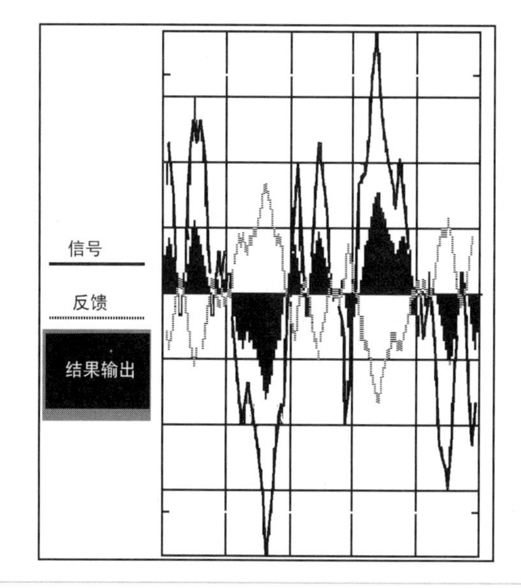

图56-3

随着电位器电阻值的降低，反馈信号的幅度会增加。

原始信号减去一个更大的反馈信号得到一个更小的输出信号。

输入信号－反馈信号＝输出信号

图56-3更加精确地显示了一个真实的信号。

表56-1　测量图56-1电路的输入电压值

交流电压	输入 $=0.0V_{AC}$*	(A)输入$=10.0mV_{AC}$R4+电位器阻值=1kΩ	(B)输入=$10.0mV_{AC}$R4+电位器阻值=5kΩ	(C)输入=$10.0mV_{AC}$R4+电位器阻值=10kΩ
TP_{IN}到TP_A				
$V_{输入}=TP_A$到TP_{REF}				
$TP_{输出}=TP_{OUT}$到TP_{REF}				
TP_{INVERT}到TP_{REF}				
TP_A到TP_{INVERT}				
100Ω 电阻两端				

*将接到耳机输出端口的输入信号用音量控制器调整到0V。如果运算放大器的输入电压不为0，可能是由于空气中的静电带来的干扰。数字电路的输入端必须有明确的输入电平，要么高电平，要么低电平，记住此时会发生什么。这个现象就如同我们看到的那样。

练习

利用反馈控制增益

1 用下面电阻值比值来估计一下增益是多少?

增益=(R4+电位器阻值)/R3

A. ________

B. ________

C. ________

2 用输出电压比输入电压来估计一下增益是多少?

增益$=V_{out}/V_{in}$

A. ________

B. ________

C. ________

3 如果电阻R3被烧毁了，阻抗变为无穷大，考虑一下有什么结果?

A. 写下估计电阻比值。

____

B. 考虑一下，声音是不是会变得非常大，或者根本没有声?

C. 你还能否控制音量?

____

4 考虑一下，如果电阻R3被短路，即R3的阻值为0了，会有什么结果?

A. 写下估计增益。________

B. 你是否还能控制音量?

5 反馈——这里你需要用一些数学推导，去解释反向输入端（引脚2）的实际作用。

增益为1时，电位器具有最小的阻值。最小阻值是如何产生最小音量的呢？为何不是阻值越小信号越大呢?

恰恰是因为电阻变小的原因。电阻变小意味着反馈的信号变大，原始输入信号被减去的部分就越多。

A. 计算下反馈的电流。

使用欧姆定律U=IR。电压和电阻是已知的（见表56-2）。

表56-2 计算
反馈到引脚2的电流值 当R4 + 电位器阻值=1 kΩ
反馈到引脚2的电流值 当R4 + 电位器阻值=3 kΩ
反馈到引脚2的电流值 当R4 + 电位器阻值=10kΩ

B. 现在计算下引脚2反向输入端的电流。当电阻R4未被接入电路时，没有负反馈产生。你可以在输出端得到完整的信号。引脚2反向输入端的电流为________。

C. 现在该做减法了。对于之前三个设置的值，计算下引脚2反向输入端的实际信号。使用下面的简单公式：

原始信号-反馈信号=引脚2的信号

见表56-3。

表56-3 计算

完整信号	反馈信号	引脚2的信号
________	R4+电位器阻值=1kΩ ________	________
完整信号 ________	反馈信号 R4+电位器阻值=5kΩ ________	________
完整信号 ________	反馈信号 R4+电位器阻值=10kΩ ________	________

6 对于这个练习，你需要以下一些东西：

- 1根长的橡皮绳
- 1根短的橡皮绳
- 1块大硬纸板
- 3个图钉

现在把长橡皮绳的一头切一刀，拿住另一头长的部分。

将短橡皮绳剪成两段。

将长橡皮绳的一头牢牢固定在硬纸板表面，一定要紧紧固定，方便拉扯。

现在将一段短橡皮绳的一端如图56-4那样系在长橡皮绳的中间，另一端钉在硬纸板上。

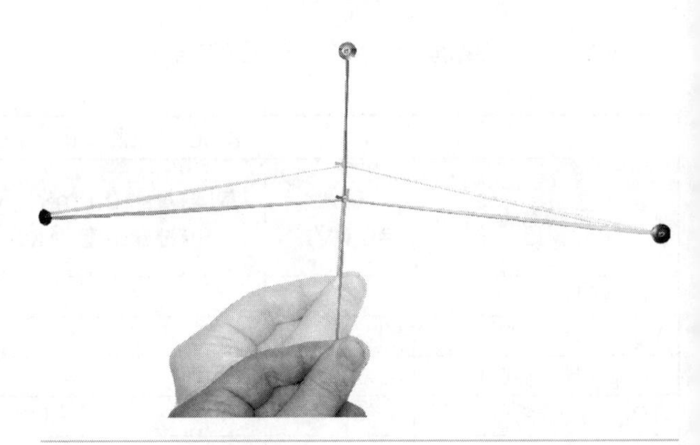

图56-4

长橡皮绳和短绳连接一起代表了一个信号。

同样，将第二段短橡皮绳的一端也系在长橡皮绳的中间，另一端钉在硬纸板上。当你用力拉长橡皮绳的未固定端时，你的动作就引起了反馈。你的力在顶端被分散了。

就像这个简单的物理演示一样，原始信号输入和反向反馈信号一起组成了进入运算放大器的信号。它俩的总和组成了最后从运算放大器引脚6输出的信号。

第17章　应用运算放大器制作通信工具

本章我们将制作一个完整的独立电路并应用到通信系统中去，而这个系统的结构是基于放大器的。

话筒将声音转换为电信号，并将这些电信号放大上千倍后转换为一个调制的电磁频率信号而辐射出去。

当接收机被调至谐振频率时，产生的谐波非常有趣。微弱的谐波信号在电流电压都被放大后才被送至扬声器。

第57讲　制作一个由运算放大器控制的功率放大器

运算放大器作为一个前置放大器，即使电压增加仍不足以驱动输出，现在需要进一步放大功率。

前置放大器已将电压增加到了功率放大器可以使用的级别。下面我们将晶体管作为功率放大器来使用。用晶体管将提高的电压输入后再进一步提高电流，进而提高输出功率。

记住：

功率（P）=电压（U）× 电流（A）

或P=IU

许多IC放大器都可以实现放大。而我们使用晶体管制作“教学”电路，是因为它可以很好地解释放大器的基本原理。

功率放大器

许多音响发烧友认为晶体管比集成的放大器用起来效果更好，是最好的功率放大器。然而，也有发烧友认为真空电子管更加优于晶体管。

修改电路

如图57-1所示，在已经制作好的前置放大器上增加其他元件。重新将电位器和C3电容(470 μF)接入到电路中。

用LM741运算放大器制作的前置放大器可以有效地实现以下三点：

1. 放大电压。
2. 限制电流。

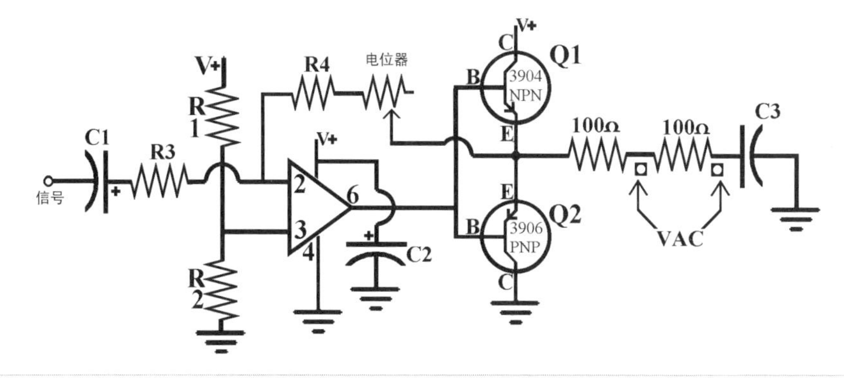

图57-1

3. 保证为晶体管提供足够大的电流输入。

图57-2说明了晶体管放大器的工作原理。它的演示动画可以登录www.mhprofessional.com/computing-download查看。

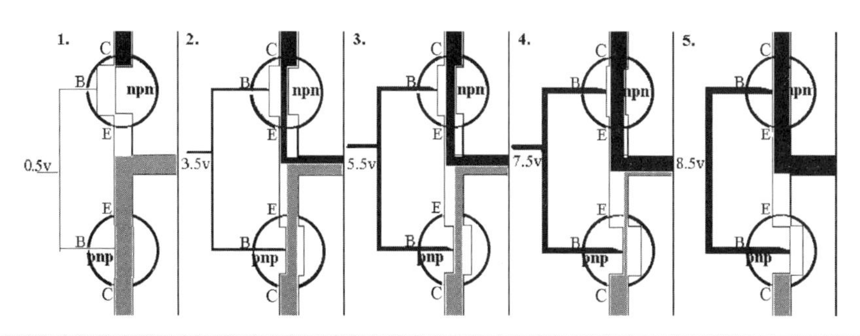

图57-2

将两个晶体管对接，像阀门一样控制信号的输出。它们比单个晶体管允许更大的工作电流。这种方式能够比LM741电路产生更大的输出功率。

现在我们已经了解了功率放大器的工作原理，接下来，我们看一下放大器究竟可以产生多大的功率。下面使用1000Hz的输入信号，幅度在10 ~ 15mV，来做一个练习。

1 回顾一下第56讲的测量过程，记录下所需的数据并进行计算。

记住：

功率（P）=电压（U）× 电流（A）

a. 电阻R3上的交流电压为多少？

b. 电阻R3上的电流为多少？（U=I × R）

c. 写出R3的功率最小值（增益为1）。

R3功率=______W

d. 写出R3的功率最大值（增益为11）。

R3功率=______W

2 测量100Ω电阻上的Vac计算输出功率。测量两个100Ω电阻上的Vac，测量到的读数将翻倍，因为电阻对AC有分压作用。有了这些测量值，就可以计算电流了。现在就知道应该如何控制功率了。

下面比较电路中的电压，始终要在直流电压之间进行比较。同样也要在交流电压之间进行比较（见表57-1）。

表57-1　电压对比

	最小音量下引脚1的增益	最小音量下引脚11的增益
100Ω负载两端的交流电压	______V	______V
V/Ω = A	______A	______A
瓦特=伏特 × 安培	______W	______W

3 在第56讲中，没有使用晶体管时，最大输出功率为多少？ _____W

4 在本次练习中，使用晶体管，最大输出功率为多少？ _____W

C2——作为缓冲器的电容

什么是缓冲器？缓冲器可以减缓冲击。

在第14讲中，制作稳压器时，你已经将一个1 000μF的电容作为缓冲器来使用。如图57-3所示。

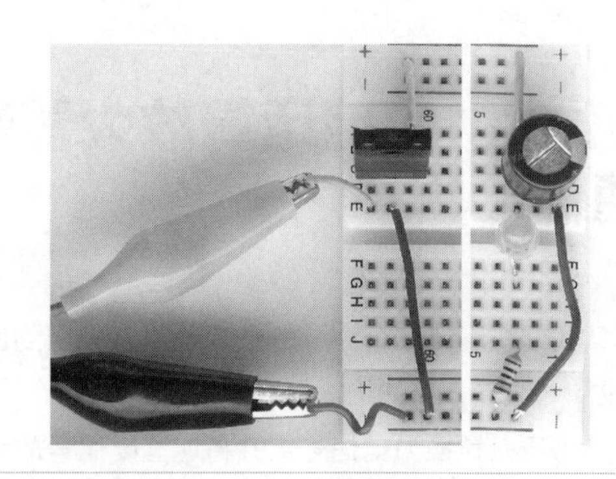

图57-3

功率放大器能够提供所需要的电压，但并不稳定。这是由于电压的突然增大造成的。在使用变压器或者9V的电池时，使用一个大电容作为缓冲器或是储存器。当接通电源时，由于无法足够快地产生电流，输出会有波动，这样就会产生一个不稳定的信号。一个大电容可以保证稳定的电流。

可以用电容做一个有趣的声音变化。如果你确实想听一下，就不能使用规则的测试频率，因为它们产生的电流太稳定了。

- 在电路中接上一个9V电池。
- 在电路中加入一些音乐。
- 将声音调大。
- 移除1 000μF的电容。

之后会就出现一个明显的效果。

第二个音频耦合器

图57-4所示为第二个音频耦合器，它起到将交流电与直流电隔离的作用。

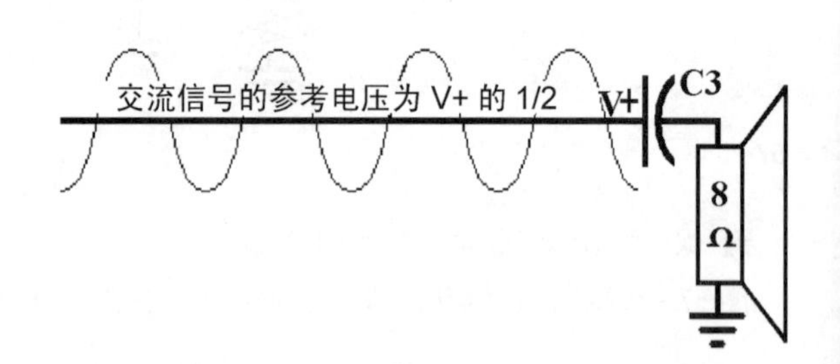

图57-4

事实上，如果没有这个电容而把扬声器直接与输出和地电位相连，声音信号就会消失。交流输出信号将会被破坏，因为输入信号和反馈信号在引脚2处相当于直流的地电位。他们将不再处于悬浮状态，而是处于电源电压一半的位置。花点时间检查一下你的电路，防止错误产生。

如果你想将电路从工作状态停下来，那么就将C3旁路和扬声器直接与晶体管发射极相连。

现在，你应该知道如何让它停止工作了。

第58讲　驻极体话筒

驻极体话筒是音频电路中常用的元件，它不仅便宜而且很灵敏。话筒为电路系统创造了许多设计的可能性。

仔细观察驻极体话筒的内部结构（见图58-1）。

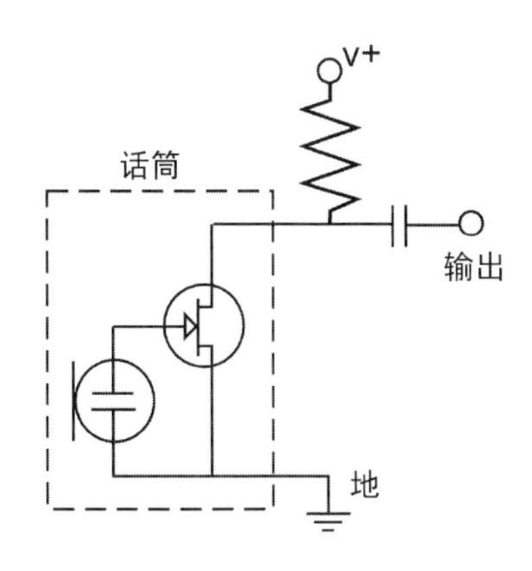

图58-1

话筒可分为以下三种：

1. 动圈式话筒：与扬声器很相似。它使用磁体来带动一个线圈。它们可以独立于电路电源而工作，因为它们可以为自身提供电压。
2. 压电（晶体）话筒：可以自己提供电压。这些晶体结构根据声音的变化使晶体伸缩来释放电能。这些晶体高效地将交变能量转化为交变电压，而且也可以反过来进行。将电压加在晶体上之后，晶体将会随之振动。利用这个效应我们可以制造出高质量低功率的扬声器。
3. 驻极体话筒：是一种可变电容。它一面被暴露在空气中，当声音接触它时，就会产生振动。电容一面的微小变化也会影响到直流电压的稳定。这些振动与声音相对应，就形成了电信号。由于驻极体话筒是一种可变电容元件，它也需要能量来维持工作。

图58-2所示为实物图，电容的一个引脚直接连在外壳上用来接地。

图58-2

制作电路

如图58-3所示，搭建一个独立电路，先不要把它加在运算放大器的输入端。

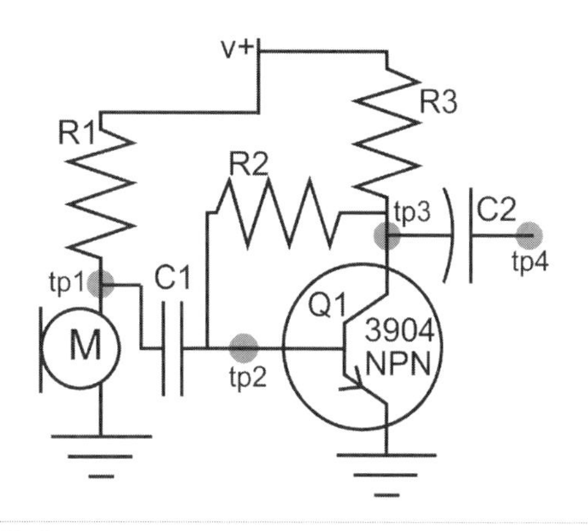

图58-3

这部分所需要的元件都列在元件清单中。

元件清单

- R1、R3—10 kΩ
- R2—100 kΩ
- M—驻极体话筒
- C1—0.1 μF
- C2—4.7 μF
- Q1—2N3904 NPN

它们看似都是陌生的，但其实你已经对它们非常熟悉了，再仔细看一下吧。

- 电阻R1由于是作为一个电阻来使用的，因此，R1只能降低电流，而不能降低电压。
- 话筒像很多电容一样是放在直流电源和地电位

之间的。

- 电容C1和C2是音频耦合器，它们允许交流信号通过，阻止直流信号通过。
- Q1是2N3904 NPN型晶体管。
- R2是从输入到输出的反馈环，它像在运算放大器电路中一样工作。
- R2：R3的比率(100k：10k)决定晶体管放大器的输出增益。

检查电路

给电路供电并进行一些测量，播放单音频时，在话筒附近加入一个扬声器。检查四个测试点的交流和直流电压并记录在表58-1内。

表58-1　在用单音频测试过以后，再用音乐试一下

	DC 单音频	DC 音乐	AC 单音频	AC 音乐
TP1				
TP2				
TP3				
TP4				

你可以使用Soudcard Scope的通道2来观察声音信号，但从你的计算机中输出的音乐将同时占用两个通道。如果想观察话筒由于音乐产生的反应，你需要外接一个音源，而不是直接使用计算机内部的声音。

为了把话筒用作为运算放大器的输入，C2将作为话筒子系统的音频耦合输出和运算放大器电路的音频耦合输入。

第59讲　用扬声器制作话筒

一个通信系统需要由话筒和扬声器共同组成。但其实这样就需要两个完整的系统，每个系统都需要话筒输入和扬声器输出。如果你没有话筒呢？发挥一下想象力，运用已经学过的知识，我们用一个系统就可以解决这个问题。你可以将扬声器用作一个话筒。想要这么做，首先需要了解扬声器是如何工作的。扬声器是作为扩音输出而设计的，而不是作为话筒。所以即便我们这样使用，它也只能发出一个很微小的信号。

当我们将扬声器用作一个话筒时，将会出现以下情况：

- 声音使扬声器锥体发生振动。
- 锥体使磁体发生移动。
- 磁场使导线中的电子移动。
- 这个信号可以被用来作为运算放大器的输入。

即使这样，扬声器也只是一个低劣的话筒。它毕竟不是作为话筒而设计的，但自制话筒时你不用在意这些。

记录下这些重要的信息。

1 在你的DMM上，扬声器可以产生多大的信号？

a. 将DMM接在扬声器上，并设置在VAC挡位上。将红探头加在V+上，将 黑探头加在V-上。

b. 在5cm外对着扬声器锥体说话。对着话筒朗读，效果远比只重复一个单词效果好。______mV

c. 对着扬声器吹口哨将是一个很好的输入信号。______mV

2 在示波器上，扬声器可以产生多大的信号？

a. 将你的扬声器与测试接线相连，直接接到计算机作为输入。并打开 Soudcard Scope。由于信号太小，我们不能使用示波器的探头来测量，而是直线测量。因为在示波器的探头中我们使用了分压器，使输入信号减 小，导致检测不到这个信号。使用示波器设置如图59-1所示。

b. 对着扬声器说话，标记出最大的正电压和负电压。

c. 现在对着扬声器吹口哨，你将会看到一个正弦波。知道吗，你的口哨声正好近似为一个单音。

d. 在图59-2上画出示波器面板上口哨波形的显示。

3 扬声器在电路中的应用。

a. 现在在你的面包板电路中加入第二个扬声器，如图59-3所示。

b. 降低电压增益并使用口哨作为音源。

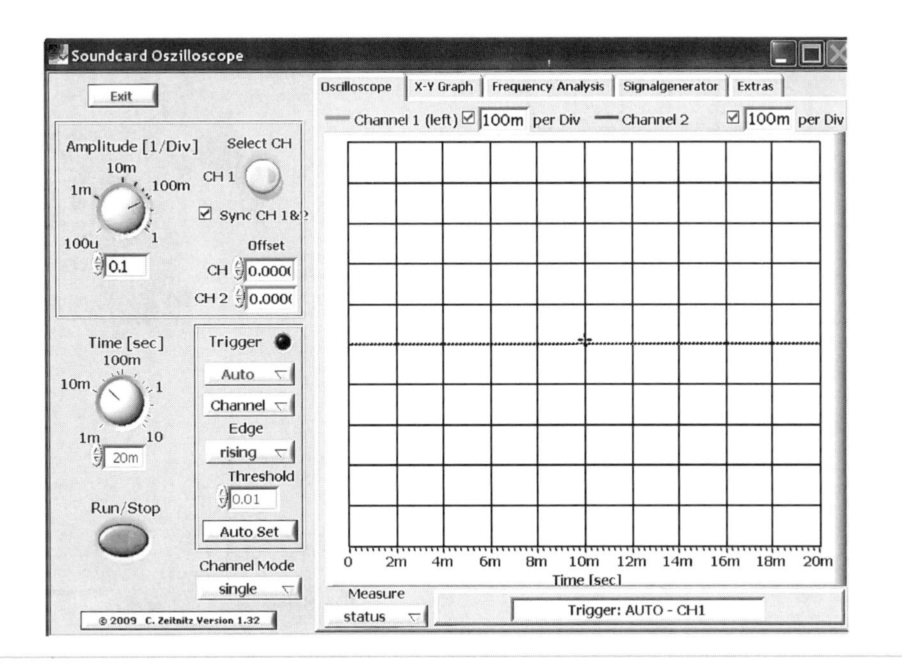

图59-1

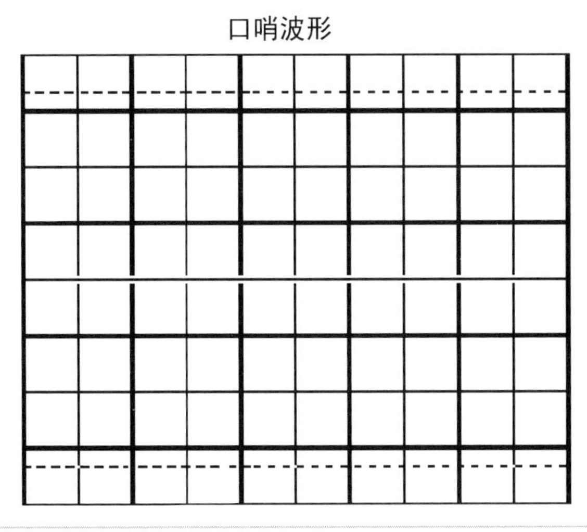

图59-2

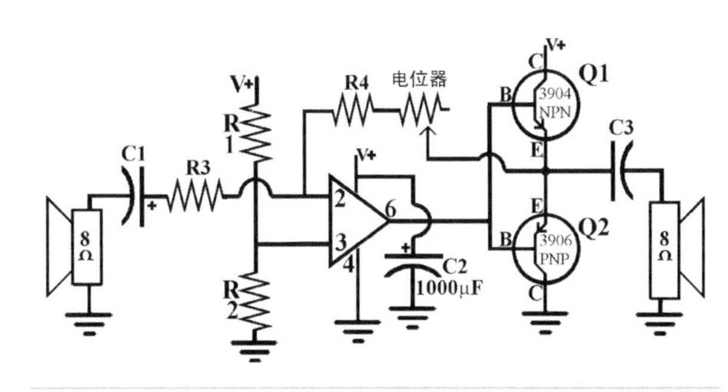

图59-3

c. 当你增大音量时，电路会发出噪声。减小增益直到噪声停止。这噪声是由电路的反馈引起的，如图59-4所示。声音从话筒再传回到扬声器并不断放大产生的噪声。

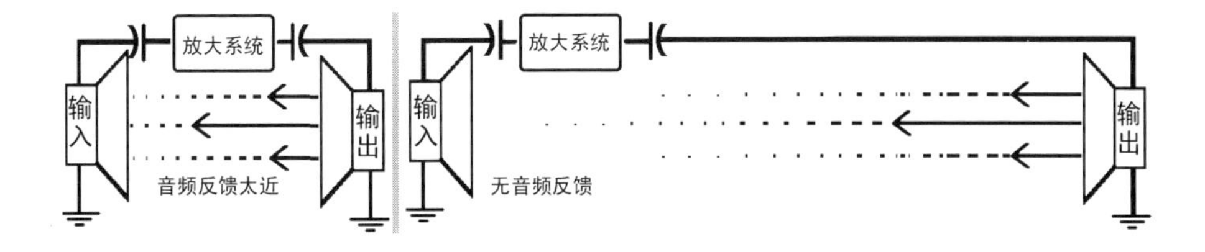

图59-4

d. 解决这个问题有两种方法。第一种是使输出远离输入。当下最方便地解决办法是移除输出扬声器。你将要对输出做一些测量而不要让扬声器接入电路。

4 仔细研究电路输出

a. 用接线夹代替扬声器，红色夹子与C3相连，黑色接地。将连接线的插头插入声卡的“线性输出”或者话筒输入。

b. 降低所有线路的音量并查看信号。

c. 应该与之前直接来自扬声器的信号相同。

d. 现在将音量升高，再次输入口哨声。在图59-5上画出仪器面板的显示。

放大的口哨波形

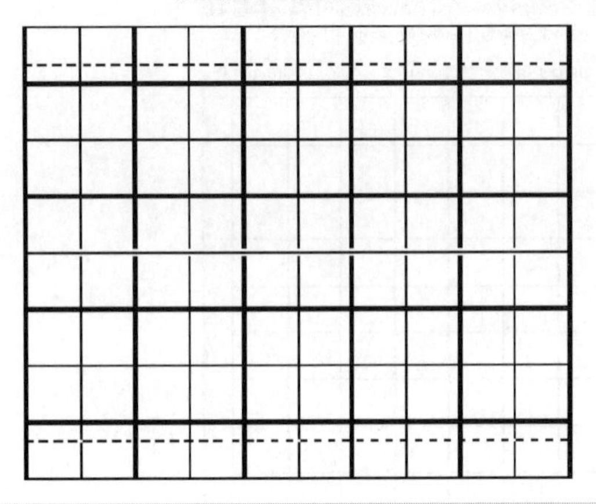

图59-5

5 用DMM测量出输出口哨声时的最大直流电压。___mV。

6 仔细听电路输出。

a. 现在在你把扬声器放回之前，将导线末端焊接到扬声器上。这根线至少需要5英尺长，然后将它放回电路中。

b. 将输入和输出扬声器放置得尽可能远。

c. 对扬声器吹口哨，输入口哨声。

即便在满音量的情况下，输出仍是十分安静的。别着急，最后一个元件将会把这个问题处理好。

第60讲　在电路中加入变压器

现在，你已经知道了扬声器并不是话筒。它们产生的微小信号需要一个前置放大器，从这个子电路到下一级放大电路获得一个清晰的信号。从扬声器直接输出的电压是十分微弱的，大约1mV。所以放大器的输出也十分微弱。如此小的一个信号在被送入前置放大器之前需要预先被放大。再次强调，信号需要被预先放大之后才能进入前置放大器。如果没有两级放大，信号就不足以驱动功率放大器。

下面我会介绍一些可以为前置放大器放大信号的变压器。它常常与话筒一起被很好地使用。

图60-1所示是一个变形金刚，英文的变压器和变形金刚是一个词，而且同样强大。

我们接下来要介绍的是另一种基本元件——变压器。从电源变压器到控制微波炉，变压器在家庭中被广泛使用。大型的变压器对于供电和配电设备是至关重要的。你可能也会经常用到小型的变压器，如图60-2所示。

图60-1

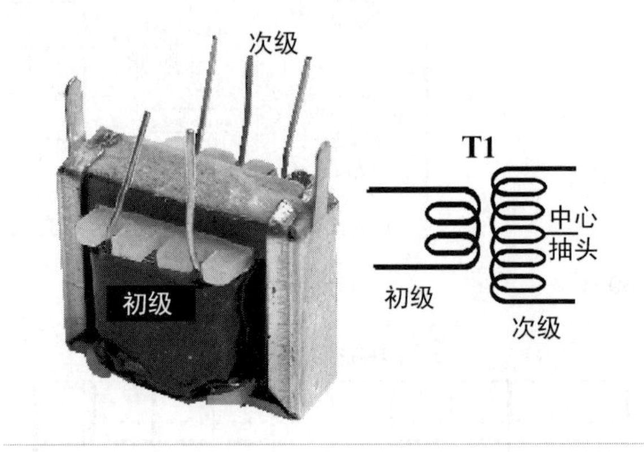

图60-2

变压器如何工作

- 变压器如何工作?
- 变压器究竟改变了什么?

正如在扬声器中看到的那样，运动的电子产生磁场。相反地，变化的磁场也会促使导体中电子产生运动。一条导线中的移动的电子会形成磁场从而引起附近其他导线中电子的运动，如图60-3所示。

还需要注意的是如果其他导线距离产生磁场的导线太远就不足以被影响。在www.mhprofessional.com/computingdownload上有图片的演示动画可供观看下载。

很神奇吧！现在你需要仔细研究图60-4，它清晰地描述了这个概念在电学中是如何解释的。

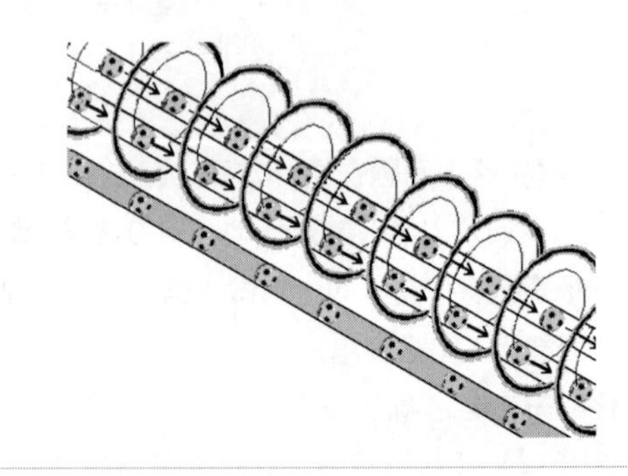

图60-3

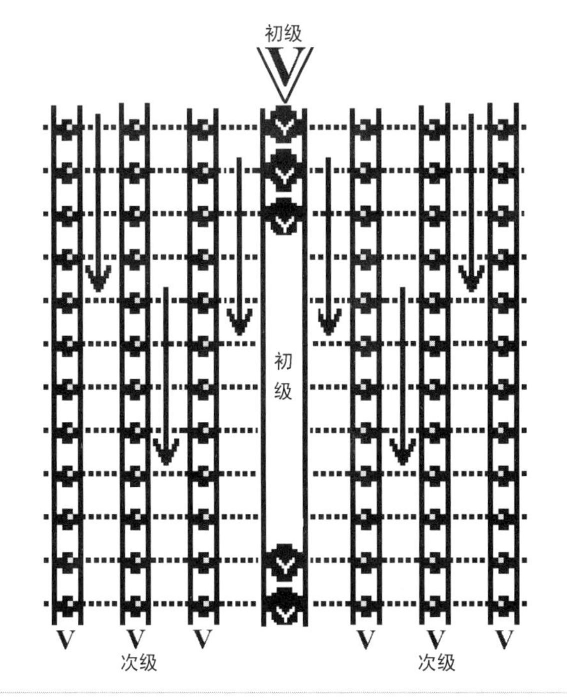

图60-4

如果我们在初级导线旁放置许多次级导线，它会在每根导线中都产生电压。还需注意，当次级导线连接到一起后，每根导线产生的电压会相互叠加。如图60-5所示。

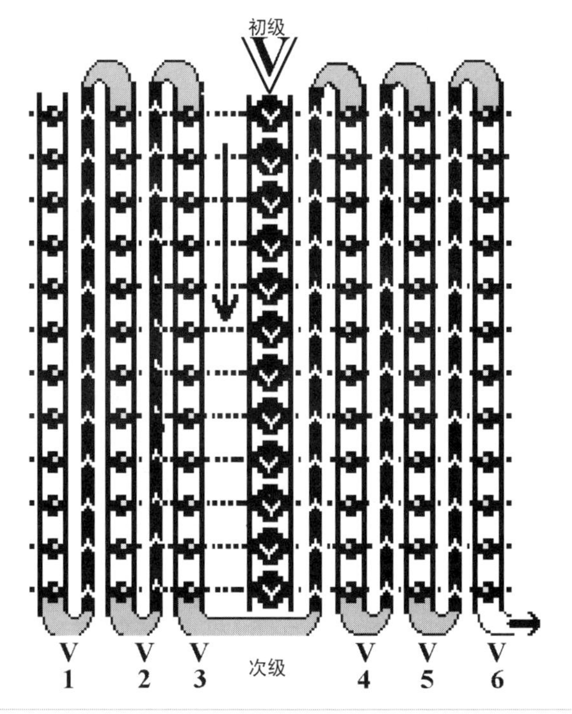

图60-5

检查音频变压器

下面我们来介绍音频变压器。它的外漆是绿色的。不同的颜色表示不同的用途。一般而言，它的结构是一边三根导线，另一边只有两根导线，如图60-2所示。

如果这个变压器两边都是两根导线，那么我们就需要做进一步测试。根据这些就可以很明确地判断哪边是主级，哪边是次级了。

变压器主级的那边有两根导线，次级的那边有三根。次级的中间那根导线是中心抽头，你可把它剪掉，因为我们根本用不到它。

将测试线插入耳机的声卡输出。使用软件的基本音量控制将1 000Hz的输出信号调节到5mV。现在接入变压器的主级导线，如图60-6所示。

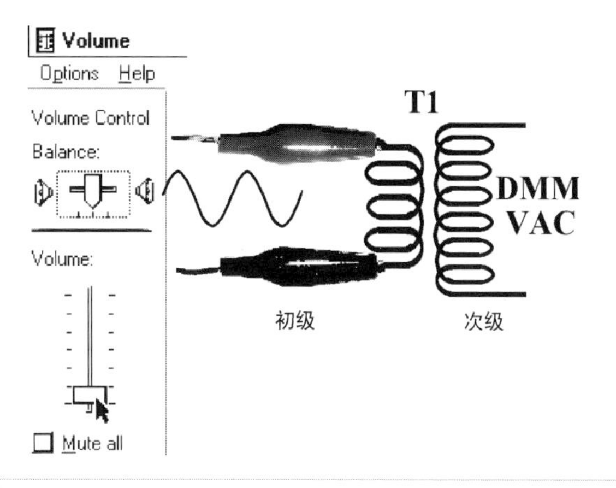

图60-6

测量两个最外层次级导线的输出（见表60-1）。

表60-1　测量输出

主级输入	次级输出	输出信号与输入信号的比值
5 mVAC		
10 mVAC		
25 mVAC		
50 mVAC		
100 mVAC		

输出信号与输入信号的平均比值=________

在变压器中，固定增益是根据上式的比值变化而变化的。这个比值实际上反映了主级与次级线圈的数量关系。主级线圈20匝与次级160匝就会有8倍增益的变压器。电源变压器会降低电压。例如，从120V的系统中提供9V电压，理论上就需要主级线圈120匝和次级线圈9匝，这个比率就接近13 ： 1。

音频变压器的比率应大于1 ： 1。如果这个比率小于1 ： 1，那就说明把输入连接在了变压器的次级端。

现在将扬声器接入音频变压器的主级端，再次将DMM接在次级输出端测量直流电压，如图60-7所示。

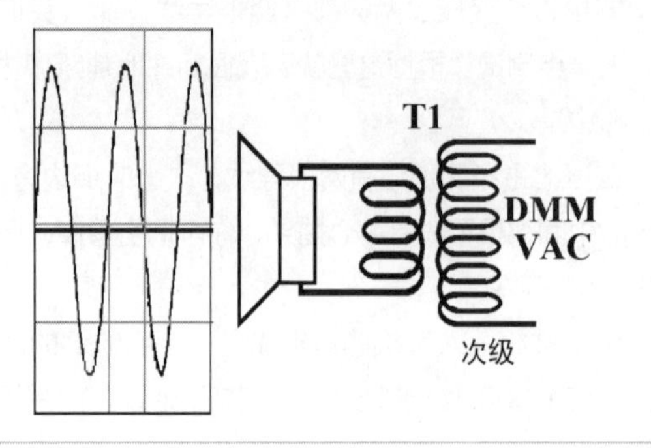

图60-7

- 主级输入电压=___mVac
- 次级输出电压=___mVac

这个结果应该与之前的比率是相匹配的。

在电路中加入音频变压器

如图60-8所示，在电路中加入音频变压器。

现在用1000Hz的信号测试整个系统。将变压器第一次与DMM相连，将声卡的输出设置在交流5mV，用软件精确设置输出信号强度。在图中所标出的不同的测试点测量交流电压并记录在表60-2中。

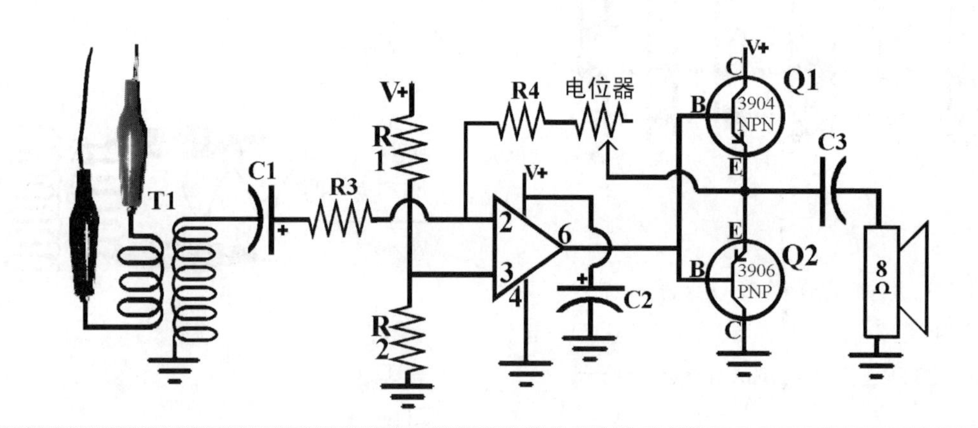

图60-8

表60-2 测量交流信号

1 000Hz正弦音频信号	5mVac 增益=1	5mVac 增益=11	10mVac 增益=1	10mVac 增益=11
TP的输入交流电压与参考电压的比值				
TP的输出交流电压与参考电压的比值				
音乐信号	**5mVac 增益=1**	**5mVac 增益=11**	**10mVac 增益=1**	**10mVac 增益=11**
TP的输入交流电压与参考电压的比值				
TP的输出交流电压与参考电压的比值				

注意事项：

1. 这不是一个高保真的音乐系统。

2. 由于限幅作用，任何高于10mV的信号听起来都会显得很糟糕。输出信号被限制在参考电压的正负4.5V内。你将不能用这个系统获得更大的音量。尝试更大的信号将会使你什么都听不到。

部分所涉及原件清单：

- R1、R2　100Ω　　C1=4.7μF
- R3、R4　1 000Ω　　C2=1 000μF
- 　　　　　　　　C3=470μF

通信系统

取下测试线圈并把作为话筒使用的扬声器放在图60-9中所示的位置。

现在你可以使用它作为一个放大器，对着扬声器改造成的话筒说话。调整增益以获得最佳的质量和音量。这时你会发现将两个扬声器相距5英尺是必要的。如果它们仍然发出噪声，可以降低增益或者用盒子或门等障碍物挡住其中一个扬声器。然后进行下面的测量（见表60-3）。

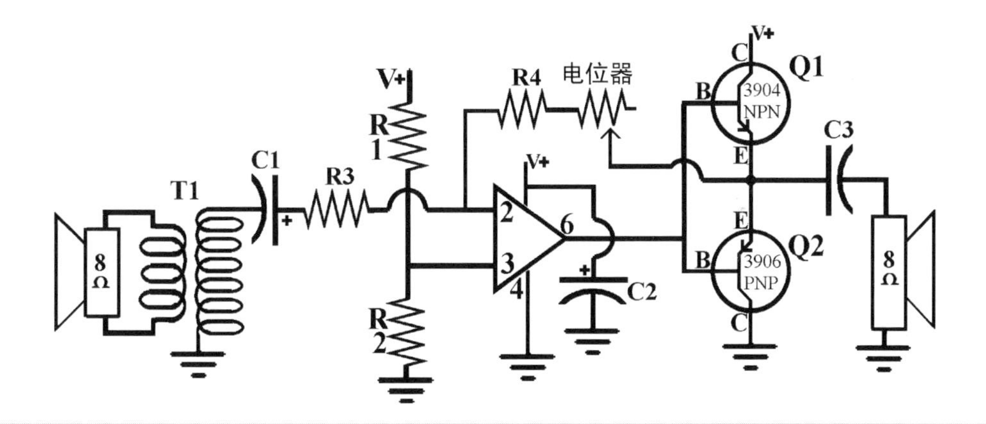

图60-9

表60-3　测量				
对着扬声器吹口哨	mVAC **增益**=1	mVAC **增益**=11	mVAC **增益**=1	mVAC **增益**=11
TP的输入交流电压与参考电压的比值				
TP的输出交流电压与参考电压的比值				

第18章　原型与设计：耐心终有回报

1825年：William Sturgeon 发明了电磁铁。

1831年：Micheal Faraday和Joseph Henry 的电磁感应现象激发了Sam Morse发明一种电报接收机。

1832年：Morse 构想出单回路电磁铁电报。

1835年：在Faraday解释了电磁感应近4年后，Morse制造了电报机。

1837年：Morse为一个测试电报系统招揽投资，然而那时的金融家并不看好他。

1838年：美国国会也让Morse感到失望，而他向欧洲的请求也以失败告终。

1843年：Morse终于得到了由国会提供的60km长的线路，从美国马里兰州的巴尔的摩市一直连接到华盛顿特区。

1844年5月23日：Morse发送了第一封电报，写道："看啊，这是上帝创造的。"

第61讲　系统和子系统

在即将开始设计工作之前，我们先来深入研究一下放大器的子电路和它的可能性。现在，你的面包板应该可以反映出它的原理图，如图61-1所示。其具体功能如表61-1所示。

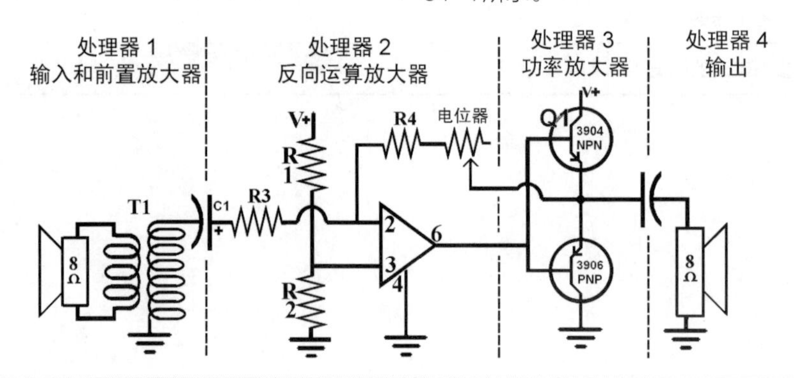

图61-1

表61-1　基本系统				
处理器 #1a	**处理器 #1b**	**处理器 #2**	**处理器 #3**	**处理器 #4**
输入信号决定前置放大器的类型	前置放大器依赖于输入信号的类型	前置放大器：模拟反向放大器	功率放大器提高电流	扬声器
扬声器本身产生1 ~ 5mVac电压	音频变压器可以提高电压，但不能提高功率	增益由反馈环控制：范围为1 ~ 11	典型双晶体管推挽电路	.5W 8Ω

我们所选用的系统

以下有两个可用的系统需要我们确认：

- 稳压电源是十分重要的。正像图61-2提醒我们的一样，表61-2说明了提供功率的细节。

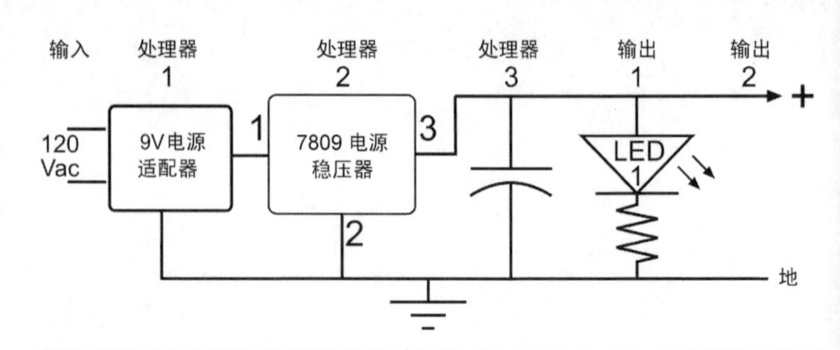

图61-2

表61-2　大多数系统采用电源供电					
输入	**处理器1 电源适配器**	**处理器2 7809（9V 1A）**	**处理器3 缓冲电容—最小 1 000μF**	**输出1 9V直流电压**	**输出2 LED**
120V交流电	电源变压器以额定输出功率实现交流到直流（非稳压）的转换	提供稳定的9V直流电压，不能超出电源变压器的额定输出功率	为临时的需求提供额外功率	在电源适配器额定功率下提供稳定的9V直流电压	LED显示电源是否接通

- 音频耦合器可以产生交流信号，这对于741运算放大器是必需的，这是系统中必要的部分。

在没有更改电路或其元件的情况下，如图所示的供电是最适合提高电路功率的。

处理器#1a：作为扬声器改造成的话筒的输入

表61-3将扬声器作为一个子系统详细说明。

表61-3　任何元件都可以被看作是一个完整的子系统		
输入	**处理器**	**输出**
声波可以看作是一种变化压力能够控制振膜振动	振膜运动会改变线圈产生的电压，从而引起电子运动	线圈产生的小电压对应声音输入

处理器#1b：前置放大器的输入（音频变压器）

之所以音频放大器要用在此处，是由于扬声器的信号微弱。主级线圈与次级线圈的比率可以根据表61-4大致确定。

表61-4　音频放大器具有固定增益		
输入	**处理器**	**输出**
小信号送入主级线圈	次级线圈的导线更细更长，其阻值60Ω。非常灵敏	电压增大，但电流减小。 输入功率与输出功率相等

处理器#2：运算放大器

我们的系统是基于一个反向的运算放大器，表61-5对此进行了详细说明。

表61-5　记住，这个系统的核心是对两个信号求和		
输入	**处理器**	**输出**
7 ~ 15mVac	反馈环可以使增益放大11倍	交流信号直接连接到相匹配的晶体管基极

处理器#3：功率放大器

功率放大器（如图61-3所示）是在现有电压的基础上增大电流来实现功率的放大。

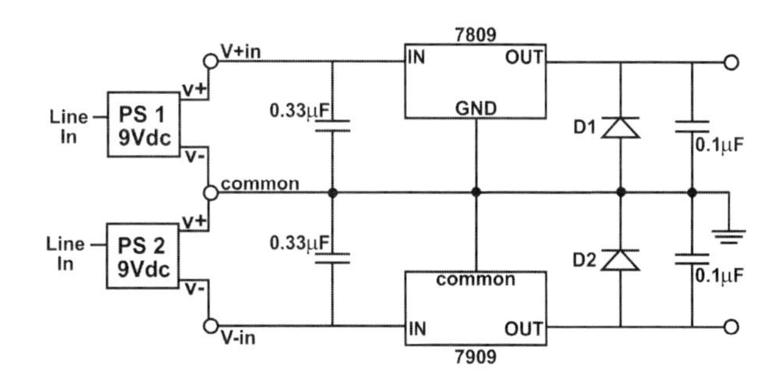

图61-3

不必再费时研究“输出扬声器”了，它恰好是与“输入扬声器”相反的工作原理。电压的波动使线圈的膜片在电磁铁上上下移动。在空气压力变化时，移动的纸膜将产生声波。这就是扬声器的基本工作原理。

表61-6　回忆一下功率使用瓦特来表述的：瓦特=电压×电流		
输入	**处理器**	**输出**
交流信号的变化控制匹配的晶体管也同步变化	典型的推挽电路变化的电压控制流过晶体管的电源提供的电流	最大交流输出功率为0.5W 输出受到电源提供功率和晶体管的容限的限制

来变换一个主题

这里有一些建议需要你继续思考。我们在第63讲还会继续展开讨论。

处理器1——输入

任何能够产生1mV电压波动的方法都可以用来作为这个系统的输入。表61-7列出了我们常用的四种输入。

表61-7　对初始输入修改的潜在可能性（处理器1）

声音	光	无线电	直接线性输入
驻极体话筒（晶体管前置放大器）	光电晶体管（晶体管前置放大器）	天线或拾取线圈（音频变压器）	来自外接音源的信号，如MP3播放器（可以不用前置放大）
动圈式话筒（音频变压器）	光敏电阻（音频变压器）		
晶体式（压电式）话筒（音频变压器）			

处理器2——运算放大器

这是用于改变信号最好的元件，表61-8为此提供了可能性。

表61-8　即使增加了这些可选的部分，我们只能将该系统作为一个内部的通话设备

增加各种滤波器	工作指示	电压比较器	动作
高通滤波器（阻止低频）	当输入信号的持续时间比预先设定的时间长时，运算放大器就会输出一个数字式的高或低电平信号	模数转换器	一个对运算放大器特定的输入可以用来指示动作和方向
低通滤波器（阻止高频）			
带阻滤波器（去除语音频率，如卡拉OK）			
带通滤波器（滤除语音信号之外的其他频率）			

处理器3——功率放大器

如果你想让系统的输出更大，你就需要在电路内部提供更多的能量。不同型号的元件会带来不同效果，但提供大功率输出也会带来难题。

1. 更大的电源适配器会提供更高的电压和更大的电流：W=V×A
2. 为了对应更大的供电电源，你需要一个更大的稳压器来处理更高的电压和更多的电流。
    a. 不同封装形式的7809可以提供更多电压。还有7812和7815，这些显然可以提供更多电压。
    b. 那么7909呢？这个新元件有什么作用呢？它其实是一个负电压电源稳压器。

你可以在顶部接+9V，在底部接-9伏的电压：相对电压18V，这也接近了741运算放大器的满幅电压。

如果你提高供电的功率，你就需要一个更大的但仍然匹配的晶体管，实现功率放大部分的电路。2N3904和2N3906只有TO-92封装形式，而且它们的功率实在有限。我的建议是使用2N2222 NPN型开关晶体管以及它的PNP型，2N2907A。在TO-18封装形式下，能稳定地提供500mA，40V（20W）的功率，最大到800mA，60V（48W）。

处理器4——输出

它是这个系统的最后一部分，但是，它也可能会是另外一个系统的开始。

1. 模拟信号
    a. 扬声器与声音
    b. 被调制的光源（红外LED或者激光指示器）
2. 数字信号
    a. 高电平或低电平的输出会触发另一个电路（非时钟输出）

b. 电机玩具（电机控制）

3 将放大的信号送入计算机。

别干坐着了，来尝试一下吧！

第62讲　门禁对讲机的开关

现在，你已经完成了通信系统的一半。只要打开开关，就可以将信号反转，将这两部分组成一个完整的系统。

开关的演变

到目前，你一直使用的是瞬时开关，如图62-1所示。

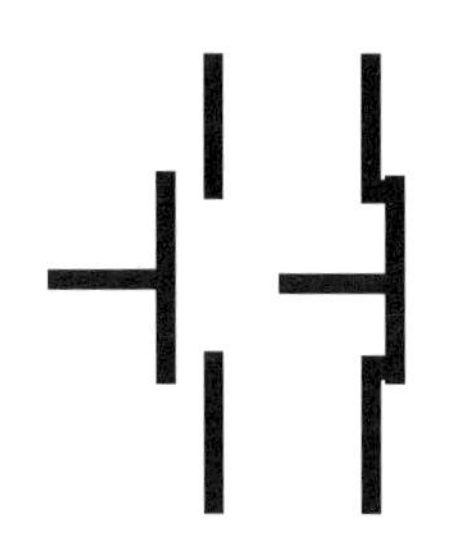

图62-1

开启式按钮开关只有在按下后才是接通的。

关闭式按钮开关则是一直接通的，直到按下按钮开关才断开。

这些按钮使用得很广泛，从电话到游戏手柄你都可以发现它们的应用。

单刀单掷开关（SPST）如图62-2所示，已经决定了开关的位置。

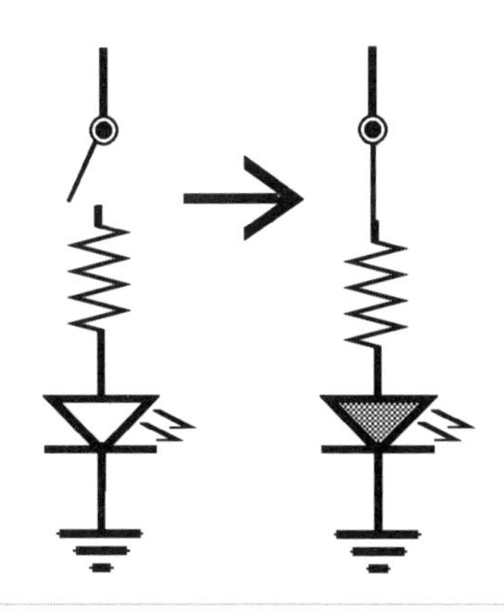

图62-2

它被设计成单路导通的。

单刀双掷开关（SPDT）将一路信号分为两路。图62-3说明了一路电信号是如何为两个不同元件供电的。有时把开关放到中间位置表示断开。

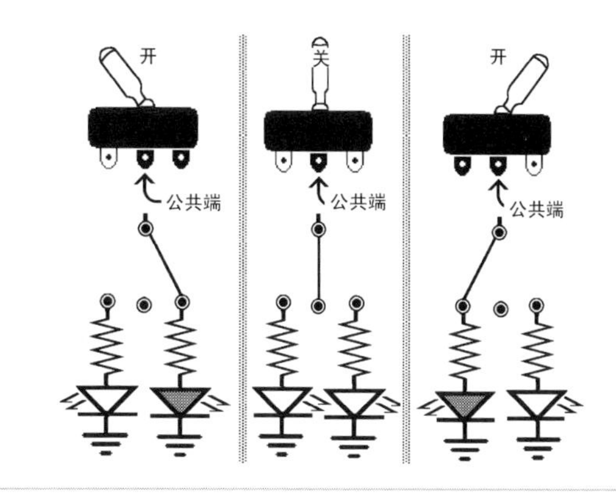

图62-3

我们注意到中间接头在开关的控制下可以接到任意一边。

双刀双掷开关（DPDT）像是将两个单刀双掷开关接到了一起，共用一个开关。图62-4中所示的是DPDT开关的常见封装。注意在图62-5中开关的作用。除了开关，两边是完全相互独立的。

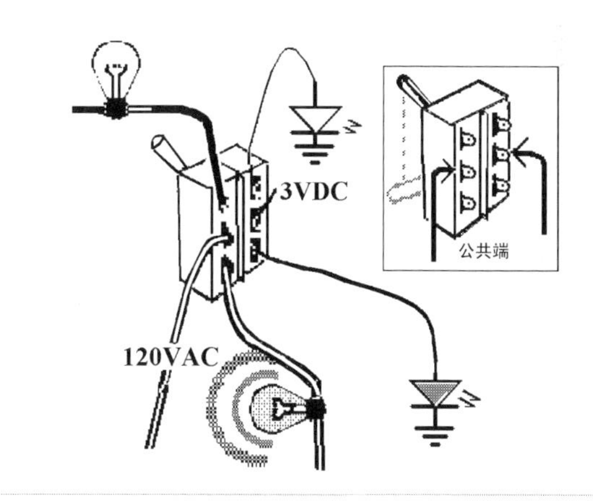

图62-4

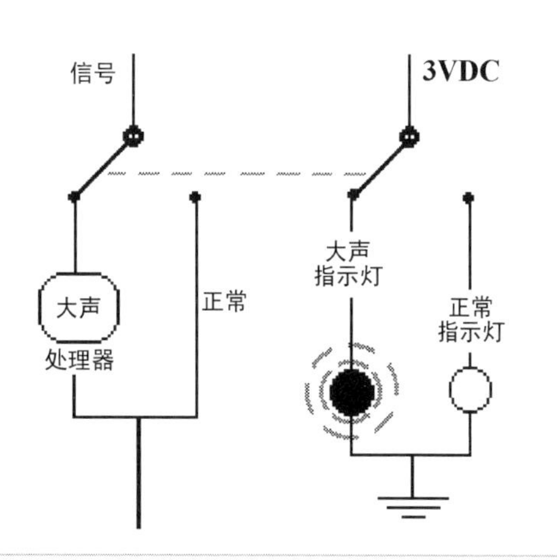

图62-5

DPDT常被应用在立体声系统中。它们通常配有指示灯来说明当前的功能选择。

然而，这还不能完成我们所需要的立体声。

它们都有左右两路信号。每一边也是完全独立的。图62-6说明了两个DPDT是如何作为一个更大的开关来工作的。这将会是一个双DPDT开关。我们就简称为4PDT开关吧。图62-6说明了4根杆的两种放置方式。

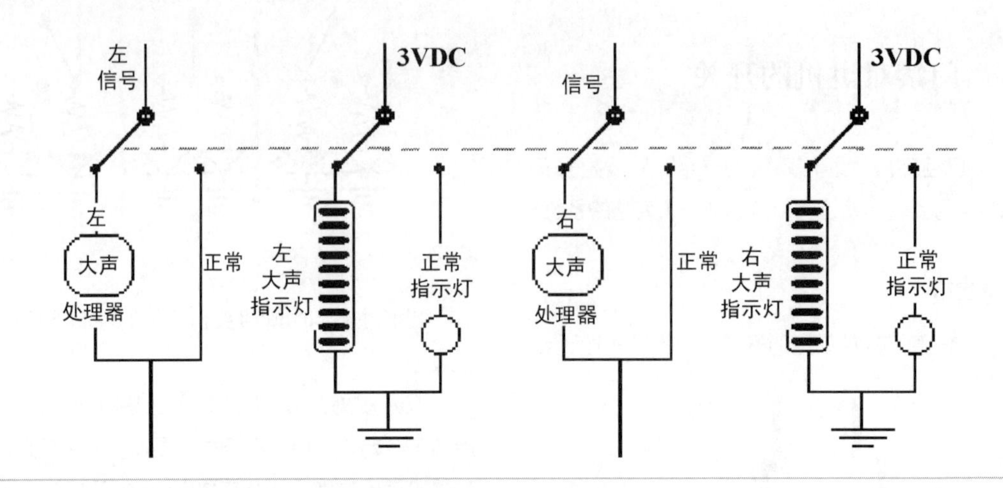

图62-6

现在我们就完成了这个开关，别把它弄得太复杂了。

制作双向门禁对讲机

现在，你已经有了一个完整的系统，如图62-7所示。它使用扬声器作为一个话筒，你可以单向地对着它说话。通过使用4PDT开关，你可以把它做成一个双向系统，可以通过改变输入输出信号的路径来完成。图62-8说明了4PDT开关的标签编号。仔细研究一下图62-9所示的线路图，不要在这里犯错。每个扬声器都会有4根引线，每边各2根。

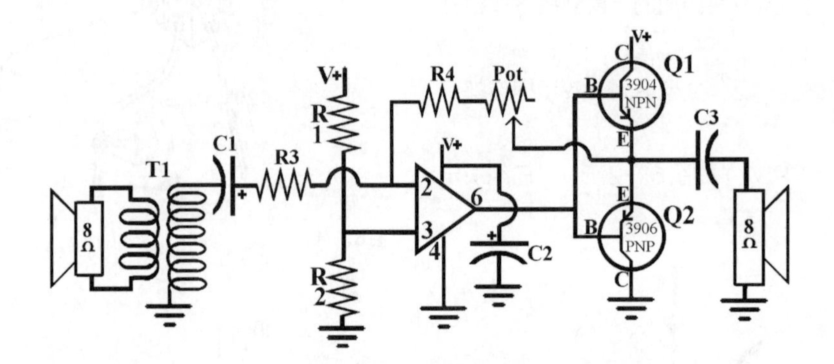

图62-7

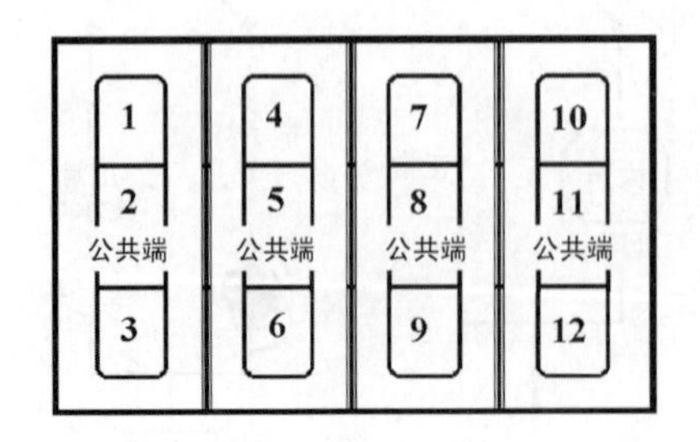

图62-8

要知道，根据开关的位置，在同一时刻每一边只有一根导线可以接入。当开关拔在一边时，左边的扬声器作为一个话筒使用。当开关拔在另一边时，右边的扬声器将作为一个话筒使用。

这就是我们所需要了解的一切。

而且，只需要一个开关，我们就可以在内部控制它。

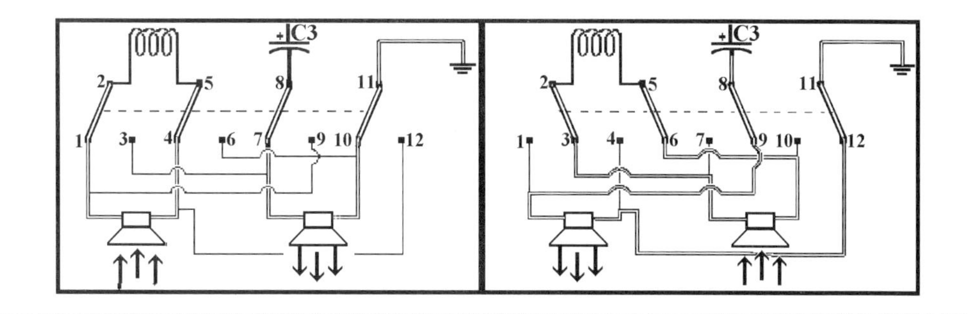

图62-9

第63讲　设计与运用：探索其可能性

Arthur C. Clarke提出了以下三条预言的定律：

1 当一个著名但年老的科学家说某件事是可能的时候，那他基本上是正确的。但当他说某件事是不可能时，那他很可能是错误的。

2 只有对不可能的事物进行不断尝试探究才能确定什么是真正可能的。

3 任何足够先进的科技都与魔法无异。图63-1是一个老式的RCA牌的“狗主人的声音”机器，这个现在我们看来很简单的东西曾震惊世界。

图63-1

下面有五个运用丰富想象力的例子。

1 幅度调制：光通信（见表63-1）。

a. 激光接收器：请记住，声音可以使窗户产生震动。而光束可以透过窗，并打在光敏晶体管上。

b. 直接使用放大器信号为激光指示器供电。一个光敏晶体管和扬声器会将光束转换成声音。

c. 在两个部分来回进行通信。

2 电机玩具：会说话会唱歌的玩具（见表63-2）。

表63-1　高功率输出部分的讨论是为了使用功率放大器作为功率源

输入	处理器1	处理器2	处理器3	处理器4	输出
音源	调制光束的采集	光电晶体管或太阳能电池	运算放大器	功率放大器	扬声器

表63-2　事实其实比你想的要简单

输入	处理器1	处理器2	处理器3	处理器4	输出
音源	话筒和前置放大器	运算放大器电压比较器	功率放大器	驱动电机	铰链的运动

3 对密度和震动的测量：河里的水、空气污染的程度、心脏监视器，甚至用地震仪来测量周围隆隆的交通（见表63-3）。

在白天或是远距离传输，用激光作为传输信号效果更好。可以用镜子反射激光来测量距离。确保所有部件都是稳固的，不会摇晃。这样的系统将会是十分灵敏的。此外，还可以把它塞进一个黑暗的管子来防止它被太阳光的红外线干扰和损坏。

4 无线电频率检波器（见表63-4）：一个电磁能量检测器。

5 自然的旋律：倾听日出（见表63-5）。

表63-3　该系统可以测量任何流体的流动速率和密度

输入	处理器1	处理器2	处理器3	处理器4	输出
红外发光二极管或激光	光电晶体管或太阳能电池板	单晶体管前置放大器	运算放大器	线性输出	Soundcard Scope软件和收音机

表63-4　这一切都取决于输入天线

输入	处理器1	处理器2	处理器3	输出
天线回路（中心开放的线圈）	音频变压器	运算放大器	功率放大器	扬声器

表63-5　在微风中聆听反射阳光的树木					
输入	**处理器1**	**处理器2**	**处理器3**	**处理器4**	**输出**
反射的光	聚光的透镜	光电晶体管或太阳能电池	运算放大器	功率放大器	扬声器

关于输入

这个电路需要一个能够产生至少1mV波动的输入。如果输入太小，以下有两个方法可以帮助我们放大输出。

1. 具体来说，在白天使用光敏晶体管时，可以把它塞进一个黑暗的管子来防止它被太阳光的红外线干扰。
2. 一个抛物面对于声和光都是有效的。一个迷你的伞面可以创造一个具有弹性的抛物面，对于反射声音有很好的效果。而急救毯上的锡箔也可以很好地反光。图63-2提醒我们抛物面并不是一个半圆。大到天文望远镜，小到卫星天线都是用相同的方法来聚焦的。

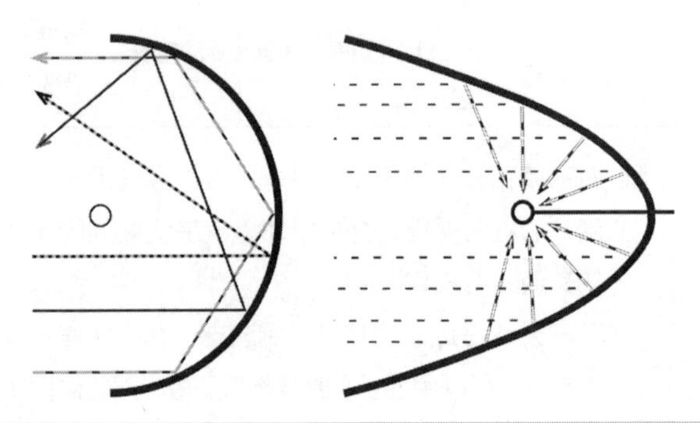

图63-2

3. 在管中放一个透镜（如图63-3所示）对中等强度的光有很好的汇聚作用。它只受到光线的限制，而且没有抛物面那么大。

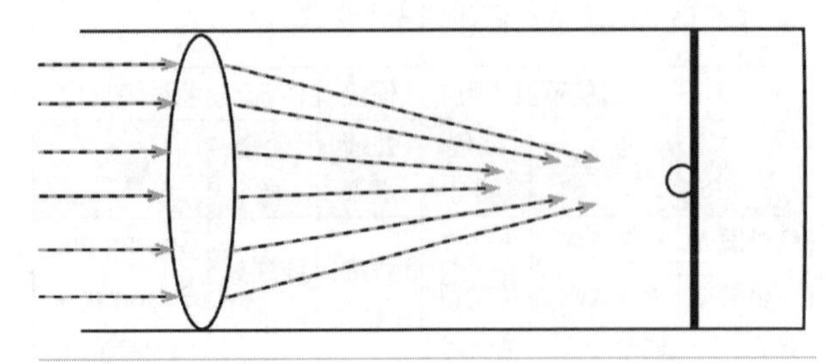

图63-3

4. 一个卷起来的锥体是最简单的一种聚焦工具。一些因素使得它的效果不如前面几种。效果很一般，但还是能够使用的。

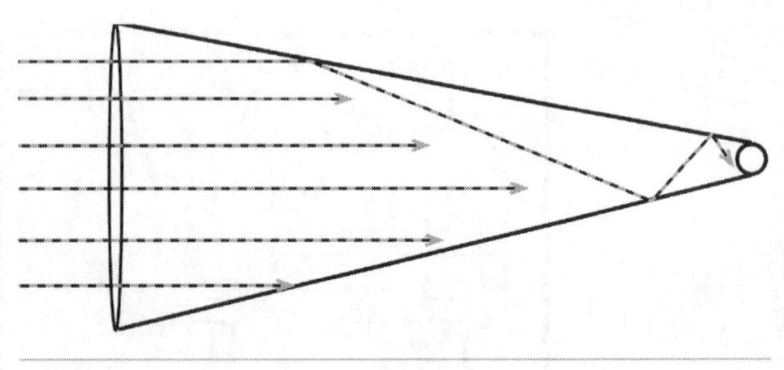

图63-4

关于输出

需要的功率放大器的级别最终取决于你所需的输出。一个大的功率输出可以驱动一个小的负载，也很有可能将负载烧坏。例如，一个2.0W的输出最终会烧坏一个0.5W-8Ω的扬声器。经过一些繁复的演算后，我建议用2W的电源对2W的扬声器供电。

高功率输出

1. 调节功率来驱动激光指示器。注意图63-5（A）中的电路结构。它可以在百米以外良好地工作。

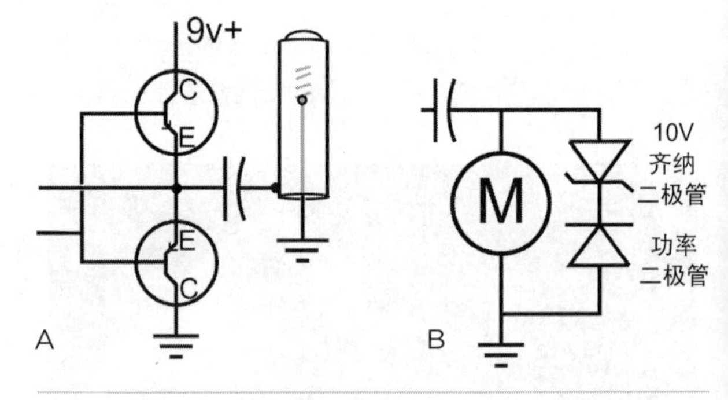

图63-5

2. 高功率数字信号可以直接为电机供电。图63-5（B）的电路可以应用到小的电机上。电路会在两个方向上都提供短暂的脉冲。图（B）中的二极管会阻止反馈，防止产生功率尖峰以至损坏运算放大器。如果你想要电机朝一个方向转动，那么就移除齐纳二极管。

低功率输出

当我讲到“低功率”的时候，指的是降低功耗的输出。为了做到这一点，如图63-6所示的电路原理图，降低电压放大等级，并在运算放大器的输出之后直接接次级音频耦合器。低功率输出是十分重要的，尤其是对于有独立供电电源的系统。

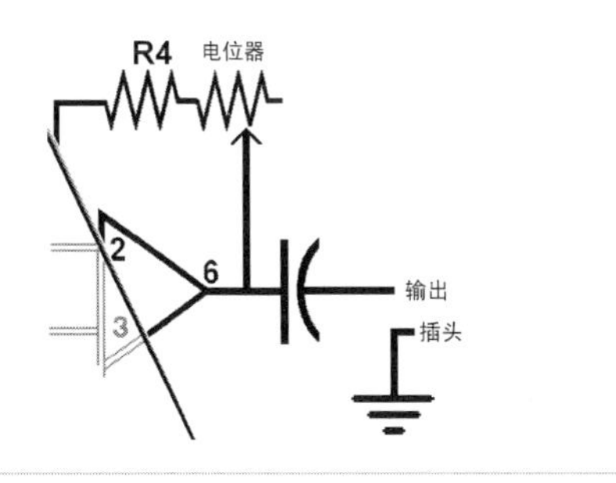

图63-6

关于主处理器

图63-7给出了两种系统的简要说明。

1 图63-7(A)是增益可调的基本处理器，最大比率为1:11。这对于声音和中级别信号有很好的效果。

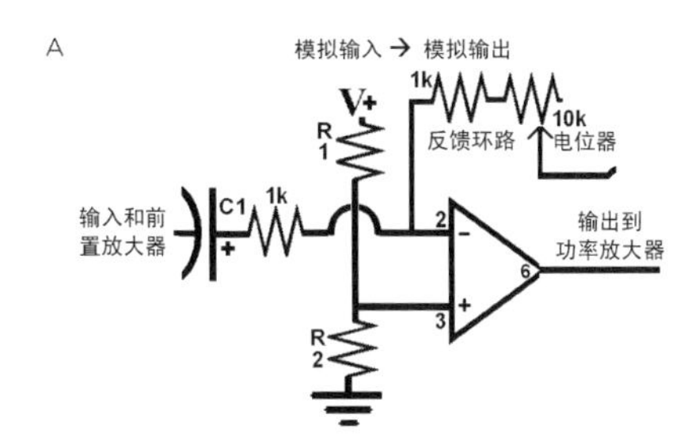

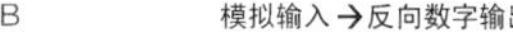

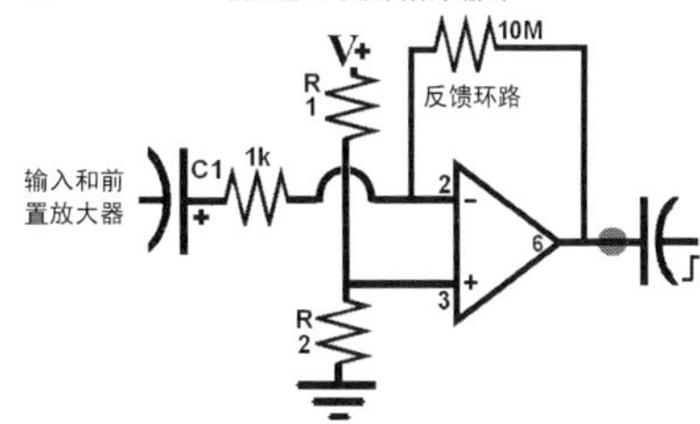

图63-7

a. 想要聆听大自然或是百米之遥的朋友的声音，你可以将驻极体话筒放置在一个简易抛物面反射器的焦点上。这可以被当作一个简单的音频放大器。这并不是高保真的，还有更好的音频放大器，但用于声音传输时它就有绝佳的效果。在日出时，将这个装置指向西边那些微风中的树，这些声音是独一无二的，因为它是通过光反射在昆虫翅膀上的放大原理而得到的。

b. 可以将血流看作一个音频信号。所谓心脏监视器，就是使用红外LED和两侧都是透镜的光敏晶体管。把它们面对面夹在手指的两侧，将反馈信号直接送到计算机的话筒输入端口。在Soundcard Scope上观察信号，用高采集率记录并保存为一个波形文件。

c. 只需要用一个光电晶体管代替驻极体话筒，你就可以得到一个极佳的应用。确保透镜清洁光泽以便可以汇聚漫射光。

2 图63-7(B)将增益增加到1:1 000 000，将输出信号变为像数字信号一样的高低电平形式。这个电路可以用于控制小电机。反过来，这些电机可以控制杠杆臂来提起铰链上的物体。当电路输出为低电平时，重力会和弹力相平衡，使物体回到原来的位置。在互联网上可以找到很多相关的例子。

3 图63-8是严格意义上的数字系统。其输入可以是一些现实的东西，光或声音。根据输入信号的长度和强度它会给出一个高的输出。此外，这个基本的电压比较器也是一个“电压跟踪器”。这个术语还指输出电压状态（高或低）与输入的对应关系。输入信号必须要持续足够长，还要有足够的强度，在1MΩ的电阻将它耗尽之前，将电容中的电压提高V+的一半。通过改变电容值的变化来改变时间选择。你可以使用与在第二部分中同样的单晶体管放大器，不要使用单晶体管放大器作为预放电路。

这个高功率输出作为触发信号为后一级电路输入来使用，在基本的安全系统中也有应用。

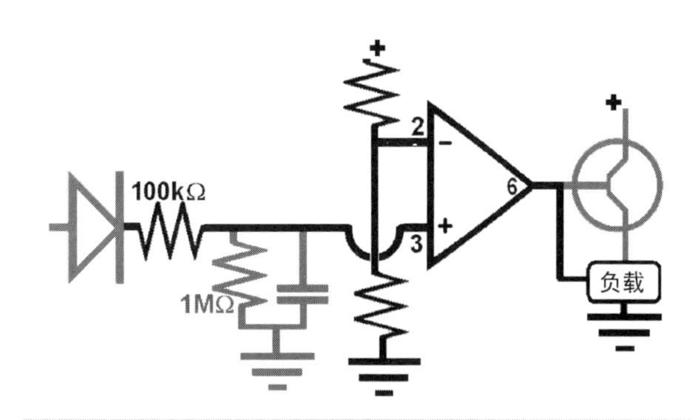

图63-8

4 图63-9给出一个完全不同的输入。不是声音，也不是光，而是电磁辐射。这并不是大多数人所认为的辐射。这是一个普遍的术语，是指电磁能量在各个方向的传播，从它的源头散发出来。事实上，我们生活在一个充满电磁能量的污染的世界。你所需的就是一根天线，通过它将输入信号送入音频变压器。

图63-9

在5英寸（13cm）宽的纸板上缠绕至少100圈28号或更粗的电线。不要把天线拿在手中，因为人体是一个很大的电容，会影响到小型天线。将天线放置在一个塑料尺的末端。确保所有测试的音频变压器都在合适的位置。此外，在进行不同的测试之前，保持较低的音量。我的电脑产生约4mV的噪声，当我打开微波炉时，它从0.0V跳到15mV。但是，老式电视机会泄露更大的能量，在DMM上的测量读数会超过150mV。如果我用耳机接收的话，一定会受不了。

考虑到天线需要根据需求来改变形状，一个管型天线对于非常小的电压波动也会产生很好的反馈。所以，你可能会无意中通过这个系统接收到别人家固定电话的信号。

第64讲 组装电路

查看项目中所需的元件清单。

元件清单

- R1、R2——100 kΩ
- R3、R4——1 kΩ
- P1——10 kΩ
- C1——4.7 μF
- C2——1000 μF
- C3——470 μF
- T1——音频变压器（1:50）绿色
- IC1——741低功率运算放大器
- Q1——2N3904 NPN
- Q2——2N3906 PNP
- 扬声器(2个)——8Ω
- 开关——4PDT

图64-1所示的是门禁对讲机PCB元件放置的位置。

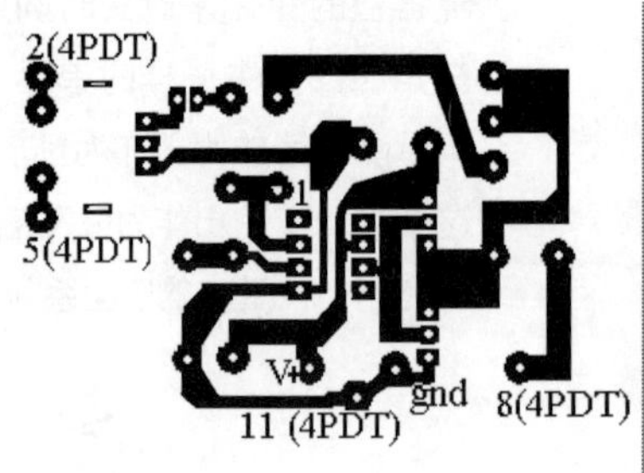

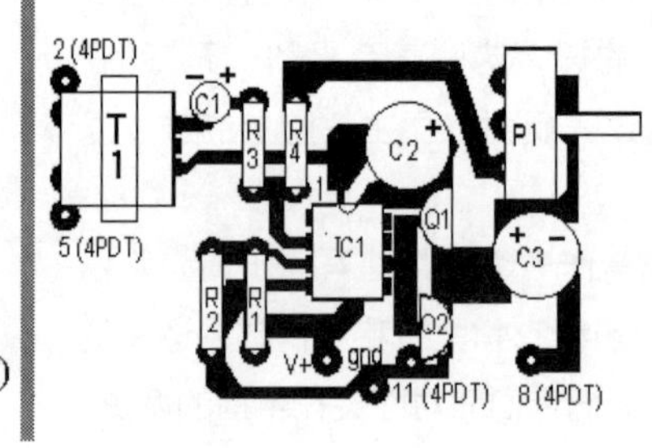

图64-1

扬声器接线图如图64-2所示。

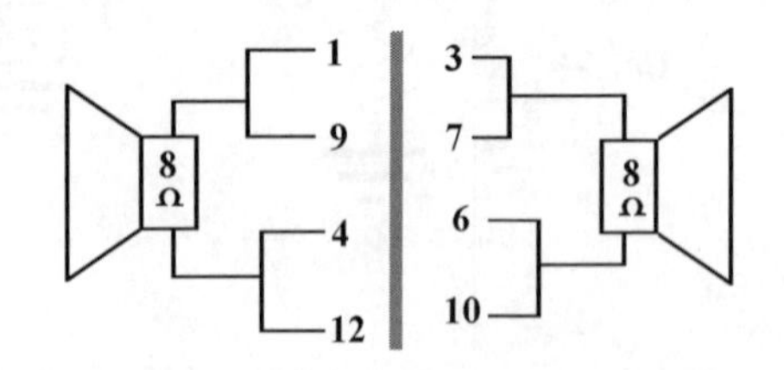

图64-2

注意，组装时要特别小心。

1. 焊接的是对应741的8针芯片底座，不要直接把芯片焊在电路板上。
2. 注意极性元件的放置方向，这个电路中的非极性元件只有电阻。
3. 3904和3906这两个晶体管在任何电路中都是不能互换的，确认它们被正确放置。晶体管过热或是焊烙铁都会损坏它们。焊接后如果电路不工作，请检查晶体管。参照晶体管检查表，见表51-2。
4. 电位器不能直接插在PCB上。将较短的导线焊接在电位器的管脚上。使它们尽量短，否则它们就会向天线一样发出不必要的噪声。

还有什么需要讲解的？既然已经学习了这么多，就应该继续下去。至于怎样继续学习，你可以订阅《Nuts and Volts》或是《Everyday Practical Electronics》。或者读一些“鬼才系列”的书。像我之前所说的一样：别干坐在那里，动手实践一下吧！

第五部分

附录

附录A 常用元件封装

可能你已经注意到，有的时候你所使用的元件和本书提供的元件实物图并不匹配，这是由于它们的封装形式不同。例如，像SCR（晶闸管整流器）这种很常见的元件就经常被封装成很多种不同的形式。这部分内容介绍了一些常用电子元件的封装形式，让你在以后的使用中能够方便地识别它们。这些不同的形式都有着各自的优点，有的适合接入电路板，有的则方便连接电源。

同时，你也要学会识别芯片上印刷的标号，它能使你方便地区分出不同的元件。不过，需要注意的是，有的芯片上标号看起来不同，但实际它们表示同一种元件。

晶体管

到目前为止，晶体管的封装形式是多样的，如图A-1所示。

许多同型号的晶体管会有各种不同的封装形式，但是，2N3094和2N3096型晶体管只有TO-92这一种封装形式。

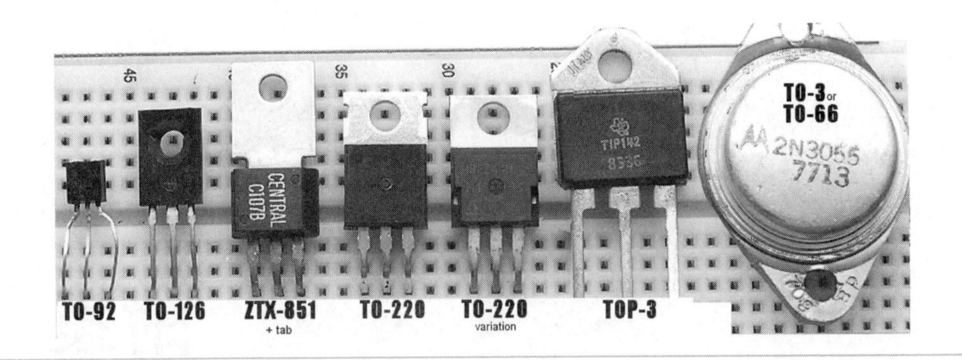

图A-1

电位器

目前，电位器正在逐渐地被数码元件所取代。不过，现阶段它们的使用还是很广泛的，因此我们也要学会识别它们。图A-2所示是电位器可能的一些封装。

图A-2

变压器

和其他元件一样，变压器的大小取决于它的功率需求。最大的变压器如图A-3所示，它是一个小功率变压器。

图A-3

附录B　电容的识别

电容往往容易被人混淆，这是因为没有一套标准的方法去辨别它们，连我有时候也会混淆。当你不确定它是电容的时候，只需要用数字万用表去测量它们就可以很容易地判断了。

读值

每种电容都有着不同的封装形式及名称。

切记！电容的颜色并不代表它的分类，仅仅是制作它们的厂家赋予它们的而已。

- 电解电容的识别比较简单。它分正极和负极，而且会被明确标示出来。沿着电解电容的方向从一边引出两根导线，在电解电容轴向的方向上每边引出一根导线。图B-1标出了电容的额定电压和电容量。

表B-1　200年前定义电容的单位为法拉，现在基本单位是微法(μF)。

法拉：F	微法：μF	纳法 = nF	皮法 = pF
1 F	= 100万 μF	= 10亿nF	= 10 000亿pF
1 F	= 1 000 000 μF	= 1 000 000 000 nF	= 1 000 000 000 000 pF
	1 μF = 10^{-6} F	1 nF = 10^{-9} F	1 pF = 10^{-12} F
	1 μF	= 1 000 nF	= 1 000 000 pF
		1 nF	= 1 000 pF

图B-1

- 薄膜电容的形状是四四方方的。但如果它们的单位是nF，它们的封装形式就有可能不是四方形，外壳上也不一定会标明“XX nF”的字样。它们往往被封装在塑料里，可能不再是四四方方的外形，这是由导电膜层层堆积的形状决定的。
- 瓷片电容的单位一般是pF。它是一种用两片陶瓷圆板作介质，在陶瓷表面涂覆一层金属薄膜作为电极，再经高温烧结后而成的电容，如图B-2所示。

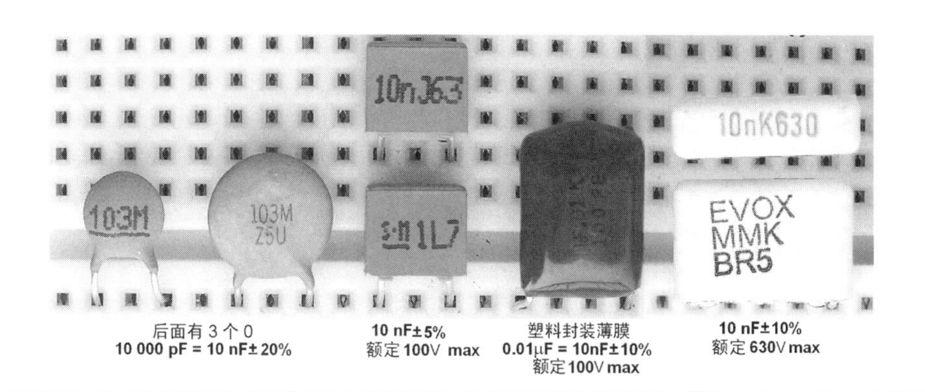

图B-2

瓷片电容上印刷的标识往往不是很清楚，数字看起来有些像电阻值，如图B-3所示，表B-2给出了它的读数方法。看一下标有n22的电容，它代表小数。所以它的值是0.22nF。

任何高于额定电压的电容都能在电路中使用。例如，一个额定电压为600V的电容能够在9V的电路中使用，只要最大电压不超过电容的最大额定值即可。

电容误差：电容的质量和精度

每个电容的封装表面都会标注该电容的精度，如图所示。你可以很明显地看到字母“K”、“M”等。这些字母标注了电容允许的误差范围，你可以参照表B-3来找到它们对应的具体数值。

图B-3

表B-2 第三个数代表零的个数

标识	基数	零的个数	数值pF	数值nF
220	22	0	22 pF	.022 nF
221	22	1	220 pF	.22 nF
222	22	2	2200 pF	2.2 nF
223	22	3	22 000 pF	22 nF

表B-3 字母“K”在这里不是代表1 000倍的关系

F	G	J	K	M	Z
±31%	±32%	±35%	±310%	±320%	-20% to +80%

附录C　动画列表

相关动画

书中的动画可以在www.mhprofessional.com/computingdownload网站中找到。

第一部分

图3-4
图6-4
图8-18
图8-19
图8-22
图9-5
图12-3
图12-12
图13-2
图13-7（a和b）

第二部分

图15-1
图16-1
图16-2
图16-3
图16-4
图16-5
图16-7
图16-9
图19-4
图20-1
图21-2
图21-5
图22-7
图23-5
图23-6
图23-7
图24-1
图24-2
图24-3
图25-2
图27-1
图27-2
图27-3
图27-4
图28-1
图28-2
图28-3
图28-4
图28-6
图28-7
图32-2
图32-3

第三部分

图37-1
图38-2
图39-1
图40-2
图41-1
图42-2
图43-1
图44-5
图46-3
图46-4
图46-5

第四部分

图49-1
图49-2（a、b和c）
图50-2
图50-3
图50-5（a、b和c）
图52-2
图53-1
图53-2
图53-3
图53-4
图53-5
图53-7
图53-8
图53-9
图54-1（a、b和c）
图54-6（a和b）
图55-7
图56-2
图57-2
图60-3
图60-4
图60-5
图62-1
图62-2
图62-3
图62-4
图62-5
图62-6

附录D　词汇表

AC交流电

交流电（AC）是导体中往返运动的电子形成的电流。交流电很容易产生和传输，广泛用于家庭和工业用途。之所以音频信号是交流电信号，是因为声波的振荡产生了一个在正负电压之间的波动。交流电信号一般不用于数字电子应用中。参考DC（直流电）。

active 激活

电路的一种状态，指是否对输入产生响应。对应的，电路的另一种状态则是静止。

air capacitor 真空电容

真空电容是一种可变电容，电容的容量在pF级别，用于无线电频率的调谐。

amp (ampere) 安培

在电子学中它是电流（I）的基本单位，指单位时间电子通过导体单位面积的数量。

amplifier 放大器

放大器功能是用较小的信号来控制较大的电压和电流。参考pre-amp（前置放大器）、power amp（功率放大器）、Op Amp（运算放大器）。

amplitude 振幅

它用来形容信号的强度。如果电压改变，则输出的振幅随之改变。例如，一个6V的AC信号的振幅是一个1V的AC信号的6倍。

analog 模拟信号

一个在给定范围内连续变化的信号，而数字信号是只有高低两种状态的离散值。

analog to digital (AD) 模数转换

一种能够将连续变化的信号转变成数字值的器件，例如移动或电压。它提供了模拟到数字的转换。

AND gate 与门

与门的数字逻辑。当所有的输入均为高时，输出才为高。

anode 阳极

常用术语，指极性元件的正极。

astable 非稳态

在处理器处于激活的状态下，振荡器工作在非稳态下，能够产生一个一定频率的连续信号。振荡器的频率由RC电路中的元件值决定。

battery 电池

这个术语来自于一组并联或串联的单元电池。例如，一个9V的电池组是由6个1.5V的单元电池组成的。

BCD (binary counting decimal) BCD码（二-十进制码）

二进制的输入经过译码转化为七段数码管的十进制的输出。4511芯片是一个BCD码的译码器。

bias 偏置

该定义是指以一个特定的角度倾向或偏置。在电子产品中，使用一个偏置分压器来构成一个交流的音频信号的人工中心节点。例如，如果音响系统使用12V，则偏置设为6V。一般只有直流电压中，才使用此方法。

binary 二进制

这个计数系统只由两个数字构成，被用于计算机和机械系统中。这是因为它比起具体的电压值，更容易被这些系统理解为开/关的电路形式。计算机使用磁性介质来存储信息的比特位。参考bit（位）、byte（字节）、digital（数字）。

bit 位

存储二进制数据的最小信息单位。它是一个独立的单件（比特），类似的对应于打开/关闭或磁场的南/北极，或者是CD/DVD光盘上的沟槽/无沟槽。

bounce 反冲

反冲在任何机械开关连接到数字系统中被发现。大多数数字电路能够在微秒时间内响应，但是当开关改变，电流的变化往往就像一个反弹球那样波动。如果这种波动的“反冲”在临界值（V+的一半）以上，它就会计数2次而不是1次。考虑到这个情况，我们就得使用旋密特触发器。

byte 字节

8比特信息的组合，能够存储多达256种数据。

capacitor 电容

电容是由两个电极及其之间的介电材料构成的。（1）它具有在RC电路中存储电能和释放电能的功能——称为充电和放电。（2）可以作为信号的平滑滤波器。（3）能够隔绝直流，传输交流，例如在音频耦合中的应用。参考film capacitor（薄膜电容）、electrolytic capacitor（电解电容）、disk capacitor（瓷片电容）。

cathode 阴极

常用术语，指极性元件中的负极。

cell 单元电池

一个简单的电化学发电装置。一般使用锌铜碱性电池来产生1.5V电压。镍和镉则用于可充电的电池中。将它们串联或并联组成一个电池组。

circuit 回路

一个通路或者过程。一个回路是一个完整的通路，并且有电流流通。

clock signal 时钟信号

一个干净的数字信号在微秒时间内从0上升到最大电压。时钟不能有任何抖动。通过按钮开关产生时钟信号的电路，可以参考施密特触发器。

COMS

Complementary metal oxide semiconductor（互补金属氧化物半导体）的缩写，CMOS广泛用于IC芯片中。

conductor 导体

导体很容易导电。它可以由体内具有自由移动的电子和空穴的材料制成的，当它两端有电压或电动势压强时，体内的电子和空穴便开始移动。所有的金属都是导体。一些非金属材料，如硅和碳，也可以用作导体。参考insulator（绝缘体）。

continuity 连续性

连续性是用数字万用表进行测试，来检查两点之间是否存在"连续"的连接。大多数万用表用YES/NO格式显示结果：YES表示存在连接，并且阻抗很小；NO表示没有连接点。

coulomb 库仑

以查尔斯·库仑（1736-1806年）命名，这是因为他发明了一种测量电量的方法。它表示一安培的电流在一秒钟内传送的电子的数量。

coupling 耦合

电容能够被用于音频耦合器，即传输AC信号，但是没有任何电流通过。这就类似于声音通过耳膜传输到大脑。并没有声音穿过耳膜，但是信号仍能轻易并且清晰地传递。音频耦合器中的电容也会起到滤波器的作用。

DC 直流电

DC（直流电）只朝一个方向移动。直流电的电压可以改变，但是方向不会变化。

DCB DCB码

十-二进制码（DCB）是指当处理器有时钟信号的输入时，在每个时钟周期一步一步地改变二进制的输出。4510芯片是一个DCB译码器的应用实例。

digital 数字

（1）用数据0或1来代替开或关的离散形式；与模拟（连续电压的波动）的概念相对。（2）在电子电路的输入、处理器、输出等过程中均使用数字逻辑。

digital circuit 数字电路

电路中的处理器和输出端都工作在只有开或关这两种状态下。

digital logic 数字逻辑

采用模拟和数字输入来决定数字的方法。5个最基本的门：与门、或门、非门、与非门和或非门。

digital output 数字输出

数字电路的输出信号为一系列确定的值。这个信息包含由0或1构成的一组码字，代表了离散的电压或电流值。例如，序列01000001可以被解释为一个值为65的字节，在显示器上显示为字母A。

digital recording 数字录音

任何信号的录制首先会被转换成数字格式。如CD使用16位的信息来表示1个二进制的字，而DVD则使用20位的信息。

diode 二极管

一个基本的电子元件，具有单向导通的特性（电流从阳极流向阴极时内电阻较小，易导通）。在本课程中用到三种类型的二极管:（1）功率二极管，400V电压下1W的设计要求，（2）信号二极管传送小信号，（3）齐纳二极管。

DIP 双列直插封装

双列直插封装。一种用于电子元件的封装形式的缩写。DIP封装通常包含两行对称的引脚。

disk capacitor 瓷片电容

瓷片电容被设计用来提供最小的电容值，一般在皮法（pF）范围内。它们通常是浅棕色、圆盘形。

dumb 倾销

一个倾销的电路不能确定是否一个特定的事情发生或者达到一个特定的数量。

electrolytic capacitor 电解电容

电解电容器是一个有极性的电容器，其容量范围较大，一般为1~1000μF。它有一个正极和一个反极，电解电容的正负极不可接错，否则它无法正常工作，甚至有可能会导致元件本身烧毁。

electromotive force 电动势

电动势是一个表征电源特征的物理量。

（1）电动势是电源将其他形式的能转化为电能的本领。在数值上，它等于非静电力将单位正电荷从电源的负极通过电源内部移送到正极时所做的功。

（2）正极与地之间的能量差是由相同的能量源所提供的。电动势通过电线将会产生一个磁场，磁场在电线周围移动会产生电流并且推动电荷在闭合的导体回路中流动。

electron 电子

电子是构成原子的基本粒子之一，质量极小，带负电，在原子中围绕原子核旋转。电动势能推动电子在导体内移动。不被束缚在一个特定的原子核或者分子中的电子我们称它为自由电子，自由的电子在导体内流动会产生电流。如果一个材料内部有很多自由电子，那么它就是一个电的良导体，例如金属。如果一个材料内部所有的电子都被原子核束缚，那么它将不能够导电，这样的材料就是一个良好的绝缘体。

energy 电能

电能是指电以各种形式做功的能力，用来表示电流做多少功，即电产生让电路正常工作的能量。分为直流电能、交流电能，且这两种电能可相互转换。

farad 法拉

国际单位制中，电容单位是以法拉（farad）命名的，简称“法”，单位符号是F。一般我们常用的电容为1μF，相当于0.000001F。

film capacitor 薄膜电容

薄膜电容是一种性能优秀的电容器，形状通常是四四方方的样子。它提供一个中挡的电容值，一般在微法（nf）范围内。

filter 滤波器

滤波器（filter）是一种用来消除干扰的元件，将输入或输出经过过滤而得到纯净的直流电。电容在滤波器中可以起到两种作用，一种是导通交流，另一种是阻隔直流。

（1）由于容器能够存储额外的电子，因此它具有缓冲的功能。也就是说，当某一时刻电源电压大于额定电压时，多余的电将会充入电容器存储下来，从而使电压回到了一个低于实际输出的位置。某一个时刻电压瞬间降低，这就是softened过程，实质是电容器释放电子到电路上。

（2）它能够作为一个高通或者低通的滤波器来允许高频或者低频的信号通过。低频声音能够通过电容值为1微法的电容器，同时高频的声音会被过滤。

force 势

在电路中，电压（V+）是用于测量电路中的电动势（推动力）的数量单位。电场中两点之间电势的差值，就叫做电压。

frequency 频率

频率指在单位时间内完成振动的次数，它的单位是秒$^{-1}$或者Hz。在声波中，通常是指在单位时间内由于物体震动产生声波的波长数。

gain 增益

增益是基本的测量方法，它表示的是输出信号的振幅和输入信号的振幅的比值，通常以分贝（dB）为单位。运算放大器的增益是通过用电阻的比值控制反馈来设定的。

gate 门

门是一种用在电路中以实现基本逻辑运算和复合逻辑运算的单元电路。常用的门电路一般有与门、或门、非门、与非门、或非门、与或非门、异或门等。请参照数字电路和逻辑电路。

ghost 幽灵现象

幽灵现象指的是在电路中出现的不正常的错误，存在的问题无法定义。一些常见的可能导致幽灵现象的电路问题可以归结为三种：（1）导线没有接好，（2）导线在跨接的时候与本不应该发生接触的导线发生了接触，（3）未使用的CMOS芯片的输入端没有接在V+或者地上。

heat sink 散热器

散热器是用来释放在放大晶体管上未被使用能量的元件。例如，一个20W的放大器能够被输入20W的能量，但是如果音乐很安静，那它只需要用掉5W能量，剩下的15W能量将会被散热片当作多余的热量散发掉。散热片允许热量从放大器的芯片上散发掉，如果热量没有从放大器的芯片上散发掉，那么放大器本身也将会由于温度过高导致不工作或者融化。

hertz（Hz）赫兹

赫兹是用来表示每秒内的周期数的单位，1000Hz指的是1秒内振荡了1000个周期。

hysteresis 滞后现象

这里指的是信号失真。在电路里，它指的是当一个输入电压值缓慢达到电源电压的一半时，从逻辑门输出信号会出现滞后现象。这个门会对信号的高电平和低电平同时做出反应。有时，这会导致声音在输出的时候出现尾随现象。

IC 集成电路

集成电路（IC）将电路中所需的电阻、电容、晶体管、二极管和电感等元件及布线连接一起，制作在一块或几块半导体晶片或介质基片上，然后封装在一个管壳内，成为具有所需电路功能的微型结构。集成电路的封装格式通常是DIP或者SIP。集成电路制造技术取决于你的构图能力。在如今的市场上，有成千上万现成的集成电路可供使用。

input 输入

输入端的作用是启动电路，它是电路原理图中的第一部分。

insulator 绝缘体

这种材料之所以称为绝缘体，是因为它的内部没有可自由移动的电子，因此不能导电。所以电场力不能通过电子的移动来传递。我们可以对照一下导体来认识绝缘体。

invert 反向,倒置

将输入信号反向。例如，非门可以将输入信号从高电平转换为低电平。

kilo 千

kilo是表示一千（1 000）的计量单位，缩写为“K”，例如100kΩ比100 000Ω更容易书写和识别。

Kirchoff's law 基尔霍夫定律

基尔霍夫定律是电路理论中最基本的定律之一，它概括了电路中电流和电压分别遵循的基本规律，可以用来计算电路中许多负载并联电阻的阻值。

layout 布局

布局是指印制在电路板上的铜轨迹，每种布局都有其特定的应用。为了改变特定的电路，你必须先有效地改变布局。

load 负载

这里的负载指的是电路中任何耗电的元件，比如电阻、扬声器、家电、街道照明灯、工业电机等。

logic 逻辑

逻辑电路是由一个或多个二极管连接到晶体管的基极所组成的电路，用二极管的阀门开关来控制晶体管的开关状态，从而使电路履行与门或者非门的职能。

mega 兆

Mega是表示一兆（1 000 000）的计量单位，缩写为“M”。例如，1 M欧姆比1 000 000欧姆更容易书写和识别。

micro 微

micro 是表示十万分之一（.000 001）的计量单位，是希腊字母“mu.”的缩写——“μ”(或者“u”)。例如，47μF比.000 047 F更容易书写。

microprocessor 微处理器

微处理器是指小型计算机的中央处理单元，是用一片或少数几片大规模集成电路组成的中央处理器，通常将成百上千的半导体集成在一个半导体芯片上。

milli 毫

milli是表示百分之一（.001）的度量单位，通常简写为“m”，注意别把它与微——mu相混淆，微的缩写为“μ”(或者“u”)。例如，我们通常将0.007W写成7mW，或者说LED使用20mA的电流。

monostable 单稳态

一个单稳态振荡器是“一次性”的计时器，通常为RC电路。在外部事件触发之后，它将会进行电容充电的过程。当电阻开始损耗电容上的电压时，控制处理器将会关闭。这个“一次性”计时器的周期是由RC电路中组件的值决定的。

NAND 与非门

与非门是数字电子技术的一种基本逻辑电路，是与门和非门的叠加，有两个或两个以上输入和一个输出。它的工作逻辑为：若任一输入是低电平时，则输出为高电平。

nano 纳

nano是表示一亿分之一（.000 000 001）的度量单位，通常简写为“n”。例如，通常将0.000 000 1F写成100nF。我们在电路中使用的薄膜电容值基本都处在nF的数量级。0.001 μF = 1 nF = 1 000 pF。

NOR 或非门

或非门是数字电子技术的一种基本逻辑电路，它的工作逻辑是：当所有的输入是低电平时，则输出为高电平。

normally closed (NC) 常闭

这个开关的正常状态为闭合，也就是两个触点连接在一个闭合式开关之间。由于这两点通过导线连接，没有电阻，因此电流传递很轻松。当你按动它时，它们将被断开，没有导线连接电子不能在空气中传导，因此不通电。

normally open (N.O.) 常开

这个开关的正常状态为断开，当开关按压旋钮没有被按压时，旋钮的两个管脚之间没有连接。当它被按压时，两个导线将被连通，电路开始通电。

NOT 非门

非门又称反相器，是逻辑电路的重要基本单元。非门有输入和输出两个端，当其输入端为高电平时输出端为低电平，当其输入端为低电平时输出端为高电平。简言之，即输入端和输出端的电平状态总是反相的。

NPN NPN型晶体管

加在基极上较大电压能够使NPN型晶体管导通。发射极接地。NPN结是由一个放置在两层N型半导体材料之间的P型半导体材料薄层构成的。给P型半导体提供一个较小的电压，其将变为导体。

ohm 欧姆

计量电阻的标准单位，等于电路中电动势1V除以1A的电流。以George S. Ohm命名。

Ohm's law 欧姆定律

简单地说，欧姆定律即为电路中的电压等于电阻乘以负载电阻的电流大小。U=I×R

Op Amp 运算放大器

Op Amp为运算放大器的简写形式。

OR 或门

或门又称“或电路”，是执行“或”运算的基本门电路。它的工作逻辑为：只要输入中有一个为高电平时，输出就为高电平，只有当所有的输入全部为低电平时，输出才为低电平。简言之，当任何输入为高，输出即是高。

oscillator 振荡器

振荡器用于创建一个有规律的且可预见节拍或频率的电路。参考astable（非稳态）、monostable（单稳态）。

output 输出

输出是通过电子系统处理完成之后所产生的动作，它是电路原理图的最后一个单元。

parallel 并联

并联电路就是所有的元件或负载并排连接在一起。每个负载两端的电压相同，电流不同。参考series（串联）。

pico 皮

一个0.000 000 000 001（10^{-9}）的计量单位，简写为“p”，叫做“皮”。例如，100 pF比0.000 000 000 1更容易写。因为瓷片电容容量通常是皮法的范围，常用pF来计量。0.001μF=1nF=1 000 pF。

piezoelectric 压电效应

这种效应发生在特定的非金属材料中，如石英、工程陶瓷和塑料。压电效应可用于扬声器和传感器中。（1）当特定的晶体快速收缩或扩张，会产生电压或电场。（2）在给压电材料施加电压时，它对应电压的大小会产生收缩或扩张。

PNP PNP型晶体管

加在基极上低电压能够使PNP型晶体管导通。发射极接电源电压。PNP结是由一个放置在两层P型半导体材料之间的N型半导体材料薄层构成的。给N型半导体提供一个小的电压，其将变为绝缘体。

polarity 极性

一些元件在接入电路时需要注意电压和电流的方向，我们称之为“极性”。如果这些元件的方向接反，则不能正常工作，甚至可能会损坏该元件。大多数电子元器件都具有极性。电阻是没有极性的，因为电压和电流在两种方向都可以通过。

power 功率

功率是描述做功快慢的物理量。在电力电子学中，功率的单位是瓦特或瓦。1瓦特=1安培×1伏特。电功率就是电流在单位时间内做的功。

power amp 功率放大器

功率放大器用于增加信号的强度（幅度），比如扬声器需要1W的功率。常见的功率放大器能够稳定地提供从20～300W的功率。用放大功率的范围进行区分。功率放大器关注的是能够提供足够的能量（12V×25A=300W），并通过散热器能够消耗掉没用的能量。

pre-amp 前置放大器

前置放大器是一个低功率的放大器，在毫瓦到瓦的范围内增加信号的强度（幅度）。前置放大器通常用增益和抑制噪声的能力来评价。大多数的功率放大器要求输入在1～2W的范围。

processor 处理器

（1）用来解释和执行指令的器件。（2）参照系统功能描述中的中间部分。

prototype 原型

原型是一个测试产品，在设计和搭建过程中，尽可能接近真正的成品。原型通常建立在测试的目的之上，能够简单快速地修改。

Q 晶体管

晶体管总是用字母“Q”来进行标识，因为晶体管三个字太复杂了，而“T”是用于别的电子元件，如：变压器。

random 随机

随机指的是一个偶然发生的结果，在我们的电路中不应该有“随机事件”的模式。

RC circuit RC电路

R指的是电阻，C指的是电容，电阻/电容（RC）电路用于存储电压和控制电压释放时间。这需要利用输入信号与电源电压去比较，当输入信号处在电源电压一半的位置进行变化时，电路的输出端随之发生改变。

resistance 阻抗

在具有电阻、电感和电容的电路中，对交流电所起的阻碍作用叫做阻抗。在电学中，反对电流的流动阻力、产生热量、控制电流并帮助提供正确的电压时，设置为一个分压器。电阻取决于所使用的材料、导体的长度和横截面积、温度。单位是欧姆。遵循欧姆定律。单位有欧姆、千欧姆、兆欧。

resistor 电阻

电阻，适用于欧姆定律的一个元件。它们对电流形成阻力并在电路中作为负载，在电路中阻碍或限制电流的流动。在本课程中使用的碳电阻器是由混合碳粒子与一定量的陶瓷黏结剂制成的。它们的封装有标准的颜色编码，外观为圆柱形。

rest 待机

待机状态指的是电路的供电电源是连接上的，但控制开关并没有接通，此时系统并不工作。 4011芯片需要提供微安（.003mA）的电流才能处于待机状态。因此，在这种情况下，一个9V碱性电池的电量足够4011芯片待机2 ~ 3年。

schematic 示意图

一个电路系统的计划、示意和设计的原理图，或者是某系统的一部分示意图，图中示意了组成电路的元件以及它们的连接方式。

Schmitt trigger 施密特触发器

从一个按钮产生时钟信号的电路通常被称作为一个施密特触发电路。它旨在消除反馈。一个通用的施密特触发器在4093 CMOS集成电路中可用。

semiconductor 半导体

半导体是一种电阻值介于金属（良导体）和绝缘体之间的材料。半导体利用了硅、碳和锗等一些材料的导电特性，使得它在某些情况下导通。但在有些情况下，会阻止电流的流动。半导体是广泛应用于电信、计算机技术、控制系统和其他应用程序等各种电子设备中的基本材料。

series 串联

串联电路是指每个组件或负载按一定顺序连接起来的电路。在这个连接中的每个元件的电阻值决定电流的流动。同时，电压的下降程度取决于每个电阻的阻值。参考parallel（并联）。

SIP 单列直插式封装

SIP是单列直插式封装的英文缩写。它的引脚从封装一个侧面引出，排列成一条直线。

smart 智能

智能电路能够使用反馈来确定电路中是否有特殊事件发生。例如，可以将4017环形计数器接在传感器上，当计数到指定数字时将会触发传感器。

solder 焊接

（1）用特定的合金金属连接金属元件，但要保证不能将金属元件融化。（2）焊接中我们会用到多种合金。一般来说，电子产品最常使用的合金是60%锡加上40%的铅。

state 状态

（1）电路的工作状态，要么是“激活”要么是“待机”。激活是指电路开始运行。待机状态时，意味着该电路正在等待被触发。某些CMOS电路的IC芯片在待机状态时也需要施加一个较弱的电流。（2）或者本书中指的是一个逻辑门的输出状态。例如：输出状态是高电平或低电平。

static electricity 静电

一种固定电荷形式的能量。静电可能由于你在尼龙地毯上步行时，你的身体和地毯的摩擦所产生。当你碰到金属门把手时，会产生静电放电的现象，甚至能看到火花。自然界中的静电，会以能量的形式存储在电容（如人体）、雨云（雷电）或任何非导电表面。它由于摩擦或感应而产生。这种方式可以积累庞大的电压（但电流通常较小），这个电压足以烧坏许多集成电路。因此，我们在制作电路时要避免静电的产生，及时放电。

system 系统

（1）表示一些大型的有序连接的单元，如电话系统等。

（2）表示电路的输入、处理器和输出，并且强调它们相互之间关系的电路系统图。

threshold 阈值

在数字电路中导致电路产生变化的输入电压量临界值。

tie 连接

将元件连接在一起。例如，将引脚12和13连接在一起，意味着你需要将它们用导线连接。

transistor 晶体管

晶体管是一种固体半导体器件，可以用于检波、整流、放大、开关、稳压、信号调制和许多其他功能。它是一种基本的电子可变开关，基于输入的电压，控制流出的电流，因此晶体管可作为电流的开关。它是一种模拟开关，通过晶体管的电压，直接取决适用于底座的电压量。晶体管是一个活跃的半导体元件，通常由锗或硅组成，且拥有至少三个端口（通常是基地、发射极和集电极），能够用来放大电流。晶体管被广泛应用于各种电路中，如放大器、振荡器、开关电路等。参考NPN transistor（NPN晶体管），PNP transistor（PNP晶体管）。

Vcc Vcc电压

Vcc是地的另一种表达形式。

VCO 压控振荡器

VCO是压控振荡器的缩写，指输出频率与输入控制电压有对应关系的振荡电路（VCO）。频率是输入信号电压的函数的振荡器VCO，振荡器的工作状态或振荡回路的元件参数受输入控制电压的控制，就构成了一个压控振荡器。一个完整的VCO被安置在4046 CMOS集成电路芯片中。

Vdd Vdd电压

Vdd是5V电压的另一种表达形式。

voltage 电压

电压是衡量单位电荷在静电场中由于电势不同所产生的能量差的物理量，它推动电荷定向移动形成了电流，代表了电路中潜在的能量或驱动力，用来衡量电路中的电位差或电动势，计量单位为伏特。

voltage divider 分压器

通过使用人造负载电阻，可以将电压设置在任何所需的预定值的中间点上。这种技术被广泛用于偏置音频系统和传感器导致电阻改变阻值，从而改变中间点电压值。

watt 瓦特

国际单位制的功率单位。瓦特的定义是1焦耳/秒（1J/s），即每秒转换、使用或耗散的（以焦耳为量度的）能量的速率。在电子和电力学中，以瓦功率测量。1瓦=1安培×1伏特。也就是说，功率是在1秒内通过特定点的电动势量乘以电子量所得的值。

work 功

功是指力对距离的累积的物理量，用来描述物体状态改变过程中能量变化的一种量度。

zener diode 齐纳二极管

齐纳二极管，又称稳压二极管。此二极管是一种直到临界反向击穿电压前都具有很高电阻的半导体元件。当二极管在一个特定的电压值被“击穿”时，电流从阴极移动到阳极。稳压二极管主要被作为稳压器或电压基准元件来使用。

附录E　自己动手制作印制电路板

这个方法用于帮助业余爱好者方便地制作原型电路。

我知道已经有人在做这个指南，但我想说我个人也独立开发了一套方法并且成功地把它用在了我的课堂上。

方便起见，你可以到以下网址去参考有关这部分的大量彩色图片：www.mhprofessional.com/computingdownload。

这幅图中列出了你在自己制作印制电路板时所需要的全部材料。

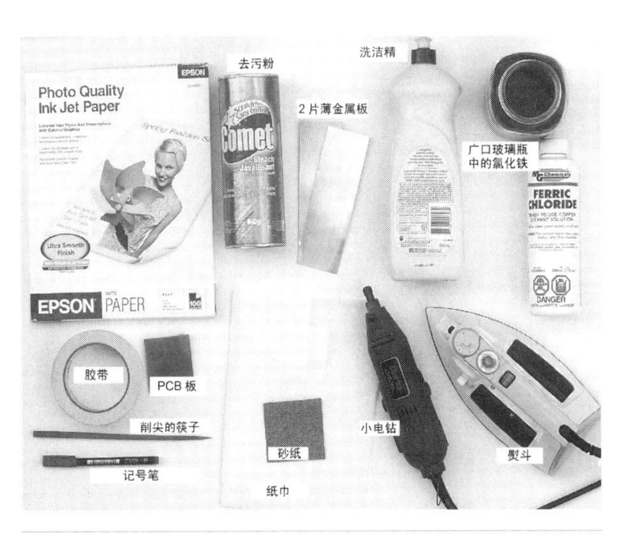

图E-1

首先，用去污粉彻底清洁铜板上的塑料薄膜，不然会影响腐蚀效果，如图E-2所示。注意，擦干净之后别留下指纹！

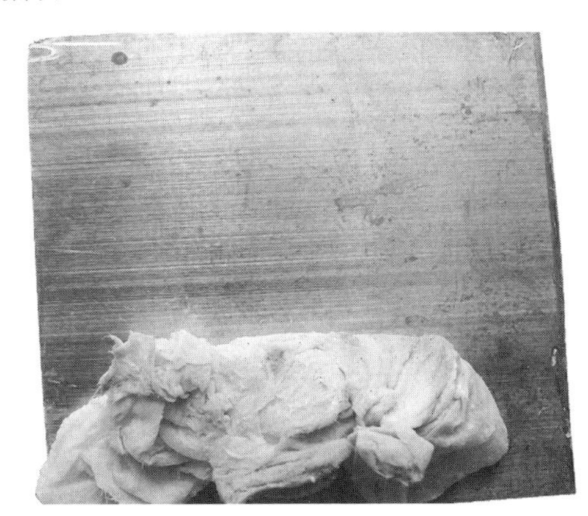

图E-2

我用的是高质量相纸——爱普生S041062，它是目前质量最好的相纸（$17/100张）。最主要的是它的成分中含有黏土，能防止吸墨。

图E-3

观察一张相纸，弯曲它的一角（不要有折痕）比较两面的光泽度。不要简单认定它们都为“白色”，那样不容易区分。在这里，我们比较的是它的“光泽度”。光亮的一面就是有黏土的一面，你需要在这一面印刷。

记住，要用激光打印机，用塑胶色粉来溶解铜。我尝试过的有几个品牌的激光打印机并不是很好用，但一般所有的激光打印机都能够使用，包括惠普、Lexmarks和佳能。

这里需要说明的是，这种方法并不需要花费很多钱，但却能达到高质量的效果。即使是初学者也能制作出0.03英寸（0.75mm）的宽度。只要细心和多加练习，你还能做出0.02英寸的正常宽度。提示一下，在铜板上需要保留铜线的位置贴上防腐蚀蜡纸，这样腐蚀以后铜板上就留下了我们所需的电路了。

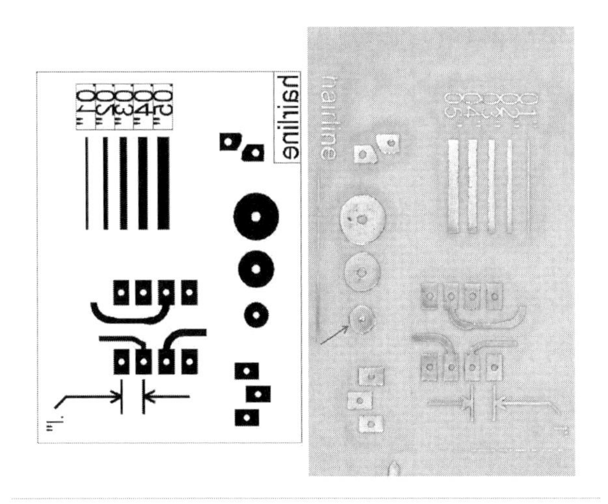

图E-4

在PCB铜质的一面作电路图，把图纸边缘位置仔细地折叠好，并用胶带牢牢的贴在PCB上。普通胶带在高温下也不会分解，所以不用担心图会有所改变（如图E-5所示）。

图E-5

拿一只熨斗（如图E-6所示），关掉蒸汽功能，把温度调到最高。一些熨斗可能要比普通熨斗温度更高，但在一分钟之内纸上的颜色应该是不会减退的。

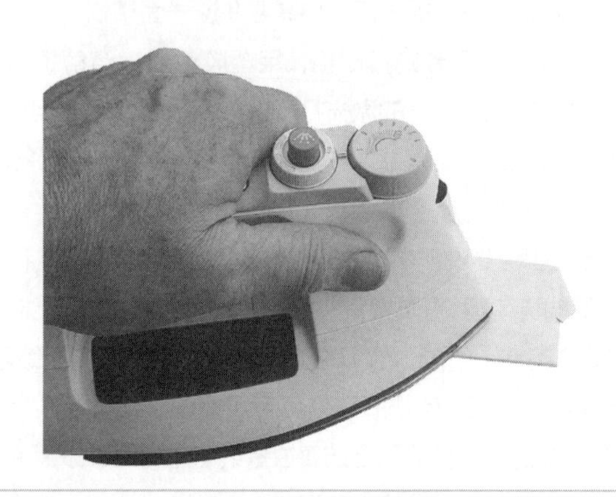

图E-6

把一个熨衣板或者切菜板垫在PCB的下面，要求它是表面平滑、非金属材质且耐高温的。用手移动熨斗，并适当按压图片，过一会儿就可以看到图片开始显现出图形。

迅速把图片覆在铜板上并按压。

如果没有钳子，可以把热的PCB和相纸夹在两个金属板之间，放置在地板上，铜面朝上。然后，把一本书放在它的上面（为了使你的体重均匀分布），在这本书上站立一分钟的时间。我的脚太大没有办法拍下完整的图，所以利用女儿Ken的洋娃娃做了示意图，如图E-7所示。

图E-7

当然用钳子效果更好，对夹在金属板之间的PCB施加适当的压力。注意，不要一直来回碾压，直到面包板冷却下来即可。

将冷却后的面包板包起来浸入水中一段时间。这一步非常重要，虽然看起来没有什么变化，如图E-8所示。

图E-8

不要跳过这一步！这一步很容易被忽略，不要等到发现程序不能工作以后再去抱怨。

在沾湿的纸上滴几滴洗洁精（如图E-9所示）。这能促使水迅速浸透纸张，直到纸变成半透明并且膨胀起来，就会从PCB上脱离下来。

图E-9

从背面撕去胶带并剥去背面大部分的纸。记住，你要将纸上的黏土也分离出来，在你剥去纸张的时候可以期待一下结果。

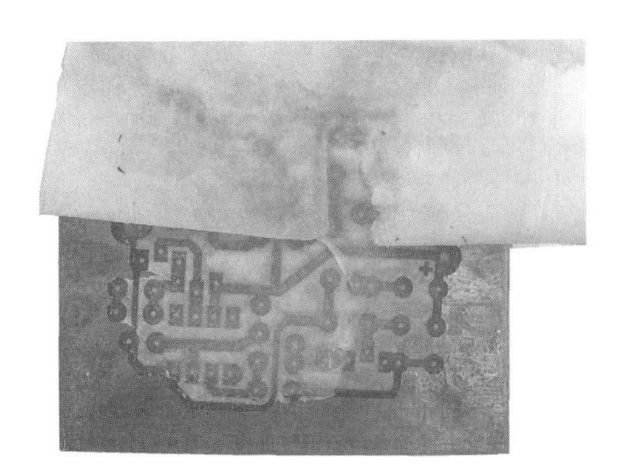

图E-10

用沾湿的纸巾轻轻将剩下的纸张擦掉，如图3-11所示。擦的时候不要太用力，以免将纸巾弄碎。

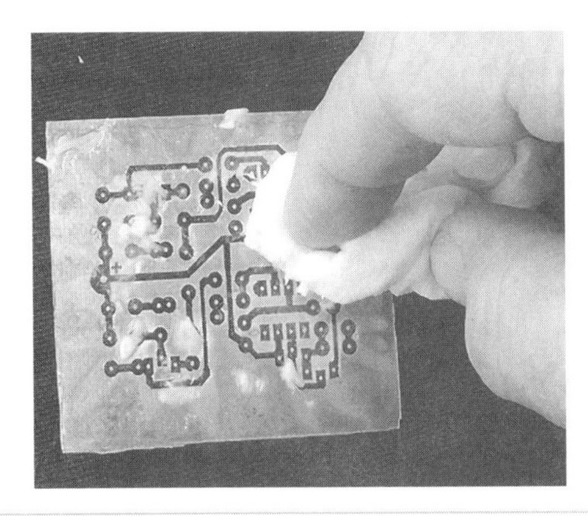

图E-11

你不需要擦掉着色剂，它自己会溶解。

图E-12所示为水干了以后的结果。我们观察到纸上还留有一些小的斑点，即使是新鲜的化学药品也很难把它完全去除干净。我们再次沾湿这个地方，用尖的东西把它清除掉。

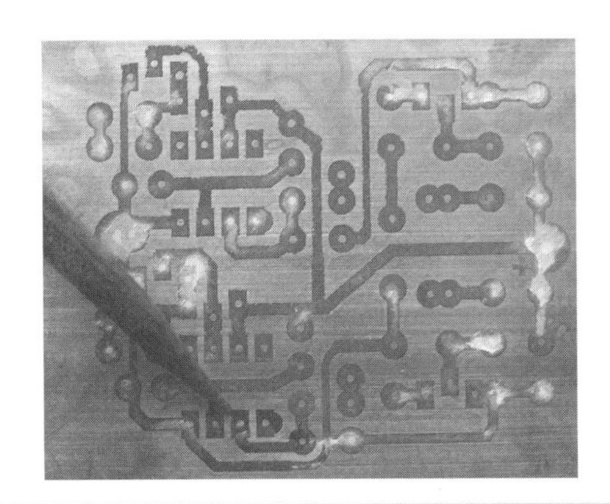

图E-12

图E-13所示的这些图片展示了PCB的制作过程。

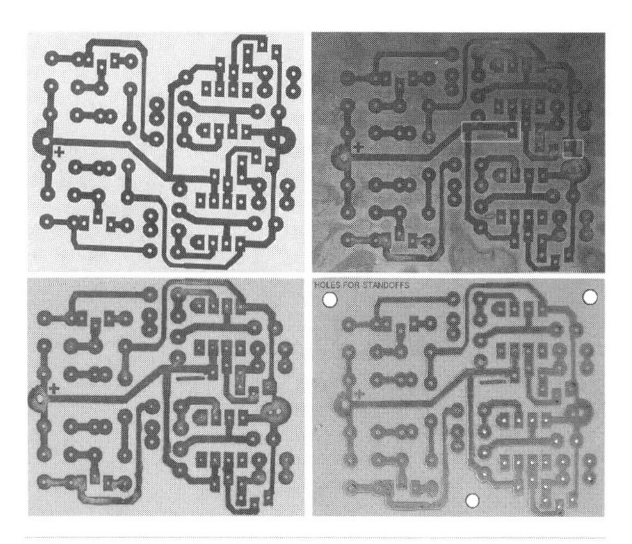

图E-13

- 在蚀刻之前，仔细检查图纸上的布局，以及板子是否清洁干净。
- 用记号笔来描画一些看起来薄弱的地方。使用任何颜色都可以，但是红色只能被用来强调应用的区域。

我比较喜欢用氯化铁来蚀刻，它很便宜而且保质期长。一定要阅读安全使用说明，在正确操作的前提下，它是足够安全的。如果操作不当，那也会产生一些危险。

- 用钢丝球或者细粒度的砂纸来除去着色剂。
- 这是一个很成功的PCB，如果有小的断缝，可以把它们重新焊接起来。
- 将所有的孔都钻成大小为#60 bit的孔。

如果需要使用螺丝固定PCB，那么钻孔的直径须为1/8英寸。